现代家政学概论

主　编　张平芳

副主编　李翠英　陈梅芳

参　编　毕树沙　李　蓓

机 械 工 业 出 版 社

本书基于现代家政学的广泛应用性编写，共分为家政基础篇、家政物质篇、家政精神篇和家政管理篇，主要内容包括婚姻、爱情、家庭、家政与家政学的基本认知，涉及家庭理财、家庭饮食、家庭服装、家庭装饰、家庭保健等居民所需要的吃、穿、住、医等物质领域，也包含家庭礼仪、家庭文化、家庭教育的精神层面，最后阐述了现代家政企业管理的内容，体现了理论与实践结合，知识与技能结合，宏观与微观结合的特点。

　　本书适合作为高等院校家政服务类专业的教材，也可以作为高等院校学生的通识教育教材，同样适合作为相关行业人员的培训用书。

图书在版编目（CIP）数据

现代家政学概论 / 张平芳主编 . —北京：机械工业出版社，2024.5
ISBN 978-7-111-75713-9

Ⅰ.①现… Ⅱ.①张… Ⅲ.①家政学 – 高等学校 – 教材 Ⅳ.① TS976

中国国家版本馆 CIP 数据核字（2024）第 086157 号

机械工业出版社（北京市百万庄大街 22 号　邮政编码 100037）
策划编辑：闫云霞　　　　　　责任编辑：闫云霞　范秋涛
责任校对：王小童　宋 安　　封面设计：张　静
责任印制：李　昂
北京新华印刷有限公司印刷
2024 年 6 月第 1 版第 1 次印刷
184mm×260mm · 11.5 印张 · 245 千字
标准书号：ISBN 978-7-111-75713-9
定价：49.00 元

电话服务　　　　　　　网络服务
客服电话：010-88361066　机 工 官 网：www.cmpbook.com
　　　　　010-88379833　机 工 官 博：weibo.com/cmp1952
　　　　　010-68326294　金 书 网：www.golden-book.com
封底无防伪标均为盗版　机工教育服务网：www.cmpedu.com

前　言

党的二十大报告中指出：江山就是人民，人民就是江山；增进民生福祉，提高人民生活品质。作为社会的最小单位，家庭是广大人民个人幸福生成的温床和生命栖居的港湾，具有维护社会稳定、构建幸福社会的重要功能。改革开放四十多年来，人民物质生活条件得到极大改善，家庭财富不断累积，为家庭幸福生活奠定了物质基础。与此同时，巨大而剧烈的经济社会变迁，也给家庭观念、家庭生活规划、处理家庭矛盾的方式方法等带来前所未有的挑战。都市生活节奏快，生活压力大，家庭成员在家庭理财、家庭保健、家庭饮食、家庭教育、家庭休闲文化等方面的知识和技能匮乏，使得人们的家庭生活品质提升面临较为严峻的考验。

党的二十大报告强调：我们深入贯彻以人民为中心的发展思想，在幼有所育、学有所教、劳有所得、病有所医、老有所养、住有所居、弱有所扶上持续用力。我们要在党的带领下实现中国人民的中国梦，首先需要践行广大家庭幸福的"中国梦"。而梦想的实现需要在科学理论和方法的指导下才能更有效地完成。因此，在当前形势下，需要丰富家政学的研究成果和推广家政教育，同时需要开发适应现代社会需求的现代家政教材，对广大青年学子和社会从业人员开展现代教育。本书即是在这一宏大历史背景和强烈现实需求下，总结编写团队多年的家政教学、科研和实践经验，吸纳新的家政理念、方法和时代要素，博采长期以来得到广泛认同的家政教材和相关文献的精华编写，主要具有以下几个特点：

一是内容丰富。本书共分为四篇，分别是家政基础篇、家政物质篇、家政精神篇和家政管理篇。主要内容包括婚姻、爱情、家庭、家政与家政学的基本认知，涉及家庭理财、家庭饮食、家庭服装、家庭装饰、家庭保健等居民所需要的吃、穿、住、医等物质领域，也包含家庭礼仪、家庭文化、家庭教育的精神层面，最后阐述了现代家政企业管理的内容，涉及现代家政的方方面面，体现了理论与实践结合，知识与技能结合，宏观与微观结合的特点。

二是注重感受与反思。本书中的每章前均有案例导入，案例选材丰富、典型、精练，贴近生活，让读者首先进行知识感受和引导性的学习。课后有思考与练习，帮助读者巩固知识，提升技能，避免"置身事外"的简单说教，用润物无声的方式传播科学的现代家政理念，用通俗易懂的语言传授现代家政知识，用具有代表性的案例和实训练习培养读者的家政实务技能。

三是适用范围广泛。现代家政理念、知识和技能对于每个人的家庭幸福生活都是必不可少的，中国当代社会尤其如此。本书基于现代家政学的广泛应用性编写，可作为普通高等学校、职业院校相关专业的专业基础课程教材和其他专业的公共课程教材，也适用于其他有需求的组织和个人自学使用。

本书由张平芳担任主编，李翠英、陈梅芳担任副主编，毕树沙、李蓓参与编写，具体编写分工如下：李翠英编写第1章，张平芳、毕树沙合编第2章，陈梅芳编写第3、4章，张平芳编写第5章，李翠英编写第6章，张平芳、李蓓合编第7、8章，张平芳编写第9、10章。张平芳对全书进行统稿。

本书及时付梓问世，首先要感谢长沙民政职业技术学院各级领导和同事的关心与支持，也得到了机械工业出版社的大力支持，在此一并表示衷心感谢。由于编者水平有限，书中难免有错漏和不妥之处，敬请广大读者批评指正。

编　者

目　录

前言

家政基础篇

第1章　现代家政概述 ·· 1

本章学习目标 ··· 1

案例导入 ··· 1

第一节　婚姻和家庭 ··· 1

第二节　家政与家政学 ··· 7

第三节　现代家政教育的发展和意义 ································· 15

思考与练习 ··· 21

家政物质篇

第2章　现代家庭理财 ·· 23

本章学习目标 ··· 23

案例导入 ··· 23

第一节　现代家庭理财概述 ··· 24

第二节　现代家庭投资 ··· 29

思考与练习 ··· 36

第3章　现代家庭饮食 ·· 37

本章学习目标 ··· 37

案例导入 ··· 37

第一节　营养素的类别与摄入 ··· 38

第二节　饮食与健康 ··· 45

第三节　常见食材鉴别与家常菜制作 ································· 50

思考与练习 ··· 52

第4章　现代家庭服装 ·· 53

本章学习目标 ··· 53

案例导入 ··· 53

第一节　服装搭配 ··· 53

第二节　服装的清洁与收藏 ··· 63

第三节　服装的整理与收纳 ··· 69

思考与练习 ··· 70

第 5 章　现代家庭保健 ……………………………………………………… 71

　　本章学习目标 …………………………………………………………… 71

　　案例导入 ………………………………………………………………… 71

　　第一节　健康概述 ……………………………………………………… 72

　　第二节　家庭自我保健 ………………………………………………… 76

　　第三节　家庭保健 ……………………………………………………… 81

　　思考与练习 ……………………………………………………………… 96

第 6 章　现代家庭装饰 …………………………………………………… 97

　　本章学习目标 …………………………………………………………… 97

　　案例导入 ………………………………………………………………… 97

　　第一节　现代家庭装饰概述 …………………………………………… 97

　　第二节　家居陈列与摆放 …………………………………………… 104

　　第三节　家庭插花装饰 ……………………………………………… 107

　　思考与练习 …………………………………………………………… 112

家政精神篇

第 7 章　现代家庭礼仪 …………………………………………………… 113

　　本章学习目标 ………………………………………………………… 113

　　案例导入 ……………………………………………………………… 113

　　第一节　礼仪概述 …………………………………………………… 113

　　第二节　现代家庭礼仪概述 ………………………………………… 122

　　思考与练习 …………………………………………………………… 130

第 8 章　现代家庭文化 …………………………………………………… 131

　　本章学习目标 ………………………………………………………… 131

　　案例导入 ……………………………………………………………… 131

　　第一节　现代家庭文化概述 ………………………………………… 131

　　第二节　构建现代家庭文化 ………………………………………… 137

　　思考与练习 …………………………………………………………… 143

第 9 章　现代家庭教育 …………………………………………………… 145

　　本章学习目标 ………………………………………………………… 145

　　案例导入 ……………………………………………………………… 145

　　第一节　现代家庭教育概述 ………………………………………… 145

　　第二节　家庭教育的原则和方法 …………………………………… 151

　　第三节　家庭教育的内容 …………………………………………… 159

　　思考与练习 …………………………………………………………… 162

家政管理篇

第 10 章　现代家政企业管理 ……………………………………………………… 163

　　本章学习目标 ……………………………………………………………… 163

　　案例导入 …………………………………………………………………… 163

　　第一节　家政企业概述 …………………………………………………… 164

　　第二节　现代家政行业概述 ……………………………………………… 167

　　思考与练习 ………………………………………………………………… 173

参考文献 ……………………………………………………………………………… 174

家政基础篇

第 1 章　现代家政概述

── 本章学习目标 ──

　理解家政、家政学的内涵。

　理解现代家政教育的意义。

　了解我国家政学与家政教育的发展与现状。

【案例导入】

家政专业毕业生的就业前景

随着全民生活水平的提高，有约 70% 的城市居民对家政服务有需求，家政服务业有巨大的市场潜力，有利于扩大就业，为各级政府所支持。因此，家政服务业这一朝阳产业其发展前景和市场是极其广阔的。

新兴的家政服务业市场也是极其广泛的。它所提供的服务内容从传统的保洁、理家、照顾老人和孩子，到筹办婚、丧礼事、寿宴和各种家庭庆典，商品配送、电器维修、整理收纳、家庭教育、礼仪指导、房屋装饰等，涉及人们生活的方方面面，为众多的家庭和个人带来了方便。

作为家政学专业的毕业生，不仅能在家政企业从事专业服务与管理工作，也能在政府部门和民政系统、妇联系统、社会工作系统、社区指导、服务与管理机构、物业管理机构等从事生活社区管理与服务、生活与家庭教育指导、婚姻与家庭咨询等工作，在中小学校和学前教育机构从事生活教育、生活管理等工作，在企事业单位从事职工保健与生活管理等工作。

第一节　婚姻和家庭

家政就是指家庭政务，其活动是基于婚姻和家庭的需要而产生的。所以要了解家政，就必须先了解婚姻和家庭的产生。

一、婚姻

（一）婚姻的内涵

婚姻是人类社会中很重要的社会关系，人们从生理、法律、经济、情感等多个视角去理解、诠释婚姻的内涵。在我国古代，对婚姻的解释大致有两种，表达了人类婚姻是男女两性结合并形成的夫妻关系及姻亲关系的这一共识：一是指结婚，既是指创设夫妻关系的行为，也是指结婚的仪式。如《诗·郑风》里说："婚姻之道，谓嫁娶之礼。"《白虎通》解释说："婚姻者何谓，昏时行礼，故曰婚，妇人因夫而成，故曰姻。"《礼记·昏义》篇称："婚姻者，合二姓之好，上以事宗庙，下以继后世也。"二是指男女结婚所形成的夫妻关系以及由此联结而成的姻亲关系。如《礼记·经解》说："男曰婚，女曰姻。"《尔雅·释亲》说："婿之父为姻，妇之父为婚；妇之父母，婿之父母相谓为婚姻。"《礼记·昏义》概括为："妇党称婚，婿党称姻。"

关于什么是婚姻，我国现代著名社会学家费孝通先生认为：婚姻是人为的仪式，用以结合男女为夫妇，在社会承认之下，约定以永久共处的方式来共同负担抚育子女的责任。婚姻的内涵包括以下几层含义：

（1）婚姻的成立以婚姻缔结者双方的合意为前提　在阶级社会，婚姻的缔结者与婚姻当事人分离，以家长、尊亲属的合意为前提而非婚姻当事人；现代社会以人为本，婚姻自由，以婚姻当事人双方合意为基础，任何人包括父母在内都无权干涉。

（2）婚姻以共同生活为目的　男女结婚，目的是建立夫妻身份关系，组成家庭，共同生活，以履行家庭成员间的权利和义务、承担社会责任。

（3）夫妻身份的公示性　婚姻双方当事人通过到婚姻登记机关登记结婚、或公开举行结婚仪式、或以夫妻名义登记户口等公开的行为，以夫妻名义公开同居生活，使他们夫妻身份得到公众的认可。

（二）我国的婚姻制度

"婚姻自由、男女平等、一夫一妻"是我国婚姻制度的基本原则，以《中华人民共和国民法典》（以下简称《民法典》）的相关规定调整婚姻关系，根据《婚姻登记条例》（国务院令第 387 号）的规定，结婚和离婚实行登记管理制度。

1. 结婚的规定

结婚登记是男女双方到规定的婚姻登记机关办理结婚手续，确立夫妻关系的民事法律行为，是取得合法婚姻形式的必要程序。内地居民登记机关为县级人民政府民政部门或者乡（镇）人民政府。涉外、港、澳、台、华侨的婚姻登记机关为省、自治区、直辖市人民政府民政部门或者其确定的机关。男女双方应当共同到一方当事人常住户口所在地的婚姻登记机关办理。《民法典》第一千零四十六条至第一千零四十八条规定，结婚应当男女双方完全自愿，禁止任何一方对另一方加以强迫，禁止任何组织或者个人加以干涉；结婚年龄，男不得早于二十二周岁，女不得早于二十周岁；直系血亲或者三代以内的旁系血亲禁止结婚。

根据《婚姻登记条例》（国务院令第 387 号）的规定，结婚登记必须由双方亲自到男女任意一方户口所在地的婚姻登记机关进行登记，男女双方需要出具的证件和材料主要包括本人的户口簿、身份证、结婚照片；涉外、港、澳、台、华侨要提供相应的身份证件和有关证明；婚姻登记机关工作人员审查证件、证明材料，询问相关情况，符合条件，当场登记，发给结婚证完成结婚登记，即确立婚姻关系；若审查不合格，婚姻登记机关出具"不予办理结婚登记通知单"。

2. 离婚的规定

离婚分为登记离婚和诉讼离婚。民政部门办理的是达成协议的登记离婚。不符合登记离婚条件的当事人可向人民法院申请诉讼离婚。登记条件包括男女双方自愿，对子女抚养教育达成一致协议，对财产分割、债务偿还达成一致协议。登记程序包括审查出具的证件、证明材料，询问相关情况。未达成离婚协议的、属于无民事行为能力人或者限制民事行为能力人的、结婚登记不是在中国内地办理的等情况不予处理。符合条件的，当场登记，发给离婚证，并注销结婚证。

关于诉讼离婚，《民法典》第一千零七十九条规定，夫妻一方要求离婚的，可以由有关组织进行调解或者直接向人民法院提起离婚诉讼。

人民法院审理离婚案件，应当进行调解；如果感情确已破裂，调解无效的，应当准予离婚。

有下列情形之一，调解无效的，应当准予离婚：

1）重婚或者与他人同居。
2）实施家庭暴力或者虐待、遗弃家庭成员。
3）有赌博、吸毒等恶习屡教不改。
4）因感情不和分居满两年。
5）其他导致夫妻感情破裂的情形。

一方被宣告失踪，另一方提起离婚诉讼的，应当准予离婚。

经人民法院判决不准离婚后，双方又分居满一年，一方再次提起离婚诉讼的，应当准予离婚。

3. 无效婚姻的规定

无效婚姻是指不符合结婚的实质条件的男女两性的结合，在法律上不具有合法效力的婚姻。

我国的无效婚姻制度确立时间较晚，在 1948 年和 1950 年的《中华人民共和国婚姻法》中均无明文规定无效婚姻制度，1994 年民政部公布的《婚姻登记管理条例》中，首次规定了对于婚姻无效的处理方式，但规定得较为简单，体现了浓厚的国家干预色彩。2001 年公布的《中华人民共和国婚姻法》的第十条至第十二条中首次规定了无效婚姻制度，内容包括无效婚姻和可撤销婚姻的情形、溯及力、财产分割和子女抚养等。2021 年 1 月 1 日实施的《民法典》也继续保留了无效婚姻制度和可撤销婚姻制度的二元立法模式。《民法典》第一千零五十一条规定，我国的无效婚姻情形包括重婚、有禁止结婚的亲属关系、未达法定婚龄三种，可撤销婚姻的情形包括胁迫、隐瞒疾病两种。新颁布的《民法典》和相关的司法解释规定了无效婚姻的当事人及利害关系人、可撤销婚姻的当事人只能通过人民法院宣告婚姻无效或可撤销。

可撤销婚姻与无效婚姻既有区别又有联系。无效婚姻和可撤销婚姻都履行了结婚登记手续，都具有登记结婚的形式；无效婚姻与撤销后的可撤销婚姻法律后果相同，《民法典》规定"无效的或者被撤销的婚姻自始没有法律约束力，当事人不具有夫妻的权利和义务。婚姻无效或者被撤销的，无过错方有权请求损害赔偿"。二者的区别表现在：请求权人不同。可撤销婚姻的请求权人只能是当事人本人。为了尊重当事人的意愿，如果当事人愿意维持婚姻关系，任何人不得提出撤销该婚姻。无效婚姻的请求权人可以是当事人及利害关系人。请求权的存续期间不同。无效婚姻可以在婚姻无效原因消除前的任何时间提出请求宣告婚姻无效。可撤销的婚姻则分几种情况，受胁迫的应当自胁迫行为终止之日起一年内提出；被非法限制人身自由的应当自恢复人身自由之日起一年内提出；隐瞒重大疾病的应当自知道或者应当知道撤销事由之日起一年内提出。总之，无效婚姻和可撤销婚姻都成立婚姻关系，可撤销婚姻业已发生婚姻上的效力，只是效力存在瑕疵，法律赋予了当事人的撤销权，当事人也可放弃撤销权。婚姻无效则自始无效，当事人不具有夫妻的权利和义务。共同生活期间的财产，由当事人协议处理；协议不成，由人民法院根据照顾无过错方的原则判决。对重婚导致的婚姻无效的财产处理，不得侵害合法婚姻当事人的财产权益。当事人所生的子女，适用《婚姻法》有关父母子女的规定。人民法院审理婚姻无效案件，不适用调解，应当依法作出判决，法院一经判决即发生法律效力。

二、家庭

（一）家庭的内涵

美国人类学家 G. P. 默多克在其《社会结构》一书中指出，家庭就是以共同居住为基础，以经济上互助、生育子女为特征的社会集团。它具有为社会所承认的性关系，至少有 2 名成年男女及亲子或养子。

英国社会学家安东尼·吉登斯认为，家庭就是直接由亲属关系联结起来的一群人，其成年成员负责照料孩子。

另有人指出，家庭是人类再生产的基本单位，即是明天再生产劳动主体生命和生活的结合体，是生育劳动主体的人的结合体。换言之，家庭就是人类通过劳动主体的产生（出生）——发展（培育）——维持（生命与生活再生产），维持自身生存的最基本单位。

还有人指出，家庭是建立在姻缘关系和血缘关系的基础上的，人类共同生活的初级社会群体，是社会生活基本单位，是社会的细胞。家庭同时是一种生育制度。

家庭是指在婚姻关系、血缘关系或收养关系基础上产生的，亲属之间所构成的社会生活单位。家庭有广义和狭义之分，狭义是指一夫一妻制构成的社会单元；广义的则泛指人类进化的不同阶段上的各种家庭利益集团即家族。从社会设置来说，家庭是最基本的社会设置之一，是人类最基本最重要的一种制度和群体形式。从功能来说，家庭是儿童社会化，供养老人，是满足经济合作的人类亲密关系的基本单位。从关系来说，家庭是由具有婚姻、血缘和收养关系的人们长期居住的共同群体。

最明了的定义可以概括为：家庭＝实体婚姻＋孩子＋生活共同体。

从以上定义看，家庭具有如下特征：

其成员由婚姻或血缘关系（包括虚拟的血缘关系）联结组成。

其基本的社会功能在于作为劳动主体进行人的生命和生活的再生产，以及对新的劳动主体再生产的期待。

其日常生活形态是共同住居、共同饮食、共有财产，在生活上互相保障。

以性爱、母爱、父爱、骨肉情爱等情感关系为纽带，维系人际关系。

家庭的形态、功能和人际关系等会随着整个社会的变化而变化，并在每个不同历史阶段显示出一定的特征。

每个家庭在整个社会中处于不同的阶级、阶层地位，而表现出不同的存在形态。

（二）家庭的类型

1）按家庭权力分配形式可将家庭分为父权制家庭、母权制家庭、夫妻平等制家庭。

2）按婚姻形式可将家庭分为一夫一妻制家庭、一夫多妻制家庭、一妻多夫制家庭。

3）按居住方式可将家庭分为夫居制家庭（从夫居）、母居制家庭（从妻居）、单居制家庭。

4）按家庭关系和家庭教育分为独裁型、保护型、和平共处型、合作型。

5）按家庭结构可将家庭分为核心家庭、主干家庭、联合家庭。

核心家庭又称夫妇家庭，就是只有父母和未婚子女共同居住和生活。其有三种具体形式：仅由夫妻组成、夫妻加未婚子女（含领养子女）、仅有父或母与子女（单亲家庭）。

主干家庭是指父母（或一方）与一对已婚子女（或者再加其他亲属）共同居住生活。

联合家庭是指父母（或一方）与多对已婚子女（或者再加其他亲属）共同居住生活，包括子女已成家却不分家，主干家庭和联合家庭又合称扩展家庭。

6）按照个体与家庭的关系可以分为原生家庭与新生家庭。原生家庭是指父母的家庭，子女并没有组成新的家庭；新生家庭就是夫妻结婚组建的家庭。原生家庭是夫妻双方各自出生和成长的家庭，对各自的性格、习惯、观念、安全感、行为模式、思维方式、表达情感的方式和交流方式等影响巨大，进而对婚姻有重要影响。一般来说，没有完美的家庭，任何家庭或多或少都会有不足之处，这就会对婚姻中的人产生负面的影响。

7）其他家庭结构：单亲家庭，由单身父亲或母亲养育未成年子女的家庭；单身家庭，人们到了结婚的年龄不结婚或离婚以后不再婚而是一个人生活的家庭；重组家庭，夫妻一方再婚或者双方再婚组成的家庭；丁克家庭，双倍收入、有生育能力但不要孩子、浪漫自由、享受人生的家庭；空巢家庭，只有老两口生活的家庭；断代（跨代）家庭，无父母的未婚子女共同居住的家庭等。

（三）家庭人际关系

1. 血亲、拟制亲与姻亲

从法律角度来看，家庭人际关系分为血亲、拟制亲与姻亲三类。

血亲是指有血缘关系的亲属，是以具有共同祖先为特征的亲属关系，分为直系血亲和旁系血亲两种。直系血亲是指有直系关系的亲属，从自身往上数的亲生父母、祖父母（外祖父母）等均为长辈直系血亲。旁系血亲是指除直系血亲以外的、与自己同出一源的血亲。从自身往下数的亲生子女、孙子女、外孙子女等均为晚辈直系血亲，是与自己同一血缘的亲属；兄弟姐妹、伯伯、叔叔、姨母和侄、甥等这些平辈、长辈、晚辈，都是旁系血亲。

拟制亲又称为拟制血亲，是指本来没有血缘关系，或没有直接的血缘关系，但法律上确定其地位与血亲相同的亲属。典型的是收养关系，养父母与养子女因收养关系的成立而享有与生父母子女相同的身份和权利义务。根据中国法律的规定，继父或继母同受其抚养教育的继子女之间的权利和义务关系也同于生父母子女关系。拟制血亲因收养的成立或抚养事实而发生，因一方死亡或收养解除而消灭。必须指出的两点是：对于拟制血亲能否结婚的问题，法律没有明确规定，但因收养关系或继父母婚姻而产生的兄妹、姐弟关系不受婚姻法规定的"直系血亲和三代以内的旁系血亲"禁止结婚的限制；因继父母婚姻而成立的兄妹关系是姻亲兄妹，不是拟制血亲。可以简单理解为，拟制血亲仅存在于一对关系中，拟制血亲当事人的其他亲属关系并不随着拟制血亲的成立而发生变化。

姻亲是以婚姻关系为中介而产生的亲属。《诗经尔雅》有言："婿之父为姻，妇之父为婚"。直译过来变成"婚姻指的是岳父和公公"，反映的是由婚姻而形成的姻亲关系——以两个家庭中的核心人物（父亲）为代表的家庭的结合。费孝通先生提出的著名的"差序格局"概念指出，中国社会关系是无数个以自己为中心的"圆"的交叉。按照这一论断，男女结婚，即是把以各自为中心的"圆"交叉到一起，形成负责的社会关系，其中，姻亲关系是这个交叉的核心组成部分。一般来说，姻亲涉及的范围非常广泛，以各自的父母和兄弟姐妹为限即包括岳父、岳母、姨子、舅子、连襟、公公、婆婆、妯娌、儿媳、女婿等，若再扩展到各自的其他亲属，则是一个庞大的亲属群体。

2. 现代家庭人际关系特点

在婚姻制度调整和新时代道德风尚的引领下，在社会生产方式、生活方式巨大变革的带动下，在家庭结构日益变小的深刻影响下，现代家庭人际关系发生了巨大变化。

第一，现代家庭以夫妻关系为核心。一对男女结成夫妻，以夫妻为核心组成家庭，形成各种家庭人际关系。即使在与父母共同居住生活的主干家庭和联合家庭中，夫妻关系仍然是核心，此时，一个大家庭中存在多对夫妻，就有多个家庭核心，大家庭关系的基本单位就是每对夫妻。

第二，现代家庭人际关系以爱为纽带，讲求人格平等。现代婚姻的基本要求是自愿结婚，体现婚姻中的个人意志，而非他人意志，作用到家庭中来，就表现为人格平等独立的个体之间的相互关系。这种关系以爱为纽带，不管是夫妻之爱，还是亲子之爱，而非传统的儒家伦理纲常纽带。

第三，权利义务对等。调整现代家庭关系的基本要素是法律，法律的基本原则是权利与义务对等。父母生育子女，就有抚养的义务；受抚养的子女成年后，就有赡养父母的义务。法律规定一夫一妻，非法同居、婚外情、重婚等都为法律所不允许。赚钱养家的人和操持家务的人拥有平等地享有和分配家庭财产的权利。

第四，重视沟通而非服从。现代家庭没有绝对的权威，强调家庭成员之间的沟通，反对强加于人的服从。妻子不一定服从丈夫，如果她服从，那是服从于自己的意愿；未成年子女接受父母的管教，但并不完全丧失自己独立的人格。夫妻之间、亲子之间、翁婿婆媳之间没有绝对"说了算"的人，讲究在沟通过程中"以理服人，以德服人"。

第二节　家政与家政学

一、家政

说到家政，有人理解为"保姆"，也有人理解为"保洁"。实际上，家政是一门正式的学科，家政一词有着丰富的内涵。

我国自古以来就是一个具有优秀家政传统的民族，从来就重视治家之道。《四书》《左传》《礼记》中都有关于家政内容的记载和论述，如"子能食食，教以右手；能言，男唯女俞""治国，先齐其家"等。古人把国家的兴衰与家庭的兴旺相连，强调教育治家，管理齐家，重视家教、家政。这可以说是我国的传统家政学。

西方的家政理念产生于近代。1899 年在美国平湖召开的第一次家政会议，把家政学定义为 Home Economics（家庭经济学），家政主要为家庭经济管理活动。直到现代，东西方家政理念才渐渐趋于一致，涉及家庭生活的方方面面，在今天的家政学中"家政"一词包括以下含义：

1）家政是指家庭事务的管理。"政"是指行政与管理，它包含有三个内容：一是规划与决策；二是领导、指挥、协调和控制；三是参考、监督与评议。

2）家政是指在家庭这个小群体中，与全体或部分家庭成员生活有关的事情，它带有一种"公事"的意味，另外还含有"要事"的意思。在实践中，它要求人们把主要的注意力放在大事和要事上面，也就是首先抓好事关全局的重要事情。当然，大事和小事是相互联系的，对小事也不可忽视。

3）家政是指家庭生活办事的规则或者行为准则。家庭生活中需要有一些关于行为和关系的规定，有的写成条文，有的经过协商形成口头协定，有的在长期共同生活中成为不成文的习惯规则。这些规则有综合的，也有单项的，如对学习和娱乐，常常需要做特别的规定。

4）家政是指家庭生活中实用知识与技能、技巧。家庭事务是很具体、很实际的，人们的修养、认识、管理都要与日常行为结合起来才能表明其意图，实现其愿望。

总之，家政是家庭中对有关各个家庭成员的各项事务进行科学认识、科学管理与实际操作，以利于家庭生活的安宁、舒适，确保家庭关系的和谐、亲密以及家庭成员的全面发展。

根据《中华人民共和国家庭服务员职业标准》的定义，通常所指的"家政"是指家庭服务，即家庭服务员根据要求为所服务家庭操持家务、照顾其家庭成员以及管理家庭有关事务的行为。

家政行业是服务业，目前我国社会家政服务按内容可分为三个层次：第一种是初级的"简单劳务型"服务，如煮饭、洗衣、维修、保洁、卫生等；第二种是中级的"知识技能型"服务，如护理、营养、育儿、家教等；第三种是高级的"专家管理型"服务，如高级管家的家务管理、社交娱乐的安排、家庭理财、家庭消费的优化咨询等。

二、家政学

（一）家政学的内涵

自从人类社会出现家庭以来，就产生了家政。家政作为一门学科是近百年的事情，对家政学首次做出科学界定的是美国家政学会。该学会 1912 年指出：家政学就是"运用应用科学、社会科学以及艺术知识，研究家庭生活的需求，解决理家问题及相关问题的综合学科"。第二次世界大战以后，根据该学科发展状况，他们又做出了如下修订：家政学是一门"以提高人类生活素质及物质文明，提高国民道德水准，推动社会进步，弘扬民族精神为目的，从精神与物质两个方面进行研究，以求得家庭成员在生活上、心理上、伦理道德上及社会公德上得以整体提升的综合学科"。

德国认为家政学的核心是研究家庭营养学，强调家政是经济社会统一体，人类是在共同生活。

芬兰的家政学研究重点是消费科学、商品科学、家庭科学教育等相关问题。

英国的家政学是研究持家的学问，尤其是指购买食品、烹饪、洗涤等家庭事务。

欧洲在 20 世纪 90 年代提出，家政学是研究存在于日常生活一切脉络中的思考方法及行为方式，是探究生活"哲学"问题的学问和教育。

美国的《新时代百科全书》对家政学的解释是：家政学这一知识领域所关注的，主要是通过种种努力，来改善家庭生活。其具体要求是：

1）对个人进行家庭生活教育。

2）对家庭所需的物品和服务的改进。

3）研究个人生活、家庭生活不断变化的需要和满足这些需要的方法。

4）促进社会、国家、国际状况的发展以利于改进家庭生活。

　　1991 年，我国第二届家政理论研讨会上提出了我国的家政学的定义：家政学是一门综合性的应用性学科，它运用科学的态度与方法，通过学习、教育和训练，使人们掌握尽可能多的知识与技能，健全家庭管理，调节人际关系，提高家庭生活质量，满足人们的物质与文化需求，全面提高人的素质，使家庭更好地发挥各项功能。

　　冯觉新 1994 年的《家政学》认为，家政学是以整个的家庭生活为对象，从家人关系、家庭与社会的关系探讨改善家庭生活、提高家庭成员素质的知识和技巧的一门学问。

　　《中国家政服务业发展报告（2018）》指出：家政学是以人类家庭生活为主要研究对象，以提高家庭生活质量、强化家庭成员素质、造福全人类为目的，指导人们家庭生活、社会生活、感情伦理生活的一门综合型应用学科。

　　上述的种种界定都符合家政学的学科本质属性，但从定义学的角度看，以上诸说都有着较多的写实的描述。对一种事物的本质特征或一个概念的确切说明是很困难的，对一个动态性的事物确切说明就更加困难了。

　　从社会和家庭诞生与发展的历史状况来看，家政学是社会学的一个分支学科，可称为亚社会学或微观社会学。它主要研究家庭生活的社会化质量、家庭教育的社会化作用，以及个人与家庭，家庭与社会的互动规律，研究家庭生活质量与人的综合素质提高的问题等。具体地说，家政学要以人的社会化和家庭的社会化为主线，研究四个关系：

　　1）家庭发展与社会发展的关系。

　　2）家庭成员的人际关系与际代关系。

　　3）家庭的物质生活与精神生活的关系。

　　4）家庭的教育主体与客体的关系等。

　　从家政学的研究对象与研究内容来看，家政学的定义可做这样的概括：家政学以家庭为对象，以提高家庭生活质量和家庭成员综合素质为目的，研究家庭的结构与功能，家庭的发展与变化，家庭的教育与管理，家庭对人的社会化作用，以及家庭与社会关系的规律的科学。

　　从传统家政到现代家政，经过了一个漫长的发展过程。就现代家政来说，它具有以下三个突出的特点：一是家庭与社会的关系越来越密切，家庭功能不断地向社会转化，并由此带动了家政行业的发展；二是家政概念的内涵越来越丰富，外延越来越扩大；三是现代科学技术迅速地向家庭和家政领域渗透，使家庭的人文品质和科学品质不断地提高。家政学研究包括以下内容：①家庭物质生活方面。诸如住宅、室内布置、家具与装饰；饮食与营养；衣着和缝纫；家庭动植物养殖等。②家庭精神文化生活方面。主要有家庭教育；理想情操陶冶；文娱、体育、旅游活动安排等。③家庭人际关系方面。有家庭内部关系；家庭外部关系，包括邻里关系、亲朋关系以及家庭成员工作单位的关系；恋爱与婚姻等。④家庭医疗卫生方面。有卫生与护理、计划生育与优生和优育、性生活及生理卫生知识，食品卫生等。⑤其他方面还有家庭安全，包括防火、防盗、灭鼠、灭蚊蝇、防触电、防煤气中毒等。

（二）家政学的理论基础

家政学是一门综合性的学科，它的产生和发展自然离不开家庭生活这片沃土，但它的学科理论体系的建立与完善又离不开其他学科知识的濡染和理论指导。这些学科有社会学、心理学、教育学、伦理学、管理学、生理学、人口学、人才学、美学等。

1. 社会学理论

社会学是以社会为对象，研究社会生活、社会关系、社会行为、社会组织、社会结构、社会制度以及社会生活各领域之间的互动关系的科学。

社会学的理论很多，这里只简单地介绍一些与家政学关系极为密切的社会学的基本概念，如什么是社会、人的社会化理论、社会分层理论和社会角色理论等。

（1）社会概念　我国古代，"社"是指土地之神，也是指祭土地土神的场所。"社"还是社会的基层单位，如25家为社，方圆六里为社等。"会"是集会的意思。合二为一的社会，是指许多人聚在一个地方进行某种活动。现代的"社会"是指什么呢？在社会学中，社会指的是由有一定联系、相互依存的人们组成的超乎个人的、有机的整体。它是人们的社会生活体系。马克思主义的观点认为，社会是人们通过交往形成的社会关系的总和，是人类生活的共同体。社会的本质是人和组织形式。人确定了社会的规模和活动的状态。组织形式决定了社会的性质，以及生产关系。

社会具有如下的特征：

1）是有文化、有组织的系统。是由人群通过一定的文化模式组织起来的。

2）生产活动是一切社会活动的基础，任何一个社会都必须进行生产。

3）任何特定的历史时期，都是人类共同生活的最大社会群体。

4）具体社会有明确的区域界限，存在于一定空间范围之内。

5）有连续性和非连续性。任何一个具体社会都是从前人继承下来的一份遗产，同时又和周围的社会发生横向联系，具有自己的特点，表现出明显的非连续性。

6）有一套自我调节的机制，是一个具有主动性、创造性和改造能力的"活的有机体"，能够主动地调整自身与环境的关系，创造自身生存与发展的条件。

社会关系是人们在共同的物质和精神活动过程中所结成的相互关系的总称，即人与人之间的一切关系。从关系的双方来讲，社会关系包括个人之间的关系、个人与群体之间的关系、个人与国家之间的关系；一般还包括群体与群体之间的关系、群体与国家之间的关系。这里群体的范畴，小到民间组织，大到国家政党。这里的国家在实质上是一方领土的社会，即个人与国家之间的关系就是个人与社会之间的关系，而个人与世界的关系就是个人与全社会之间的关系。

从关系的领域来看，社会关系的涉及面众多，主要的关系有经济关系、政治关系、法律关系。经济关系即生产关系。此外，宗教、军事等也是社会关系体现的重要领域。

随着人类改造自然、改造社会的实践活动日益深入和扩展，历史地形成了复杂多样的、多种层次的社会关系。马克思主义哲学科学地揭示了各种社会关系之间的从属关系，据此将社会关系分为物质关系和思想关系两种基本的类别。物质关系是人们在生产活动中形成的、不以人们的意识和意志为转移的必然联系。思想关系是通过人们的意识形成的关系，它是物质关系的反映（见物质的社会关系和思想的社会关系）。对社会关系还可以从其他一些角度进行分类：①从社会关系的主体和范围，可以划分为个人之间的关系，群体、阶级、民族内部及相互之间的关系，国内和国际关系等；②从社会关系的不同领域，可以划分为经济关系、政治关系、法律关系、伦理道德关系、宗教关系等；③从社会关系包含的矛盾性质，可以把社会关系划分为对抗性关系和非对抗性关系。对抗性关系是涉及双方利益根本对立、往往要靠强制手段来维系或解决的矛盾关系，通常是指剥削阶级与被剥削阶级之间的关系、敌我之间的关系。非对抗性关系是涉及双方根本利益一致，可以通过批评、说服、调整的方法去解决的矛盾关系，通常是指人民内部的关系。

社会具有多项功能，具体如下：

1）交流功能。人类社会创造了语言、文字、符号等人类交往的工具，为人类交往提供了必要的场所，从而保持和发展了人们的相互关系。有些动物是有语言的（比如大猩猩、海豚），有些则无语言（比如长颈鹿），但都可以交流，有语言的可以依靠语言去交流，但所有动物都可以用肢体语言来交流。

2）整合功能。社会将无数单个的个体组织起来，形成一股合力，调整矛盾、冲突与对立，并将其控制在一定范围内，维持统一的局面。所谓整合主要包括文化整合、规范整合、意见整合和功能整合。

3）导向功能。社会有一整套行为规范，用以维持正常的社会秩序，调整个体之间的关系，规定和指导个体的思想、行为的方向。导向可以是有形的，如通过法律等强制手段或舆论等非强制手段进行；也可以是无形的，如通过风俗习惯等潜移默化地进行。

4）继承发展功能。个体的生命短暂，个体一代代更替频繁，而社会则是长存的。一个物种创造的物质和精神文化，通过社会而积累和发展。

（2）人的社会化理论　人具有自然人和社会人的双重属性，但人毕竟是社会的人，其社会化的属性是其本质的属性。人既然是一个社会的人，那么他从出生时的自然人就一定要逐步向社会人转化，成为融入社会并担当一定角色的社会人，这就是人的社会化。

人的社会化是指人接受社会文化的过程，即是指自然人（或生物人）成长为社会人的过程。刚刚出生的人，仅仅是生理特征上具有人类特征的一个生物，而不是社会学意义的人。在社会学家看来，人是社会性的，是属于一种特定的文化，并且认同这种文化，在这种文化的支配下存在的生物个体。刚刚出生的婴儿不具备这些品质，因此他（她）必须渡过一个特定的社会化期，以熟悉各种生活技能、获得个性和学习社会或群体的各种习惯，接受社会的教化，慢慢成人。并且，从个人与社会的关系来看，人的社会化也是个体吸收了社会经验，并由两者的分立走向两者的融合。

从文化角度看，人的社会化是文化延续和传递的过程，个人社会化的实质是社会文化的内化。著名美国社会学家 W. 奥格本对社会现象中的文化因素进行了深入探讨，他认为人的社会化过程就是个人接受世代积累的文化遗产，保持社会文化的传递和社会生活的延续。这种观点反映了人的社会化在文化延续中的重要性。从社会结构角度看，学习、扮演社会角色是社会化的本质任务。帕森斯曾说，社会没有必要把人性陶冶得完全符合自己的要求，而只需使人们知道社会对不同角色的具体要求就可以了。他认为角色学习过程即社会化过程。在这个过程中，个人逐渐了解自己在群体或社会结构中的地位，领悟并遵从群体和社会对自己的角色期待，学会如何顺利地完成角色义务，其功能在于维持和发展社会结构。

（3）社会分层理论　社会分层理论是根据一定的标准，把人们划分为高低有序的等级层次的理论，社会分层是社会分化的一个重要形式。德国社会学家最早提出以阶级、地位和权力为标准划分社会分层模式。尔后，美国人类学家沃纳又提出以财产、地位和声望为标准的社会分层理论模式。社会等级的划分以财富、地位、声望为标准是西方社会学家所遵循的划分社会分层的标准。我国有些学者对社会声望情况做了不少调查研究，研究的一般结论是：声望最高的是专业化程度最高，文化、技术内涵丰富的职业，如教师、工程师、作家、医生、生物学家、律师、画家、记者、导演和政府部门领导等。其次是专业化程度一般的职业，如海关工作人员、中小学教师、财会人员、国家公务员、银行职员、商业公司经理等。声望等级第三的是理发美容师、工人等。声望等级最低的是清洁工、废品收购员、搬运工人、殡葬工人、农民、合同工等。这些调查反映了两方面的问题：其一是人们职业地位的高低主要取决于专业化程度的高低与知识、技术内涵的多少；其二有些职业地位高低的划分受到高低贵贱封建等级意识的影响。

（4）社会角色理论　"角色"原是戏剧中的名词，专指演戏人所扮演的人物形象。后来社会学家把这个名词引入到社会学领域，给"角色"赋予社会学的意义，把社会角色与人在社会中的地位联系起来。事实上，人在人际交往中或在群体交往中总是以一定的"角色"出现的，所以人在家庭和社会交往中所处的地位冠以"角色"的名称是合乎逻辑的。

在社会学中，人的社会角色一般的定义是：社会角色是指与人的特定社会地位相一致，与社会对这个地位的期待相符合的一套行为模式。更简要地说，社会角色就是人在社会交往中所处的位置和地位。

人在社会中总是占有一定的位置，这个位置就是人的社会地位，也就是人的社会角色。人对于社会地位的获得有两种方式：一是生而有之或血缘原因而获得的社会地位称为先赋地位，如性别、种族和辈分等；二是经过个人努力而获得的自致地位，如一个农村的孩子经过勤奋学习和努力奋斗而成为一名专家、学者，一个普通的职员经过学习和锻炼而成为一名企业家或公司经理等，这都是自致地位。先赋地位具有不可逆转性和不可改变性，自致地位则是动态地，既可逆转也可改变。

作为社会角色，就必定承担一定的社会责任，遵守一定的社会规范，履行一定的行为模式，譬如作为父母就要遵守"慈爱"等规范，履行抚养子女的义务；作为儿女就要遵守"孝敬"等规范，履行赡养父母的义务；作为教师，就要"为人师表"，履行"传道授业"的责任；作为学生，就要立志学习，履行"尊师重道"的义务；作为军人，就要以服从命令为天职，履行科技强军，誓死保卫祖国的责任等。

2. 心理学理论

心理学是研究人的心理的本质、作用以及发生、发展的规律的科学。心理学原属哲学的一部分。19 世纪 70 年代成为独立的科学，现已发展成为分支繁多、用途广泛、介于自然科学与社会科学之间的边缘学科。但就其内容来说，可分为两个部分：一是人的心理过程，包括认知过程、情感过程和意志过程；二是人的个性，包括个性特征和个性倾向性。这里只对人的个性理论做简要的介绍。

（1）个性 人人都有个性，可什么是人的个性呢？个性是人在一定的社会条件和教育的影响下形成的比较稳定的心理面貌和心理特征。西方学者把个性同人格视为等同物。

人的个性具有整体性、独特性、稳定性、可塑性、社会性和生物性的特点。

所谓整体性是说人的个性虽由微观的不同部分组成，但它是人的整个心理面貌的反应，是由各种性格特征整合而成的有机整体。

所谓独特性是指人的个性各不相同，人人都表现出与众不同的独特性特点，如同没有相同的两片树叶一样，在社会上也没有两个相同的个性的人。

所谓稳定性是指人的个性是在环境和教育的影响下长期积淀而成，一旦形成就能比较稳定地存在下去。

所谓可塑性是指个性虽表现出较稳定的特点，但它不是一成不变的，特别是人的儿童和青年时代，其个性在环境因素和教育因素的作用下，明显地表现出一种可塑性的特点。

所谓社会性是指个性受社会教化的影响，表现出"染于苍而苍，染于黄而黄"的社会特点，如从众性、中庸性和随和性等。

所谓生物性是指人的个性具有遗传和先天性的生物特点，后天的社会性特点是在先天生物体上逐渐形成的。

（2）个体的倾向性 个体的倾向性是指人对现实的态度和行为的动力系统，它决定着人对现实的态度以及对认识和活动对象的趋向和选择。其主要内容包括需要、动机、兴趣、理想、信念和世界观等。个性倾向系统的各个组成部分之间相互联系，互相影响和制约，组成了一个互动链条。在这个系统里，需要是动力源泉，因为只有在需要的基础上才能产生内驱力，驱动个体向着满足需要的方向移动。其他的个性倾向性因素，如动机、兴趣和信念等都是需要的不同表现形式。在个体倾向性系统里，世界观居于高层次，它制约着一个人的思想倾向和整个心理面貌，它是人们言论和行为的导航器。

3. 伦理学理论

伦理学是以道德为对象研究道德的起源和发展，道德的本质和作用，道德品质的培养，道德规范结构功能的科学。在这里只介绍道德的结构、功能和三德（家庭美德、职业道德、社会公德）理论。

（1）道德的结构和功能 道德是人们共同生活及其行为所遵循的准则，是调节人与人之间关系的行为规范。社会道德是由经济关系决定的，它是以善恶标准去评价，依靠人们内心信念、传统习惯、社会舆论来维系，并发挥职能作用的社会意识形态。道德是一种社会意识，也是一种特殊的社会关系，按照这种社会关系中主体与客体所涵括的范围和层次不同，可把社会的道德关系分为两类：个人与社会整体的关系，个人与个人之间的道德关系。

道德虽然是一种意识形态，但在各种社会关系中，人们的一言一行均可微观地表现出各种直观的社会道德行为，这种行为现象虽然千姿百态，但从整体上看，可将其划分为三类现象，即以道德认知、道德观念为主要内容的道德意识现象；以指导和评估社会成员行为价值取向的善恶准则为主要内容的道德规范现象和以社会建设活动、社会道德教育与评价活动为主要内容的道德活动现象。

道德的诸种社会要素，不仅在整体上、宏观上有其严整的社会结构，而且在个体上、微型上也有严整的结构。这种道德的个体结构也就是道德的个性结构，也可称为以个体的人作为道德载体的个人道德素质结构。

道德的功能是道德结构功能的外化，主要有调节功能、认识功能、教育功能和评价功能等。

（2）道德规范 道德规范是道德的历史范畴，是一定社会的阶级对人们的道德行为和道德关系的基本要求的概括。道德规范既以准则的形式要求人们遵循，也以风俗习惯的方式规范人们的行为。同时，它也在积极支配、控制人们在道德活动中逐渐转化为内心信念。总之，道德规范是人们道德行为和道德关系普遍规律的反映，是道德基本原则的具体表现和补充。

（3）道德规范的他律性 道德规范的他律性是指道德规范的外在约束力，也就是说，道德规范的他律性就是指人或道德的主体赖以行动的道德准则或动机受制于外力，受外在的东西支配和节制，如宗教伦理学的神，儒家伦理学的道，马克思主义伦理学的原理等。

道德规范的他律性的核心内容是标明每个人在道德领域内没有绝对的自由，他总是要受制于外在的必然性的要求，这种外在的必然性，不同的阶级，不同的信仰群体，对其内涵的理解是不同的。

（4）道德规范的自律性 道德规范的自律性是指道德主体的自身的意识制约性，也就是说，道德规范的自律性其实就是道德主体对道德的他律性的自觉认同。

在道德主体按照一定的规范行事时，道德规范的外在约束必然要转化为道德规范的内在约束，即由道德规范的他律性转化为道德的自律性。两者相统一，这才是道德规范的完整内容。

在人们的社会生活中，外在的社会道德规范一定要内化为自己的道德意识才能对自己起自觉的规范作用，若内化得不好，或内化了不应该内化的道德之物，那么，这个人很可能走向邪路，成为无道无德之人。

（5）社会公德 社会公德是人们对于社会集体和公益事业的道德义务和应遵循的准则。

社会公德有两层含义：一是国民公德，就是指导人们应遵循国家认可的道德规范，就是社会公德；二是公共生活准则，就是指在日常生活中形成的人们所遵循的最简单的、最起码的社会公德。

国家颁布的《公民道德建设实施纲要》里提出的公民的基本道德规范："爱国守法、明礼诚信、团结友善、勤俭自强、敬业奉献"。这是社会公德的基本内容，每个公民都应严格遵守。

（6）职业道德　职业道德是指人们在一定的职业生活中所遵循的道德规范以及应具有的道德行为，它既体现了一般的道德准则，又带有鲜明的职业特点。职业道德的建设对改善社会风气，提高生产力具有重要意义。《公民道德建设实施纲要》里提出的公民应当遵守的职业道德是："爱岗敬业、诚实守信、办事公道、服务群众，奉献社会"。

1-1 家庭服务员
职业道德

（7）家庭美德　家庭美德是指人们在家庭生活中调整家庭成员间关系、处理家庭问题时所遵循的高尚的道德规范。家庭美德的内容主要包括尊老爱幼、男女平等、夫妻和睦、勤俭持家、邻里团结等。

家庭美德属于家庭道德范畴，是指每个公民在家庭生活中应该遵循的基本行为准则。它涵盖了夫妻、长幼、邻里之间的关系。家庭美德包括关于家庭的道德观念、道德规范和道德品质。家庭美德的规范是调节家庭成员之间，即调节夫妻、父母同子女、兄弟姐妹、长辈与晚辈、邻里之间，调节家庭与国家、社会、集体之间的行为准则，它也是评价人们在恋爱、婚姻、家庭、邻里之间交往中的行为是非、善恶的标准。家庭美德的规范是家庭美德的核心和主干。家庭美德还包括在家庭生活中，在道德意识支配指导下，按照家庭美德规范行动，逐渐形成的人们的道德品质、美德。

第三节　现代家政教育的发展和意义

一、西方家政学和家政教育的发展

（一）世界上最早的家政思想

古希腊思想家色诺芬于公元前 300 多年写成了世界上第一部家庭经济学著作《经济论》。他认为，家庭管理应该成为一门学问，它研究的对象是优秀的主人如何管理好自己的财产，如何使自己的财富得到增加。家政学的教学和专业培训工作，在美国、北欧各国、日本、苏联等国家和地区开展较早，也较为普遍。许多高等院校设有家政系，在职业教育课程中，有职业家政和消费家政，有的国家还在中学开设家政课程。

家政学作为提高家庭物质生活、文化生活、感情伦理生活和社交生活质量为目的的应用性学科，首创于美国。杜威说："对美国人民而言，再没有其他目标要比发展家政科学更为重要的了。""促进健康、道德、进步的家庭生活是国家繁荣的基础。"

1840 年，卡特琳·比彻尔女士写了《家事薄记》一书和《论家政》一文，对家庭问题做了科学性的探讨，并描述了解决家庭问题的实际方法。

1869 年衣阿华州州立大学规定女生每天必须在教师指导下在厨房、面包房或餐厅工作 2 小时。

1873 年堪萨斯农学院开设了缝纫课、食物成分和烹调课。

1875 年，伊利诺斯大学创办了家政文理学院，设立了第一个四年制的家政专业，课程有历史、哲学、理化、植物、素描、设计、家庭美学、食物与营养学、家庭房屋建筑、家庭科学等。家政学从此在大学正式确立了自己的学科地位并开始授予学位。

1890 年，家政学进入了美国的中学，同时，家政学作为一种职业教育迅速在公立职业学校和私立职业学校中普及。

1899 年，11 位对家政学有兴趣的学者、工作者在美国柏拉塞特湖俱乐部，对"家政诸多问题"进行讲座。正式确立"Home Economics"为家政学的专用名词，这标志着家政学最终成为一门独立学科。

1908 年国际家政协会成立，1909 年美国家政学会成立，1923 年，美国农业部设立了家政局，这些协会和主管部门的成立，标志着家政教育和家政产业步入了一个健康发展的崭新阶段。从此，家政学会就成了美国家政教育和家政学术研究的领导中心。

1964 年有近 400 多所大学设有家政系或家政学院，到 2000 年突破到 1000 余所。其中有一部分还授予硕士学位和博士学位。

20 世纪 30 年代，美国家政学界收集了大量资料，以充实家庭生活教育，并研究家庭所需物品与服务的改进。家政课程的重点从操持家务逐步转到家庭消费上，家政学的内容也由"如何去做"转变为"为什么那样做"；家政学不仅研究个人与家庭生活的问题，还研究家庭问题所涉及的国家和国际方面的问题。家政学的职业种类也随着增多起来。目前在美国的中等教育中，家政属于独立的职业教育类。

（二）家政学在日本的发展

日本的家政教育受中国儒家修身齐家思想的影响较大。明治维新后，逐渐接受了美国和西欧家政思想的影响。1899 年，日本东京女子高等师范学校首先设立了有关家政内容的技艺科。1901 年，日本私立女子大学正式创办了家政科。1947 年后，日本的很多高等学校都相继设立了家政部，其教学内容大致有七类：一是"衣"，有衣服材料选择、服装设计与制作、衣服保管等；二是"食"，有食品选择、食品选购、烹调方法、食品储藏等；三是"住"，有住房选择、房屋设计、房屋布置与修理等；四是"儿童保育"，有儿童身体发育、儿童心理发展、儿童管教法、儿童疾病预防等；五是"家庭保健"，包括人的身心健康、青春期卫生、家庭护理等；六是"人际关系和礼仪"，包括家人相处与他人关系、生活与社会关系、交友、礼仪等；七是"家庭管理"，包括家庭经济管理、事务管理、时间和劳动力支配等。家政科开出的主要课程有服装、食品、保育、家庭管理、缝纫、衣科、服装设计、烹饪、营养、食品卫生、公共卫生、保育原则与技术、儿童卫生、儿童心理、儿童福利和其他课程。

1949 年，日本全国性的家政学会诞生，成为日本家政学发展的权威机构。

目前，日本的高等学校尤其是国立大学都设有家政学研究所。

（三）家政学在菲律宾

菲律宾的"菲佣"如今已成为世界的家政品牌，是菲律宾最亮眼的名片。自 1970 年"菲佣"就开始初露头角，文化素质、身体素质以及科学知识都在不断完善自己，由过去的简单技能型家政女佣转变为如今的智能型、智慧型"菲佣"。这离不开菲律宾政府的大力支持，通过国内各种形式的培训，规范化的教育，取得资格证书，才能在世界打造出杰出的家政品牌。菲律宾国立大学家政学学院分为许多板块：家庭生活和儿童发展、装饰设计、食品工程、家政学教育、酒店管理等专业。

1-2 菲佣的独特分析

（四）家政学在德国

德国中小学都比较重视家政，他们认为，人主要存在于工作和生活之中，即生产和消费（生活）中，学家政就是掌握怎么生活。因此家政的教学内容比较广，除烹饪外，还包括怎样持家，家庭美德，理财，营养知识，健康卫生等。

西方的其他国家，如英国、荷兰等，对中小学的家政教育也很重视，一般都开设了必要的家政课程，如缝纫课、手工课、家庭经济课等。

二、我国家政学与家政教育的发展

（一）中国家政教育的发展

我国学者根据我国古代把家庭管理理解为"家事""家教"的具体情况，将西方传来的"家庭服务性的学科"翻译为"家政学"。"政"，本是指集体生活中的事务，如校政、家政等。家政的本意就是对家庭集体生活事务的管理。所以，许多学者都认为，家政就是"齐家"，就是对家事、家教的管理。东汉的《释名·释亲属》中解释伯父时说："伯父：伯，把也，把持家政也。"

我国古代的思想家、政治家十分重视家政教育和家庭管理，他们把治理家庭的家政同治理国家、安定天下紧密地联系起来，认为家齐而国安。《礼记·大学》明确提出："齐家、治国、平天下"的理论，这就是说，只有一家一户治理教育好了，才能实现国家治理、天下太平的政治理想。诚如孟子所言："天下之本在国，国家之本在家，家之本在身。"意思是说，天下之根本在于家，家的根本在于个人。个人和家都治理好了，就可以做到天下太平了。

我国古代家政的突出特点是强调教育治家、管理齐家；强调本人的修身、家政的齐家和国家的治理相联系、相统一的家政思想。其中教育治家强调对孩子进行做人的教育，做事（技能、技术）的教育和知识的教育；管理治家则强调家要有家规、家训，要用家规、家训来规范家长特别是孩子的行为。

中国从辛亥革命后即在中小学设家事、手工课。在其后 30 年中，有燕京大学、震旦大学、华西大学、金陵女子文理学院等 10 余所高等院校相继开办家政系。1952 年全国高等学校院系调整后，大学不再设家政系。20 世纪 80 年代初期，指导家庭生活的报刊杂志、广播电视节目开始出现。家政职业教育也有进一步发展，一些大城市开办了家长学校、新婚夫妻学校、家庭科普学校、保姆学校等。老年大学也设有家庭生活方面的课程。托幼、服装、烹饪等方面的职业培训已有相当发展。社会科学界从 1983 年起，开始了对现代家政学基础理论的研究。

在中国的传统文化中，历来重视家庭的作用，家庭教育有着优良的传统和悠久的历史。中华民族应该说是十分重视"家政"的民族。

在这种"家为国本"观念的指导下，中国历代都有这方面的理论著作：

东汉时期的女史学家班昭撰写的《女诫》，告诫女性要谨守妇道、谦虚恭敬、先人后己、克勤克俭、善待夫婿、敬孝长辈等，是我国封建社会女子家政教育的典范。

南北朝时期的教育家颜之推撰写的《颜氏家训》，主张"胎教"和早期教育，至今仍有一定参考价值。

唐朝女学士宋若莘曾仿效《论语》体例，创作了《女论语》，有立身、学作、学礼、早起、事父母、事舅姑、事夫、训男女、营家、待客、柔和、守节等十二章，阐述了封建妇道。

宋朝时期的史学家司马光撰写的《家范》一书，以儒家经典论证了治国之本在于齐家的道理，他的"慈母败子"论颇具哲理。

清朝学者姚儒撰写了《家政要略》一书，对如何治理家庭，在理论上有所建树。

在清光绪二十九年（1903 年），由清政府颁发的《奏定蒙养院章程及家庭教育法章程》第九章中指出："应令各省学堂将《孝经》《四书》《列女传》《女诫》《女训》《教女遗规》等书择其最切要而极明显者，分别次序浅深，明白解说，编成一书，并附以图，至多不得过两卷。每家散给一本。并选取外国家庭教育之书，择其平正简易、与中国妇道妇职不相悖者（如日本下田歌子所著《家政学》之类）广为译书刊布。"可见，在清光绪年间就比较重视家政教育了。

1919 年，我国国立北京女子高等师范学校首先创设了我国教育史上的第一个家政学系，为家政学在我国的新发展迈出了艰辛的第一步。当时的家政系，主要讲授教育学、心理学、伦理学、营养学、卫生学、服装设计、食品烹调等课程。

虽然我国两千多年前就已有家庭教育传统，但家政教育真正进入高校距今时间不过百年。纵观我国家政教育的发展，大致可以划分为三个阶段。

第一阶段（1919—1952 年），1919 年北京女子高等师范学校家事部设立，这是我国家政教育的"第一次革命"。我国最早的现代家政教育开始于 1907 年，清政府在《奏定学堂章程》中规定，女生修习家政课程，在女子小学和中学开设家事、园艺和缝纫诸科。鸦片战争后，西方传教士在我国办学，先后开办了燕京大学、辅仁大学、震旦大学、圣约翰女修院等学校，引入了家政学教育。1909 年清政府派留学生开始赴美学习，有些留学生在美国学习的就是家政学，比如王非曼、胡彬夏等。他们将家政教育引入中国，家政学在中国开始生根发芽。我国家政学进入高校的标志着是 1919 年北京女子高等师范学校家事部的设立，随后，燕京大学、四川大学、河北女子师范学院、东北大学、金陵女子文理学院、长白女子师范学院、辅仁大学、震旦大学等 14 所高等学校相继开设家政学系，家政教育开启了我国当时高校教育的一个新领域。其中河北女子师范学院（河北师范大学前身）在 1929 年 4 月 23 日设立家政系，成为我国自办高校设立家政学系的肇始。新中国成立后，在 1952 年对高等学校院系和学科进行了全面调整，家政教育内容分别归属于服装、营养、幼教等多个专业领域。

第二阶段（1988—2018 年），1988 年 2 月武汉现代家政专修学校成立，标志着家政教育在我国再度兴起。1993 年吉林农业大学创办"家政教育专业"函授大专班，这是我国家政教育的"第二次革命"。党的十一届三中全会后，社会主义市场经济得到了蓬勃发展，综合国力和国民生活水平的不断提升，人们越来越关注营养饮食、卫生保健、婚姻幸福、亲子教育、家庭理财、娱乐休闲等与生活质量相关的问题，家政学学科在这种历史背景下发展起来。2000 年河北工业职业技术学院开设家政服务专业，2003 年吉林农业大学开办家政学本科专业。截止到 2018 年底，一共有 7 所本科、27 所高职院校开设家政专业。

第三阶段（2019 年至今），2019 年 6 月，国务院办公厅印发《关于促进家政服务业提质扩容的意见》即（家政 36 条），提出支持院校增设一批家政服务相关专业等措施，标志着我国第三次家政学教育革命的开始。2019 年 7 月，教育部要求每个省份至少一所本科院校若干所高职院校开设家政专业；2019 年 10 月，国家发改委和青岛市共同投资 1100 万元联合打造了全国首个家政产教融合实训基地——青岛市家政学院。据大学生必备网显示，目前全国除天津师范大学、吉林农业大学、安徽三联学院、湖南女子学院、仰恩大学、聊城大学东昌学院等几所本科学校外，另有北京劳动保障职业学院、北京社会管理职业学院、天津城市职业学院、长沙民政职业技术学院等 114 所职业院校都开设了现代家政服务与管理专业。

2020 年，教育部发布《关于在普通高校继续开展第二学士学位教育的通知》，重点支持高校在养老护理、家政服务等相关领域开展第二学士学位教育。

与西方国家比较，中国家政教育研究起步较晚。新中国成立以后，到 1952 年，全国高校整合教育资源，调整教育模式与课程，此后家政教育在中国断了数十年。直到 20 世纪 80 ～ 90 年代，社会经济的发展、西方先进思想的影响，人们对生活品质的追求越来越高，从事家政研究、培训、经营、管理、服务等部门和机构如雨后春笋，以家庭为对象，以服务为手段的家政服务在中国逐渐壮大发展起来了。目前我国家政行业正处于高速发展阶段，家政服务业蕴含着万亿级的消费市场，拥有巨大的市场潜力，越来越多的高素质人才投入到家政发展的行列之中，家政行业越来越受到社会各界重视，家政行业正向职业化、标准化、高学历化方向发展。

从国际家政教育情况来看，经过一个半世纪的发展变化，近代家政教育和家政学大体出现了如下四种趋势：

第一，家政学从原先专供女子学习的课程，已发展成为男女均需要学习的课程。

第二，家政学从单一的衣、食、住等技艺方面的教育，发展成为物质生活、精神生活并重的多样性、综合性的教育。

第三，家政学从原先阶段的、零星的知识和技能的传授，发展成为现在从幼教至高等教育的完整的系统教育。

第四，家政学在高等院校经历了从无到有，从选修到必修都具有不同研究方向的学科。

（二）开展现代家政教育的意义

现代家政服务已不再是传统意义上的"保姆""佣人"，不是简单地做做饭菜，带带小孩，家政教育的普及，关系到每个家庭生活质量的提高，关系到和谐社会的建立，关系到祖国未来人才的发展。随着月嫂、育婴师、护工、保洁等家政课程的出现，精细化、专业化成为家政行业的流行趋势。

具体说来，开展现代家政教育的意义有以下几个方面：

（1）有利于促进家庭生活向现代化方向发展　中国社会的家庭从 20 世纪 70 年代以来，物质生活和精神生活发生了巨大的变化。概括说来表现为"五化"：家用设备电气化、文化生活多样化、人际关系开放化、发展成长个性化，生活管理科学化。以家用设备电气化为例：20 世纪 70 年代是自行车、缝纫机、手表、挂钟；20 世纪 80 年代是电视机、电冰箱、洗衣机、电风扇；20 世纪 90 年代是家庭影院、空调、钢琴、计算机；现代是大居室设备、小汽车、大屏幕电视、笔记本式计算机。

上述五化说明，随着我国改革开放的不断深入，随着社会生产力的发展和提高，不仅为社会生活的改善与提高提供了更多更好的物质财富，而且还为人们提供了更多的休息时间。

现在我国正在全面建设小康社会，绝大多数人已不再满足于那种温饱型的家庭生活，而是越来越迫切地期望改善和提高家庭生活质量和品位。

上述这些变化表明，现在急需家政教育的发展，以指导人们科学地掌握有关家庭自身发展的知识和规律，指导人们的家庭生活更好地走向现代化。

（2）有利于促进个人和整个中华民族素质提高　人的一生，一般来说，大部分时间是在家庭中度过的，脱离了一个生养自己的定位家庭，又会进入一个新的生殖家庭。因此，家庭将会潜移默化地影响着每个人的一生，家庭生活是否健康、和谐和美满，对每个人的素质乃至整个民族素质的提高都是至关重要的。

（3）有利于继承和发扬我国优秀的家政传统，推动社会进步，促进安定团结　当今世界，有越来越多的国家和民族，越来越多的人开始认识到家庭在人类社会生活中的作用，家庭问题已成为世界性热点话题。

为提高各国政府、决策者和公众对于家庭问题的认识，促进各国政府机构制定、执行和监督与家庭有关的政策，1989 年 12 月 8 日，第 44 届联合国大会通过一项决议，宣布 1994 年为"国际家庭年"（International Year of the Family），并确定其主题为"家庭：变化世界中的动力与责任"，其铭语是"在社会核心建立最小的民主体制"。此后联合国有关机构又确定以屋顶盖心的图案作为"国际家庭年"的标志，昭示人们用生命和爱心去建立温暖的家庭。

1993 年 2 月，联合国社会发展委员会宣布，从 1994 年起，每年 5 月 15 日为"国际家庭日"，目的是提高各国政府、决策者和公众对家庭问题的认识，促进家庭这一社会基本单元的健康发展。

家庭是人类社会的最主要组成部分，也是对人类社会产生重要影响的个体单位。社会是由千千万万个家庭所组成的，家庭对于社会，就如同细胞对于人体一样，健康、和睦、团结、进步的家庭将是整个社会稳定的基因。

 思考与练习

1．什么是家政？什么是家政学？
2．试述中国家政教育的发展变迁史。
3．试述开展现代家政教育的意义。

家政物质篇

第 2 章 现代家庭理财

本章学习目标

了解家庭理财的种类。

掌握家庭理财的原则和方法。

掌握设计家庭理财方案的方法。

【案例导入】

家庭理财故事的启迪

有一个富人有一位穷亲戚，他觉得自己这位穷亲戚很可怜，就发了善心想帮他致富。富人告诉穷亲戚："我送你一头牛，你好好地开荒，春天到了，我再送你一些种子，你撒上种子，秋天你就可以获得丰收、远离贫穷了。"穷亲戚满怀希望开始开荒。可是没过几天，牛要吃草，人要吃饭，日子反而比以前更难过了。穷亲戚就想，不如把牛卖了，买几只羊。先杀一只，剩下的还可以生小羊，小羊长大后拿去卖，可以赚更多的钱。他的计划付诸实施了。可是当他吃完一只羊的时候，小羊还没有生下来，日子又开始艰难了，他忍不住又吃了一只。他想这样下去还得了，不如把羊卖了换成鸡。鸡生蛋的速度要快一点，鸡蛋可以立刻卖钱，日子立马就可以好转了。他的计划又付诸实施了。可是穷日子还是没有改变，他忍不住又杀鸡，终于杀到只剩下一只的时候，他的理想彻底破灭了。他想致富算是无望了，还不如把鸡卖了，打一壶酒，三杯下肚，万事不愁。很快，春天来了，富人兴致勃勃地给穷亲戚送来了种子。他发现，这位穷亲戚正就着咸盐喝酒呢！牛早就没了，房子里依然是家徒四壁，他依然是一贫如洗。

这个故事告诉我们，不同的生活态度和思维方式，会产生完全不同的结果。理财就是要树立一种积极的、乐观的、着眼于未来的生活态度和思维方式。今天的生活状况，由以前的选择所决定，而今天的选择将决定未来的生活。因此，理财就是要树立积极的生活目标，积极的生活目标导致积极的生活结果。

第一节　现代家庭理财概述

中国有句古话，"你不理财，财不理你"，简单而形象地说明了家庭理财的重要性。随着家庭收入和财富的普遍增长，市场的各种不确定性长期存在，以及对家庭生活的影响不断增强，家庭理财比以往任何时候都受到人们的重视。

一、现代家庭理财的涵义

通俗地说，家庭理财就是赚钱、省钱、花钱之道，打理钱财，让钱生钱，所谓"吃不穷，穿不穷，算计不到就受穷"。收入是河流，财富是水库，花出去的钱是流出去的水，理财就是开源节流，管好自家的水库，以"管钱"为中心，抓好攒钱、生钱、护钱三个环节。理财的最终目的是实现财务自由，让生活幸福和美好。专业而简单地说，家庭理财就是合理安排收支、盘活资产、保值增值。

（一）家庭理财概念

一般来说，家庭理财是管理自己家庭财富，进而提高财富效能的经济活动，是对资本金和负债资产的科学合理的运作，是指通过客观分析家庭的财务状况，并结合宏观经济形势，从现状出发，为家庭设计合理的资产组合和财务目标。具体来看，家庭理财有广义和狭义之分。

1）广义的家庭理财和狭义的家庭理财。家庭财产可以分为资金形态和物质形态两种。资金形态的家庭财产包括货币现金、银行存款、股票、债券、保险等凭证，物质形态的财产包括房产、地产、汽车、家具家电、金银珠宝等实物。广义的家庭理财是指对所有家庭财产的管理和使用，狭义的家庭理财是指对资金形态的家庭财产的管理与使用。广义的家庭理财实施主体包括家庭成员和理财机构，狭义的家庭理财实施主体一般为个人；广义家庭理财的目的包括满足消费、储蓄、保值、增值，狭义家庭理财的目的主要是消费和储蓄。

2）本书中的现代家庭理财是指为了达到不断提高家庭生活质量和家庭成员素质的最终目的，家庭成员或受委托的机构通过对家庭所有形式财产的评估、支出安排和投资，满足家庭消费、财产储值和增值的功能。现代家庭理财的内容包括评估现有财产、预期未来收入、设定生活质量标准、评估风险承受能力、设定理财目标、制订理财方案、修订理财方案，是一个不断调整和循环的过程。

（二）家庭理财意义

家庭理财的意义在于给家庭带来物质生活保障和更多的安定感，使家庭财产在稳定性、安全性、增值性和减少非预期性等方面实现最佳组合，满足家庭成员的基本生活和提高家庭生活质量。理财就是要做到未雨绸缪，而不是在经济问题来临时手忙脚乱。

　　对于大部分年轻人来说，多数人希望再工作几年，就可以拥有自己的住房和汽车；希望退休后能继续有收入来源，独立地享受生活；希望当自己或家人遭遇意外时，能够对巨额的医药费应对自如；希望家庭在面对意外支出时不会束手无策。有效解决这些问题便是理财的意义所在。特别是对于刚刚结婚组成的新生家庭来说，及早规划家庭的未来更是必修功课。新生家庭有许多目标需要去实现，如生养子女、购买住房、添置家用设备等，同时还有可能出现预料之外的事情，也要花费钱财。

　　对于中年人来说，所处的时期是人生中事业成熟的时期，也是家庭负担较重、支出较多的时期，人们希望投保时能少花钱而获得高保障。通过投保定期险，组合投资型资产可满足提高特定人生时期的保障需求。

　　对于老年人来说，家庭理财的意义主要则在于养老和应付意外支出。尤其在当前中国养老和医疗保障水平不高、覆盖范围不足，不少老年人还需要支持成年子女生活的情况下，老年人家庭理财更是意义非常。

2-1 家庭理财的
必要性

二、现代家庭理财的特点

（一）理财观念从随意理财到规划理财的转变

　　人们渐渐意识到家庭理财的重要性，对理财的认知也经历了从随意理财到科学地、有规划地理财的转变。

　　（1）随意理财阶段　个人和家庭财富普遍匮乏，家庭理财的目标大都是满足温饱需求。其理财比较简单，主要特点一是理财以节省为主，城市居民月收入除了吃穿住用行等生活开支，几无结余；农村居民理财主要是农副产品，首先自给自足吃的需求，有余则换取其他生活物资。二是小额借贷频繁。三是有理财行为和意识都靠自发，对理财没有足够科学合理的认识。

　　（2）专项理财阶段　随着收入的增多，大多数家庭有了"余钱"，家庭理财由随意理财阶段进入专项理财阶段，理财观念由精打细算的节省为主，转变为家庭基本生活改善和储蓄为主。从支出方面看，由吃饱穿暖到吃好穿好，由有房可住到住得舒服，等等。"楼上楼下，电灯电话"是这一时期理财观念的集中体现。从投资方面看，储蓄量快速增大。

　　（3）综合理财阶段　随着经济水平的不断提高和经济形式的日益复杂，家庭理财由单一的储蓄到追求保值和增值，不断加强风险控制，家庭理财渐渐多元化。

　　（4）理财规划阶段　多年的理财摸索使家庭成员对理财有了更深刻的认识，家庭理财观念越来越趋向理性和科学。一方面，个人理财的水平提升，不再凭借感觉理财，转而学习专业的理财知识和技能，尽量做到科学理财；另一方面，人们不断发现理财的专业特性，寻找专业的理财规划师为家庭制订理财计划，聘请专人打理自己的财富的现象逐渐增多。

（二）储蓄依然是理财主要方式，但多元化趋势明显

　　储蓄一直还是人们青睐的主要理财方式。但随着经济的发展，家庭投资意识也不断

发展变化。加上金融业的竞争加剧，投资理财渠道大为拓展，国内银行借鉴外资银行经验，开辟了专业理财领域，引进专业理财师为家庭做一对一的理财规划，时下人们的投资理财领域已经相对多元化。

（三）教育投资的地位空前重要

个人和家庭的教育投资不断加大。教育是代际阶层流动的重要途径，是帮助家庭生活水平提升的重要方式，是稳定工作、稳定收入、新生家庭组成的重要条件。公共教育资金不足，家庭作为教育成本分担和补偿的主体之一，它对教育的投资是教育成本的重要组成部分，能有效地弥补和缓解我国目前教育经费欠缺的局面，是我国教育投资的重要来源。

（四）投资理财比重不断加大

传统家庭理财主要是打理劳动收入、生活必需品开支和储蓄，现代家庭的投资理财比重不断增加，房产、股票、债券、基金、黄金、期货等越来越多地走进千家万户。此外，投资理财的专业化程度逐渐升高，委托专业机构理财的比重增大。

（五）理财的风险增多

家庭财富的增多让消费越来越游刃有余，但过度消费常常带来家庭理财风险的增加。新理财品种快速增多，理财手段越来越复杂，也给人们理财带来未知的风险。经济形势越来越复杂，变化越来越快，财富增值和贬值幅度增大，稍有不慎就会给家庭带来很大的损失。

理财不应是一时的冲动，而是一个中长期的规划，需要的是正确的心态和理性的选择，在坚持中养成习惯，在习惯中坚持不懈。要培养理财习惯，方法多种多样，比如实施基金定期定额投资计划、长期坚持零存整取储蓄、购买期限较长的期交分红型保险等。在长期的持续性重复的行为中培养惯性，最后成为一种自然，养成理财习惯，使理财成为日常生活中不可或缺的部分。

三、现代家庭理财的原则与方法

（一）家庭理财原则

1. 基本原则

家庭理财规划要在全面考察家庭收支、资产财务情况之后制订，要根据家庭风险承担能力、不同阶段家庭需求等灵活使用，确定合理的家庭理财目标和投资理财方案。其基本原则包括：一是全面原则，考虑到收入和支出所有方面和可能性；二是家庭生命周期原则，根据家庭成长的不同阶段特点和需求理财；三是风险控制原则，不管在任何情况下都要对家庭理财进行风险控制。

2. 实用原则

除了上述的三个基本原则外，根据家庭理财的成功经验，人们总结了很多家庭理财的实用原则，或者称为法则，对家庭理财很有意义。

（1）支出比例"4321"原则　即家庭支出比例应该做如下分配：买房及股票、基金等方面的投资占 40%，家庭的生活开支占 30%，银行存款占 20%，保险占 10%。遵循这个原则安排支出，既可满足家庭生活的日常需要，又可通过投资保值增值，还能有效控制风险。

（2）复利计算"72"原则　存款利率是 X%，每年利息不取出来，那么经过 72/X 年后本金和利息之和就会翻一番，这称为复利计算定律。复利计算定律便于家庭计算出投资本金翻一倍的时间。例如，20 万元资金，以年回报率 8% 计算，9 年（72/8）才能翻番；如果年回报率 12%，6 年（72/12）才能翻番。

（3）高风险投资"80"原则　一般而言，随着年龄的增长，进行风险投资的比例应该逐步降低。80 定律就是随着年龄的增长，应该把总资产的某一比例投资于股票等风险较高的投资品种。而这个比例的算法是，80 减去你的年龄再乘以 1%。高风险方面的投资比例多少适宜，此时你首先就应想到"80"原则，即高风险投资比例 =（80 − 年龄）%。比如，此时你 30 岁，那么高风险投资比例为 50% =（80 − 30）%，从各方面考虑，30 岁时拿出 50% 的资产进行高风险的投资，是可以接受的。

（4）保险"10"原则　家庭保险设定的合理额度应该是家庭收入的 10 倍。

（5）房贷"31"原则　家庭每月的房贷还款数额，要以不超过家庭月总收入的三分之一为宜。比如家庭总收入 1.5 万元，那么每月房贷还款额上限为 5000 元。"31"原则有助于保持稳定的家庭财产状况。一旦超过，家庭在面对突发事件的应变能力会降低，生活质量也可能会受到影响。

（二）家庭理财一般方法

1. 预算法

预算法即在家庭消费之前对收入与支出做出计划。预算法最重要的是合理编制和使用预算表格。

（1）编制预算表格　首先要设定理财目标，然后计算实现长期理财目标所需资金；其次要预测年度收入；再次要将预算细化，一级指标可分为收入预算、可控制支出预算、不可控制支出预算、资本支出预算、储蓄运用预算，在此基础上不断细化条目；最后要制订预算周期。

（2）分析预算执行情况　实际支出记账科目与预算科目统计基础需完全一致才有比较意义，未归类的其他收入或其他支出的比例应不超过 10%；如实际与预算差异超过 10% 以上，应找出差异的原因；最好能依照家庭成员分类，看谁应该为差异负责任，如果差异的原因的确属于开始预算低估，此时应重新检讨预算的合理性并修正，但改动太过频繁将使预算失去意义；要达成储蓄或减债计划，需严格执行预算；若某项支出远高于预算，可订达成时限，逐月降低差异；若同时有多项支出差异，可每个月找一项重点改进；出现有利差异时，也应分析原因，并可考虑提高储蓄目标。

2．簿记法

簿记法又称为记账，对家庭理财意义重大。使用家庭预算账可以用来监控结余资金的实现。如果没有此预算计划，则很难实现当初设立的理财目标。由于家庭收入基本固定，因此家庭预算主要就是做好支出预算。

（1）家庭记账的基本要素　一是分账户，要有账户的概念，分账户可以是按成员、按银行、按现金等，不能把所有收支统计在一起，要分账户来记。二是分类目，收支必须分类，分类必须科学合理，精确简洁，类目相当于会计中的科目。

（2）家庭记账的种类　一是家庭日常开支账。日常开支账是家庭理财中的第一本账，也是最关键的一本账。注意划分收入和支出，区分它是流入或流出哪个具体账户的。对综合收支事项，进行分解。如将一笔支出分拆为生活费、休闲、利息支出。这样，可方便地查看账户余额，以及对不同账户进行统计汇总及分析，清楚地了解家庭详细的资金流动明细状况。一般来讲，一个家庭的日常收支可以用以下一些账户来统筹：家庭共用的现金（备用金）、各个家庭成员手上的现金、活期存款、信用卡、个人支票。在做日常开支账时，切忌拖沓延迟。最好在收支发生后及时进行记账。这样可以防止遗漏，因为时间久了，很可能就忘了此笔收支，就算能想起，也容易产生金额的误差。这种不准确的账目记录就失去了记账的意义。另外，及时记账可保证实时监视账户余额，如信用卡透支额。如发现账户透支或余额不够，及时处理可以减少不必要的利息支出或罚款。二是家庭交易账。做好了日常收支账后，就要开始关注其他投资交易的情况了，例如基金账、国债账等。不同类型的交易，要对应不同的账户。这与日常开支的记账原则完全一致。所有投资的交易记录都要载入这本账目中。比如，定期存款要载入存取款记录，保险则要说明缴纳保费、理赔给付、退返保费、分红等。三是家庭预算账。记账只是起步，是为了更好地做好预算。家庭预算是对家庭未来一定时期收入和支出的计划。做好这本账的前提是已经有了日常开支账和交易账。参考过去收支和投资情况，定期（如月底、季度底、年底）比较每项支出的实际与预算，找出那些超标支出项目和结余项目。下一期的预算据此做出调整，从而保证家庭理财目标的实现。

（3）家庭记账的步骤　首先是收集单据，然后是细化收支分类，最后是财务分析预算。

首先是收集单据。平日将购货小票、发票、借贷收据、银行扣缴单据、刷卡签单、银行信用卡对账单及存、提款单据等都保存好，放在固定地点保存。在收集的发票上，清楚记下消费时间、金额、品名等项目，如单据没有标识品名，最好马上加注。单据收集全后，按消费性质分类，每一项目按日期顺序排列，以方便日后的统计。

其次是细化收支分类。一是细化收入：工资（包括全家的基本工资、各种补贴等），一般是指具有固定性的收入；奖金，此项收入一般在家庭中变动性较大；利息及投资收益（家庭到期的存款所得利息，股息，基金分红，股票买卖收益等）；其他，这项属于数目不大，偶然性的收入，如稿费、竞赛奖励等。二是细化支出：生活费（包括家庭的柴米油盐及房租、物业费、水电费、电话费等日常费用）；衣着（家庭购买服装或购买布料及加工的费用）；储蓄（收支结余中用于增加存款，购买基金、股票的部分）；其他（反映家庭生活中不很必要、不经常性的消费等）。各个家庭也可对项目做相应调整，如增设医疗费、父母赡养费、智力投资等。

最后是分析预算。支出预算基本可以分成可控制预算和不可控制预算，像房租、公用事业费用、房贷利息等都是不可控制预算。每月的家用、交际、交通等费用则是可控的，对这些可控支出好好筹划，是控制支出的关键。通过预算还可以预知闲置款规模，在进行投资，如购买股票、基金、国债时容易决定购买总额，并保证所投资的资金不会因为需要支付生活支出而抽取出来，损害收益率。

（三）家庭理财技巧

（1）开支有计划，花钱有重点　应该先对家庭消费做系统的分析，在领到工资以后，把一个月必需的生活费放在一边。这样就基本上控制了盲目的消费。现在家庭的消费大体有如下三个方面。第一，是生活的必需消费，如吃与穿。第二，是维护家庭生存的消费，如房租、水电费等。第三，是家庭发展、成员成长和时尚性消费，如教育投资、文化娱乐消费等。具体开支要分清轻重缓急。切忌虚荣心作怪，攀比消费。

（2）月月要有节余　特别是在家庭理财初期，要争取每月都积余一点现金用于投资。

（3）充分民主、相对集权　家庭中，夫妻要根据各自的收入多少，制订一个方案，提取家庭公积金、公益金和固定日用消费基金。原则上，提够家用后，剩余的归各自支配。

（4）建立家庭情况一览表　像建立身体健康表一样，建立一个家庭情况一览表。这样可以随时了解家庭情况的变化。正规的财务报表，很多人都头疼。其实，家庭记账只要用流水账的方式，按照时间、花费、项目逐一登记。

（5）收集整理好各种记账凭证　集中凭证单据是记账的首要工作，平时要养成索取发票的习惯。此外，银行扣缴的单据、借贷收据、刷卡签单及存、提款单据等，都要一一保存，放在固定的地方。凭证收集后，可按类分成衣食住行等项，以方便统计整理。

第二节　现代家庭投资

现代家庭投资方式越来越多，除了传统的银行储蓄外，债券、股票、金银等贵金属、房产、保险等都成为现代家庭投资的重要选择。每种投资方式都有自身的属性和特点，每个家庭应综合考虑自己的实际情况，合理做出投资选择，形成最佳投资组合。

一、现代家庭投资的概念

投资是投资者当期投入一定数额的资金以期望在未来获得回报的行为。家庭理财是通过对家庭财产的管理来实现家庭消费、财产储值和增值目的的行为。家庭投资是为满足家庭财产的增值功能进行的理财行为。

二、现代家庭投资的原则

把投资分为三类：流动性投资、安全性投资和风险性投资。这三类投资分别运用的是"理财水库"中的三种钱：流动性投资运用的是"应急钱"；安全性投资运用的是"保命钱"；风险性投资运用的是"闲钱"。要运用好这"三类钱"，就必须要遵循好如下原则。

原则一：正确处理好家庭投资与家庭生活的关系。家庭投资的最终目的是通过增加家庭财富实现提高家庭生活质量和家庭成员素质的目标。因此，在家庭投资的时候一定要处理好其与家庭生活的关系，不能为了投资影响家庭当下的生活，也要考虑到未来可能承受的风险。

原则二：合理筹措资金来源。支用暂时闲置留待未来有特定用途的资金时，则应考虑投资于风险相对较小的证券，如国库券、公司债券等。不可负债投资，除非所投资的限期较短、可靠性极强且收益较好。

原则三：合理确定投资的期限。一般讲，投资期限越长，收益也越高，但风险也越大，这时，则应以投资者本人可支配资金期限为投资依据，以防止资金周转困难。

原则四：控制风险。一是尽量选择变现能力强的投资方式。家庭生活面临着各种潜在的风险，只有在家庭投资的时候考虑到投资方式的变现能力，尽量选择变现能力强的投资方式，才可以最大程度提高抵御未知风险的能力。二是选择自己熟悉的投资方式。三是多元化投资，控制风险较大的投资项目比重。

三、现代家庭投资的种类

总体来说，家庭投资可以分为实物投资、资本投资和证券投资三大类。主要的投资方式包括储蓄、股票、债券、保险等。

（一）储蓄

储蓄又称为储蓄存款，是城乡居民将暂时不用或结余的货币收入存入银行或其他金融机构的一种存款活动，是家庭理财最常见的形式。

1. 储蓄的类别

（1）活期储蓄　不约定存期、客户可随时存取、存取金额不限的一种储蓄方式。活期储蓄是银行最基本、常用的存款方式，客户可随时存取款，自由、灵活调动资金，是客户进行各项理财活动的基础。活期储蓄以 1 元为起存点，外币活期储蓄起存金额为不得低于 20 元人民币或 100 元人民币的等值外币（各银行不尽相同），多存不限。开户时由银行发给存折，凭折存取，每年结算一次利息，适合于个人生活待用款和闲置现金款，以及商业运营周转资金的存储。

（2）定期储蓄　事先约定存入时间，存款期满才可以提取本息的一种储蓄。定期储蓄积蓄性较高，是一项比较稳定的信贷资金来源。中国的定期储蓄有整存整取定期储蓄存款、零存整取定期储蓄存款、存本取息定期储蓄存款、定活两便储蓄存款、通知存款、教育储蓄存款、通信存款。

2．储蓄技巧

（1）少存活期 同样存钱，存期越长，利率越高，所得的利息就越多。如果手中活期存款一直较多，不妨采用零存整取的方式，其一年期的年利率大大高于活期利率。

（2）到期支取 储蓄条例规定，定期存款提前支取，只按活期利率计息，逾期部分也只按活期计息。有些特殊储蓄种类（如凭证式国库券），逾期则不计付利息。这就是说，存了定期，期限一到，就要取出或办理转存手续。如果存单即将到期，又马上需要用钱，可以用未到期的定期存单去银行办理抵押贷款，以解燃眉之急。待存单一到期，即可还清贷款。

（3）滚动存取 可以将自己的储蓄资金分成12等分，每月都存成一个一年期定期，或者将每月的余钱不管数量多少都存成一年定期。这样一年下来就会形成这样一种情况：每月都有一笔定期存款到期，可供支取使用。如果不需要，又可将其本金以及当月家中的余款一起再这样存。如此，既可以满足家里开支的需要，又可以享有定期储蓄的高息。

（4）存本存利 即将存本取息与零存整取相结合，通过利滚利达到增值的最大化。具体点说，就是先将本金存一个5年期存本取息，然后再开一个5年期零存整取户头，将每月得到的利息存入。

（5）细择外币 外币的存款利率和该货币本国的利率有一定关系，所以有些时候某些外币的存款利率也会高于人民币。储蓄时应随时关注市场行情，选择适当时机购买。

3．储蓄投资优缺点

储蓄投资的储值功能明显，安全性最高，流动性较高。缺点是投资回报率低；经常无法抵御通货膨胀，即相对来说无法实现投资的增值目标；再投资风险高；承担利息受损的风险。

储蓄是广为人知、最传统的理财手段。虽然它的收益性不足，但由于超高安全性（没有亏本的可能），使得它一直都会在理财的过程中扮演不可替代的角色。每家永远都会有一笔钱是存在银行的。

（二）股票

股票是股份公司发行的所有权凭证，是股份公司为筹集资金而发行给各个股东作为持股凭证并借以取得股息和红利的一种有价证券，代表股东对企业的所有权。这种所有权为一种综合权利，如参加股东大会、投票表决、参与公司的重大决策、收取股息或分享红利等，但也要共同承担公司运作错误所带来的风险。

（1）股票分类 上市的股票称为流通股，可在股票交易所（即二级市场）自由买卖。非上市的股票没有进入股票交易所，因此不能自由买卖，称为非上市流通股。

（2）股票的特性 一是不返还性。股票一旦发售，持有者不能把股票退回给公司，只能通过证券市场上出售而收回本金。股票发行公司不仅可以回购甚至全部回购已发行的股票，从股票交易所退出，而且可以重新回到非上市企业。二是风险性，购买股票是一种风险投资。三是流通性，股票作为一种资本证券，是一种灵活有效的集资工具和有价证券，可以在证券市场上通过自由买卖、自由转让进行流通。四是收益性，股票收益包括分红和转让、出售股票取得款项高于实际成本的差额。五是参与权，股票持有人拥有股东权，这是一种综合权利，其中首要的是可以以股东身份参与股份公司的重大事项决策。

（3）费用介绍　一是印花税，是根据国家税法规定，在股票（包括 A 股和 B 股）成交后对买卖双方投资者按照规定的税率分别征收的税金，基金、债券等均无此项费用。二是佣金，是投资者在委托买卖证券成交之后按成交金额的一定比例支付给券商的费用。三是过户费，是投资者委托买卖的股票、基金成交后买卖双方为变更股权登记所支付的费用。四是其他费用，包括投资者在委托买卖证券时，向证券营业部缴纳的委托费（通信费）、撤单费、查询费、开户费、磁卡费以及电话委托、自助委托的刷卡费、超时费等。

（三）债券

债券是政府、金融机构、工商企业等直接向社会借债筹措资金时，向投资者发行，同时承诺按一定利率支付利息并按约定条件偿还本金的债权债务凭证。债券的本质是债的证明书，具有法律效力。债券购买者或投资者与发行者之间是一种债权债务关系，债券发行人即债务人，债券购买者即债权人。

1. 债券基本内容

债券尽管种类多种多样，但是债券在内容上有基本要素，是指发行的债券上必须载明的基本内容，是明确债权人和债务人权利与义务的主要约定，具体包括：

（1）票面价值　债券的面值是指债券的票面价值，是发行人对债券持有人在债券到期后应偿还的本金数额，也是企业向债券持有人按期支付利息的计算依据。债券的面值与债券实际的发行价格并不一定是一致的，发行价格大于面值称为溢价发行，小于面值称为折价发行。

（2）偿还期　债券的偿还期是指企业债券上载明的偿还债券本金的期限，即债券发行日至到期日之间的时间间隔。公司要结合自身资金周转状况及外部资本市场的各种影响因素来确定公司债券的偿还期。

（3）付息期　债券的付息期是指企业发行债券后的利息支付的时间。它可以是到期一次支付，或 1 年、半年或者 3 个月支付一次。在考虑货币时间价值和通货膨胀因素的情况下，付息期对债券投资者的实际收益有很大影响。到期一次付息的债券，其利息通常是按单利计算的；而年内分期付息的债券，其利息是按复利计算的。

（4）票面利率　债券的票面利率是指债券利息与债券面值的比率，是发行人承诺以后一定时期支付给债券持有人报酬的计算标准。债券票面利率的确定主要受到银行利率、发行者的资信状况、偿还期限和利息计算方法以及当时资金市场上资金供求情况等因素的影响。

（5）发行人名称　发行人名称指明债券的债务主体，为债权人到期追回本金和利息提供依据。

2．债券特征

债券作为一种债权债务凭证，与其他有价证券一样，也是一种虚拟资本，而非真实资本，它是经济运行中实际运用的真实资本的证书。债券作为一种重要的融资手段和金融工具具有如下特征：

（1）偿还性　债券一般都规定有偿还期限，发行人必须按约定条件偿还本金并支付利息。

（2）流通性　债券一般都可以在流通市场上自由转让。

（3）安全性　与股票相比，债券通常规定有固定的利率。与企业绩效没有直接联系，收益比较稳定，风险较小。此外，在企业破产时，债券持有者享有优先于股票持有者对企业剩余资产的索取权。

（4）收益性　债券的收益性主要表现在两个方面，一是投资债券可以给投资者定期或不定期地带来利息收入；二是投资者可以利用债券价格的变动，买卖债券赚取差额。

（四）保险

保险是指投保人根据合同约定，向保险人支付保险费，保险人对于合同约定的可能发生的事故因其发生所造成的财产损失承担赔偿保险金责任。保险通常被用来集中保险费建立保险基金，用于补偿被保险人因自然灾害或意外事故所造成的损失，或对个人因死亡、伤残、疾病或者达到合同约定的年龄、期限时，承担给付保险金责任的商业行为。

狭义保险是指投保人根据合同的约定，向保险人支付保险费，保险人对于合同约定的可能发生的事故因其发生所造成的财产损失承担赔偿保险金责任，或者当被保险人死亡、伤残、疾病或者达到合同约定的年龄、期限时承担给付保险金责任的商业保险行为。广义保险是指保险人向投保人收取保险费，建立专门用途的保险基金，并对投保人负有法律或者合同规定范围内的赔偿或者给付责任的一种经济保障制度。本书所说的保险是狭义的保险，即商业保险。

1．保险的功能

保险具有经济补偿、资金融通和社会管理三大功能。经济补偿功能是基本的功能，也是保险区别于其他行业的最鲜明的特征。资金融通功能是在经济补偿功能的基础上发展起来的，社会管理功能是保险业发展到一定程度并深入到社会生活诸多层面之后产生的一项重要功能，它只有在经济补偿功能实现后才能发挥。对于家庭理财来说，保险主要功能是：

（1）转移风险　买保险就是把自己的风险转移出去，而接受风险的机构就是保险公司。保险公司接受风险转移是因为可保风险还是有规律可循的。通过研究风险的偶然性去寻找其必然性，掌握风险发生、发展的规律，为众多有危险顾虑的人提供了保险保障。

（2）分摊损失　转移风险并非灾害事故真正离开了投保人，而是保险人借助众人的财力，给遭灾受损的投保人补偿经济损失，为其排忧解难。保险人以收取保险费用和支付赔款的形式，将少数人的巨额损失分散给众多的被保险人，从而使个人难以承受的损失，变成多数人可以承担的损失，这实际上是把损失分摊给有相同风险的投保人。所以，保险只有分摊损失的功能，而没有减少损失的功能。

（3）实施补偿　分摊损失是实施补偿的前提和手段，实施补偿是分摊损失的目的。其补偿的范围主要有以下几个方面：投保人因灾害事故所遭受的财产损失；投保人因灾害事故使自己身体遭受的伤亡或保险期满应结付的保险金；投保人因灾害事故依法对他人应付的经济赔偿；投保人因另方当事人不履行合同所蒙受的经济损失；灾害事故发生后，投保人因施救保险标的所发生的一切费用。

2. 选择保险公司

随着中国金融业的发展，各种保险公司如雨后春笋般现身市场，其中既有国有保险公司，又有股份制保险公司和外资保险公司，使得投保人有了很大的选择余地，但同时也面临着更多的困惑。

（1）资产结构好　在保险业，能否上市或者能否整体上市是评价一家保险公司整体资产是否优良的标志之一。所谓"整体上市"是指以公司的全部资产为基础上市，如果某家保险公司实现了整体上市，就证明该公司整体结构良好。内地不少保险公司已经上市或者具备了上市条件。

（2）偿付能力强　保险公司的偿付能力对保险消费者来说至关重要。2003年3月起施行的《保险公司偿付能力额度及监管指标管理规定》对保险公司的偿付能力额度做出了明确的规定，保险公司应于每年4月30日前将注册会计师审计后的上一会计年度的偿付能力额度送达保险监督管理委员会，应根据保险监督管理委员会的规定，对偿付能力额度进行披露。

（3）信用等级优　国际上有不少专门对银行、保险公司等金融机构信用等级进行评估的机构，如美国的穆迪公司、标准普尔公司等，它们对保险公司的评级可以作为评价保险公司信用等级的一个参考。

（4）管理效率高　保险公司管理效率的高与低，决定着该公司的兴衰存亡。管理效率可从公司产品创新能力、市场竞争能力、市场号召能力、公司盈利能力、公司决策能力、公司应变能力、公司凝聚能力等方面衡量。

（5）服务质量好　保险与其他商品不同，不是一次性消费，保险合同生效的几十年间，保户经常就多方面的事情需要保险公司提供服务，如缴费、生存金领取、地址变更、理赔等。保险客户能否成为保险公司的上帝，享受上帝待遇，开开心心接受保险的关怀，保险公司的服务质量是关键。

3. 保险费率

保险费率又称为保险价格，是保险费与保险金额的比例，通常以每百元或每千元保险金额应缴纳的保险费来表示。

四、现代家庭的投资策略

（一）一般策略

（1）因人制宜的投资策略　根据家庭和自身的资金实力、职业、生命周期所处阶段、需求与目标、个性制订投资策略。

（2）多元化投资策略　基本考虑是用较少的投资风险获取较多投资收益。

（3）制订投资计划的策略　家庭财务状况：家庭成员所从事的工作、固定收入与额外收入、经济环境状况。家庭非财务状况：明确资金因素、对资金投资收益的依赖程度、时间信息因素、心理因素、知识和经验因素。需求与目标：短期目标、长期计划，为实现这些目标、计划应采取什么样的投资策略等。投资计划与实施步骤。

（4）积极面对风险的策略　从家庭的角度来看，投资就必定会有风险，一般来说，风险越大，预期回报也越高。必须正确认识和积极面对风险，衡量风险和其可能产生的报酬并决定是否要进行投资尤其重要。家庭投资者应当正确地看待风险，并采用措施防范和化解投资中所出现的风险，才能从多元化的家庭投资品种中获取收益。

（5）积少成多的策略　投资理财快不得，时间是投资理财的必要条件，家庭投资必须摒弃"一朝暴富"的幼稚观念。"量资金实力而行""量风险承受力而行""量家庭的职业特征和知识结构而行"等说法是家庭投资需要重点考虑的。

（二）具体策略

（1）家庭投资应考虑物价因素及其变化趋势　在投资过程中，只有对未来物价因素及趋势有比较正确的估计，你的投资决策才可能获得丰厚的回报。比如说你定期储蓄三年，到期后所得利率收益，除去利息税加物价通货膨胀部分所留无几，显然你并没有占便宜"讨巧"，而应选择其他投资方式。

（2）家庭投资应考虑经济发展的周期性规律　经济发展具有周期性特点，在上升时期投资扩张、物价、房价等都大幅度攀升，银行存款和债券的利率也调整频繁；当经济下滑，银根紧缩，情况就有可能反其道而行之。如果说你看不到这一点，就可能失去"顺势操作"的丰厚回报，也或者在疲软的低谷越陷越深。时常关注宏观形势和经济景气指标，就可能避免这一点。

（3）家庭投资应考虑地区间的物价差异　我国地域辽阔，各地的价格水平差别很大，如果你生活的地区属于物价上涨幅度较小的地区，就应该选择较好的长期储蓄和国家债券；如你生活的地区属于物价涨幅较高的地区，则应该选择其他高盈利率的投资渠道，或者利用物价的地区价差进行其他商贸活动。否则你的资金便不能很好地保值增值有好收益。

（4）家庭投资应考虑多品种组合　现代家庭所拥有的资产一般表现为三类：一类是债权，另一类是股权，还有一类是实物。在债权中，除了国家明文规定的增益部分外，其他都可能因通货膨胀的因素而贬值。持有的企业债券股票一般会随着企业资产的升值而增值，但也可能因企业的萧条倒闭而颗粒无收。在实物中，房产、古玩字画、邮票等，如果购买的初始价格适中，因时间的推移而不断升值的可能性概率也不小。既然三类资产的风险是客观存在的，只有进行组合投资，才能避免"鸡蛋放在同一个篮子里"的不利"悲剧"。

（5）家庭投资应考虑货币的时间价值和机会成本　　货币的时间价值是指货币随着时间的推移而逐渐升值，你应尽可能减少资金的闲置，能当时存入银行的不要等到明天，能本月购买的债券勿拖至下月，力求使货币的时间价值最大化。投资机会成本是指因投资某一项目而失去投资其他机会的损失。很多人只顾眼前的利益或只投资于自己感兴趣、熟悉的项目，而放任其他更稳定、更高收益的商机流失，此举实为不明智。也因此，投资前最好进行可选择项目的潜在收益比较，以求实现投资回报最大化。

2-2 家庭理财的注意事项

 思考与练习

1．为自己家庭设计一份理财方案。操作建议：一是取得父母的支持，收集收支票据，汇总结余，为形成家庭财务情况表做好准备；二是与父母讨论，深入了解家庭情况，为制订理财目标做好准备；三是按照文中方法，结合自己查阅的资料，制订方案。

2．为自己的校园生活设计一份记账表，以月为单位分析自己的收支情况，形成个人生活收支优化建议。

3．你有理财习惯吗？请为自己制订一份培养自己理财习惯，提高理财能力的计划书。

4．刚刚完婚的张先生夫妇，张先生 29 岁，IT 工程师，月收入 8000 元，张太太 27 岁，护士，月收入 4500 元。小家庭目前房贷 40 万元，月还款 2500 元。工资存款尚有 10 万元结余，这是夫妻两人目前最大的一笔资金。张先生夫妇计划未来一年要小宝宝。考虑到未来宝宝出生后支出的增加，夫妻二人想进行一些理财投资，使资产得以保值增值，满足孩子未来的抚养费用、赡养父母以及两人养老所需资金，减轻未来生活压力。张先生夫妇的理财需求该如何来实现？

第 **3** 章　现代家庭饮食

本章学习目标

了解人体所必需营养素的种类及其生理功能。

了解日常饮食中常吃食物的营养素含量情况。

了解健康与饮食的关系，掌握合理膳食的技巧。

掌握几类常用食材的质量鉴别方法。

掌握几种家常菜的制作方法。

【案例导入】

孕期饮食案例

王阿姨的女儿怀孕 2 个多月了，孕吐比较厉害。因为女婿工作比较忙，王阿姨便把女儿接回到自家照顾。王阿姨按照女儿以前的喜好，每天想方设法给女儿做好吃的，但再喜欢吃的东西，女儿一吃进嘴就想吐。王阿姨看女儿每天吃了就吐，很是担心，生怕女儿摄入的营养不够，影响胎儿的生长发育。那么，王阿姨在安排女儿的日常饮食方面应该注意些什么呢？

孕期饮食解决方式：①膳食应清淡、适口；②食物品种应丰富；③少食多餐；④孕妇可补充维生素 B_6 缓解孕吐。⑤孕妇应多摄入富含叶酸的食物，或在医生的指导下补充叶酸，叶酸可以预防胎儿的神经缺陷；⑥孕妇还要吃一些富含维生素 E 的食品，维生素 E 有利于胎儿的大脑发育和预防习惯性流产。

饮食是人类生存的最基本需要，人们每天都要吃饭、喝水。现代医学研究证明，人在饥饿状态下的生命极限是 7 天，7 天不进食或 3 天不喝水，就会面临死亡的威胁，所以人类要生存，首先要解决吃饭的问题。世界卫生组织提出的健康四大基石是"合理膳食、适量运动、戒烟限酒、心理平衡"，因此合理膳食是维持健康的重要环节。现如今，越来越多的科研结果表明，危害人类健康的大部分疾病是因饮食不当引起的。人们在平常的饮食中，大多只注重食物口味和方便，在营养、卫生、健康方面的考虑往往不够周全。随着经济的发展，他们的生活质量逐步提升，他们对饮食除了满足于饱暖的低需求外，还追求优质、卫生、营养等更高要求，"营养"与"健康饮食"正成为人们生活的必需。

第一节 营养素的类别与摄入

营养对于所有活体的生存和发展，都十分重要，进食不仅仅是为了满足充饥需要，更重要的是摄取食物中有益人体细胞、组织和器官等生存需要的各种必不可少的营养素，并为人体的生理活动提供充足的能量。

目前，人类已发现并确定为人体所必需的营养素有数十种，按照它们的化学性质和生理功能，可以分为蛋白质、脂肪、碳水化合物、维生素、无机盐（矿物质）和水六类。由于天然食物所含营养素的种类和数量各不相同，就构成了食物在营养价值上的千差万别。因此，合理调配和摄入营养素，使之合乎人体生存和发展的营养需求，就显得十分重要。

一、蛋白质

蛋白质是一类极为复杂的含磷、碳、氢、氮、铁等诸多元素的有机化合物，是构成人体的主要组成物质之一。人体中除了 2/3 是水外，蛋白质的含量最高，占人体总重量的 16%～20%。人体的许多组织，如肌肉、骨骼、血液、神经、毛发等的主要成分都是蛋白质；其他许多与人的生命活动有关的活性物质，如与新陈代谢有关的酶、与增强免疫功能有关的抗体、与某些生理功能有关的激素等，都是由蛋白质或蛋白质衍生物构成的。

氨基酸是组成蛋白质的基本单位。人体需要的氨基酸共有 20 多种，分为必需氨基酸和非必需氨基酸两种。必需氨基酸是指在人体内不能合成，必须由食物中的蛋白质来补充的氨基酸，共有甲硫氨酸（蛋氨酸）、缬氨酸、赖氨酸、异亮氨酸、苯丙氨酸、亮氨酸、色氨酸、苏氨酸八种，另一种说法把组氨酸（婴儿体内不能合成，需从食物中获取）也列为必需氨基酸，共九种。八种人体必需氨基酸的简单记忆方法："甲携来一本亮色书"。摄入的蛋白质在体内经过消化被水解成氨基酸吸收后，重新合成人体所需蛋白质，同时新的蛋白质又在不断代谢与分解，时刻处于动态平衡中。因此，食物蛋白质的质和量、各种氨基酸的比例，直接关系到人体蛋白质合成的量，尤其是青少年的生长发育、孕产妇的优生优育、老年人的健康长寿等，都与膳食中蛋白质的量有着密切的关系。非必需氨基酸是指在人体内合成，由别的氨基酸转化而成的氨基酸。

蛋白质按其营养价值可分为完全蛋白质、半完全蛋白质和不完全蛋白质。

（1）完全蛋白质 是一类优质蛋白质，它们所含的必需氨基酸种类齐全，数量充足，比例恰当。这一类蛋白质不但可以维持人体健康，还可以促进生长发育。奶、蛋、鱼、肉中的蛋白质都属于完全蛋白质。

（2）半完全蛋白质 这类蛋白质所含氨基酸虽然种类齐全，但其中某些氨基酸的数量不能满足人体的需要。它们可以维持生命，但不能促进生长发育。植物蛋白多为半完全蛋白质。

（3）不完全蛋白质　这类蛋白质不能提供人体所需的全部必需氨基酸，单纯靠它们既不能促进生长发育，也不能维持生命。如肉皮中的胶原蛋白便是不完全蛋白质。

蛋白质的主要生理功能：一是构成和修补人体组织，蛋白质的修复人体组织作用有助于伤口的愈合，特别是对于手术后患者的康复和伤口愈合有着重要作用；二是调节生理功能，如肌肉的收缩、呼吸、消化、血液循环、神经传导、信息加工、生长发音、生殖及各种思维活动都是在各种酶和激素的催化和调节下进行的；三是供给能量，人体的能量主要由脂肪和糖类供给，但当脂肪、糖类供应不足时，蛋白质可经脱羧氧化异生为糖或转化为脂肪，为人体提供能量；四是增强机体抵抗力。

蛋白质的营养价值要从量和质两方面去评价。

就蛋白质的量来说，常用食物中，每 500g 食物中所含蛋白质：谷类，40g；豆类，150g；肉类，80g；蛋类，60g；鱼类，50 ～ 60g；蔬菜，5 ～ 10g。豆、肉、蛋、鱼含蛋白质最多。

就蛋白质的质来说，是由必需氨基酸的种类是否齐全，比例是否恰当，消化率是高还是低来确定的。一般来说，功能食品中的蛋白质所含必需氨基酸的种类比较齐全，消化率也高于植物性食品，其蛋白质的营养价值比植物蛋白高。在植物蛋白中，豆类尤其是黄豆，蛋白质的营养价值接近于肉类，且含量高，属于优质蛋白质。

在食用含有蛋白质的食物时，要注意蛋白质的互补作用。比如大米中含赖氨酸较少，含色氨酸较多；豆类含赖氨酸较多，含色氨酸较少，那么，用大米和红小豆煮粥，就会起互补作用，比单独食用大米或红小豆的营养价值要高。像腊八粥这样的食品，就有蛋白质的互补作用，所以营养价值高。我们提倡吃杂食，也是从人体合理摄取营养这个角度考虑的。

国际上一般认为健康成年人每天每千克体重需要 0.8g 的蛋白质。我国则推荐为 1.0g，这是由于我国居民膳食中的蛋白质来源多为植物蛋白，其营养价值略低于动物蛋白的缘故。蛋白质的需要量还与劳动强度有关，劳动强度越高，蛋白质的需要量越大。我国营养学会推荐的供给量标准中，18 ～ 45 岁男性（体重 63kg），从事极轻体力劳动，每日蛋白质供给量为 70g；若从事极重体力劳动，则升高至 110g。在特殊生理状态下的人群，蛋白质供给量也有变化。如妊娠 4 ～ 6 个月的孕妇，每日蛋白质摄入量在原量基础上增加 15g；妊娠 7 ～ 9 个月的孕妇和乳母，在原量基础上增加 25g。对于病人，则应在正常维持量的基础上，考虑其病情特点及抗病力和组织修复需要等进行调整。应该指出的是，上述的这些供给量标准是在热量充足的前提下提出的，如果热量不足，蛋白质被迫氧化供能而"牺牲"。因此，离开热能而单独谈增加蛋白质，毫无意义。

所谓蛋白粉，一般是采用提纯的大豆蛋白、或酪蛋白、或乳清蛋白（缺乏异亮氨酸）、或上述三种蛋白的组合体，构成的粉剂，其用途是为缺乏蛋白质的人补充蛋白质。对于健康人而言，只要坚持正常饮食，蛋白质缺乏这种情况一般不会发生。奶类、蛋类、肉类、大豆、小麦和玉米所含必需氨基酸种类齐全、数量充足、比例恰当，只要坚持食物丰富多样，就完全能满足人体对蛋白质的需要，没有必要再补充蛋白粉。而且，食物带给人的心理享受和感官刺激，是蛋白粉所不能替代的。蛋白质摄入过多，不但是一种浪费，而且对人体健康也是有危害的。

对于有特殊需要的人群，除了通过食物补充必需氨基酸以外，可以适当选择蛋白粉作为蛋白质的补充，但是一定要注意蛋白粉的用量。蛋白质经胃肠道消化吸收后，需要经肝脏加工转化为人体自身物质供人体使用，同时，蛋白质在体内代谢的产物氨、尿素、肌酸酐等含氮物质需要经过肾脏排泄。一个人如果食入过多的蛋白质，会增加肝、肾负担，对人体产生不利影响。因此，蛋白质绝不是多多益善。《中国居民膳食指南 2022 版》推荐成年男性每天摄入蛋白质 65g，成年女性每天摄入蛋白质 55g（孕妇除外），如果超过这个量，就有可能损害人体健康。事实上，蛋白质只要能维持人体代谢的需要即可。多余的蛋白质在消化吸收后，肝脏会将它们转变成肝糖原或肌糖原储存起来；如果肝糖原或肌糖原已经足够，则转变成脂肪储存起来。这种转变产生的其他代谢产物必须从肾脏排出来。蛋白质过剩，不但使人肥胖，还增加肝脏和肾脏的代谢负担，久而久之就可能影响它们的功能。

二、脂肪

脂肪是甘油和脂肪酸的化合物，是脂类的狭义称谓，广义的脂肪包括脂肪和类脂质。类脂质是指磷脂、糖脂和固醇等化合物，其基本元素是碳、氢、氟。它广泛存在于人体内，主要分布在人体皮下组织、大网膜、肠系膜和肾脏周围等处。几乎所有的食物，无论是植物性还是动物性食物都含有不同的脂肪。脂肪的主要功能如下。

（1）储存能量　人类自身能量的储存形式为脂肪。脂肪产热量大，所占空间大，可在皮下、腹腔等处储存。人在饥饿时，首先动用体脂，以避免消耗蛋白质。脂肪所含的碳和氢比糖类多，在氧化时可产生较多的热量，是糖类和蛋白质的两倍。

（2）保护机体　人体的脂肪层，柔如软垫，可以保护和固定器官，使之免受撞击和振动的损伤。脂肪不易导热，可减少热量散失，有助于御寒。脂肪还是内脏器官的保护性隔膜，使器官免受机械性的摩擦和撞击。

（3）构成人体组织的重要成分　如细胞膜就是由磷、糖脂和胆固醇组成的类脂质，在神经组织中类脂含量也很丰富。

（4）促进脂溶性维生素的吸收　脂肪是维生素 A、维生素 D、维生素 E、维生素 K的良好溶剂，如果吃的饭菜没有脂肪，食物中的脂溶性维生素就不能被吸收。

（5）提供必需的脂肪酸　在多数脂肪酸中只有一种亚油酸是人体本身不能合成的，必须从食物中获取，故称为必需脂肪酸。

（6）增加饱腹感　由于脂肪具有抑制肠胃蠕动和消化酶分泌的特点，所以脂肪在消化道中停留时间较长，使人不易迅速感到饥饿。

不过，脂肪尤其是动物性脂肪的摄入量应该严格控制。脂肪摄入过多，容易引起高脂血症而导致动脉硬化。高脂血症是指血液中的脂类，如胆固醇、脂肪酸等含量过高。血液中胆固醇过多，多余的胆固醇就会在动脉内壁上沉积下来，日积月累，光滑的动脉内壁逐渐出现高低不平的斑块，进而引起动脉管腔狭小、闭塞、硬化，心血管病的起因就在于此。世界卫生组织已经宣布，现代医学正处在"向非传染病做斗争"的第二次革命时期，心、脑血管等现代文明病已成为导致人类死亡的主要原因。人不吃脂肪不行，但过多摄入脂肪又损害健康，故人们对于膳食应做科学的安排。

脂肪广泛存在于动植物体内。人们食用的动物性脂肪主要来自于猪、牛、羊等各种畜类以及禽类、鱼类等，来自于动物体内的脂肪饱和脂肪酸含量较高，不易被人体消化吸收，营养价值相对较低。植物性脂肪主要存在于植物的种子及果实中，油料作物的种子所含油量可高达 40% ～ 50%，植物脂肪不饱和脂肪酸含量较多，熔点低，容易被消化吸收，营养价值较高。

三、碳水化合物

糖由碳、氢、氧三种元素组成，因其氢与氧的结合比例为 2∶1，与水相同，故又称为碳水化合物。碳水化合物包括单糖、双糖和多糖三种。单糖是组成糖类的基本单元，具有甜味，易溶于水，可不经过消化液的作用直接被人体吸收。一切结构复杂的糖都必须在体内经过消化变为单糖方能被人体吸收。常见的单糖有葡萄糖、果糖和乳糖等。单糖中与人们关系最密切的是葡萄糖；果糖以游离状态存在于水果和蜂蜜中；乳糖主要存在于哺乳动物的乳汁中。多糖是由许多葡萄糖分子组成的高分子，无甜味，不易溶于水。多糖主要有淀粉、糖原和纤维素等。淀粉是人类最基本的食物。纤维素是一种不能被人体消化吸收的多糖，存在于谷类、杂粮、豆类的外皮和蔬菜的茎、叶和果实中，它虽不能被吸收，但可促进肠道蠕动，使粪便柔软，易于排泄。

四、维生素

维生素是维持人体正常生命活动必需的营养素，在人体内起着催化作用，调节人体内的新陈代谢。目前已知的维生素有 20 多种，多数不能在人体内合成，必须从食物中摄取。

维生素按其溶解性，可分为水溶性维生素和脂溶性维生素。水溶性维生素主要有维生素 B 族、维生素 C 等；脂溶性维生素有维生素 A（胡萝卜、芒果、柑橘）、维生素 D（鱼类、动物肝脏、蛋类等）、维生素 E（各种植物油、燕麦、蛋类、坚果，还有一些水果如桑葚、葡萄、香蕉、猕猴桃等）、维生素 K（多见于绿色蔬菜如菠菜、生菜、香菜等，另外豆类如黄豆、绿豆也含有大量；鱼、鸡蛋、动物内脏、乳制品也含量较高）等，它们只溶于脂肪，不溶于水。

一般来说，脂溶性维生素多由动物性食品提供，少量由植物性食品提供或通过其他途径提供。如胡萝卜中的胡萝卜素可转变成维生素 A；肠道中的一些细菌可以产生部分维生素 K 等。维生素 A 的重要功能是维持正常的视觉，预防夜盲症、干眼病与角膜软化症等；维生素 D 的主要功能是促进钙、磷的吸收与利用，维持儿童骨骼的生长与钙化，保持牙齿的正常发育；维生素 E 具有抗氧化和抗自由基的作用，可以淡化面部的色斑；维生素 E 还可以促进性激素的分泌，使女性的雌激素浓度增高，提高生育能力，预防流产；维生素 K 具有凝血功能，又称凝血维生素。

水溶性维生素主要有 B 族维生素和维生素 C。B 族维生素包括维生素 B_1、维生素 B_2、维生素 B_3（烟酸）、维生素 B_5（泛酸）、维生素 B_6、维生素 B_9（叶酸）、维生素 B_{12}（钴胺素）。B 族维生素是推动体内代谢，把糖、脂肪、蛋白质等转化成热量时不可缺少的物质。如果缺少 B 族维生素，则细胞功能马上降低，引起代谢障碍，人体会出现倦怠和食欲不振。多余的 B 族维生素不会储藏于体内，而会完全排出体外，所以，B 族维生素必须每天补充。B 族维生素（主要是维生素 B_1）具有一种特殊的气味，是蚊子最讨厌的维生素，因而具有一定的驱蚊作用。洗澡时放一些 B 族维生素，可以起到一定程度的防蚊作用。维生素 B_1 对神经组织和精神状态有重要作用，维生素 B_1 缺乏容易引起脚气病，富含维生素 B_1 的食物包括酵母、米糠、全麦、燕麦、花生、猪肉、大多数种类的蔬菜、牛奶。维生素 B_2 缺乏会导致口腔、唇、皮肤、生殖器的炎症和功能障碍，称为核黄素缺乏病，所以当口角炎时医生常会让患者服用核黄素，也就是维生素 B_2。富含维生素 B_2 的食物有牛奶、动物肝脏与肾脏、酿造酵母、奶酪、绿叶蔬菜、鱼、蛋类。临床上应用维生素 B_6 防治妊娠呕吐和放疗引起的呕吐，维生素 B_6 还可以治疗脱发。如在怀孕头 3 个月内缺乏叶酸（维生素 B_9），可导致胎儿神经管畸形，从而增加脊柱裂、无脑儿的发生率。维生素 C 具有多种生理功能，能促进人体组织中的胶质形成、伤口愈合和铁元素的吸收，还具有防治坏血病的功能，故又称抗坏血酸。

五、无机盐（矿物质）

无机盐是人体内不可缺少的营养素之一，目前已知的无机盐有 60 多种。无机盐的主要生理功能是构成人体细胞及组织，维持体液渗透压，调解电解质与代谢平衡，维持体内环境的相对稳定，以及对各种酶的作用。

从现实情况来看，我国家庭膳食中较易缺乏的有钙、铁、碘等无机盐。

1. 钙

钙是人体内含量最多的元素，占身体总重量的 1.5% ～ 2%。钙的主要生理功能是构成骨骼、牙齿，维持血钙的平衡及渗透压；参与神经传导，肌肉收缩；是酶的激活剂与抑制剂；预防心血管病，骨质增生、疏松、软化等疾病。

缺钙的原因主要是摄入量不足，烹调方法不当，食物搭配不合理，病理生理性需要量增加等。

儿童期缺钙的临床症状表现主要如下所述。

1）胆小，睡眠不深，睡后容易惊醒，或者出现手足轻微的颤抖。

2）出汗较多，甚至冬季也会出很多的汗。

3）烦躁、爱哭闹，易激惹。

4）有的宝宝容易枕秃，头发稀疏。

5）有的宝宝缺钙表现为出牙较晚，牙齿排列稀疏、不整齐，牙齿呈黑尖形或者锯齿形。

6）还表现为腿形的改变，常出现 X 形腿、O 形腿等。

缺钙现象不只发生在儿童当中，有一些成年人也会出现缺钙现象，尤其是中老年人，由于年龄因素，很容易因体内钙质不足而出现一些缺钙表现。成年人缺钙会出现以下症状：骨质疏松、骨质增生、驼背、易骨折、牙痛、牙龈出血、掉牙、脱发、腰酸背痛、行走不便、腿抽筋、睡眠不好等。

日常预防缺钙的措施：日常生活中多吃含钙丰富的食物，如乳类及乳制品、豆类及豆制品、海产品、菌藻类（木耳、蘑菇）、麻酱等；多晒太阳；在医生的指导下服用钙片，戒烟戒酒，不喝碳酸饮料。

2. 铁

铁在人体内有 4 ～ 5g，其中 75% 存在于血红蛋白中，铁的主要生理功能是形成红细胞，构成活性物质酶，运送氧，提高人体免疫功能等。

缺铁的主要原因如下。

第一，铁需求增加。生长发育快的婴幼儿、儿童以及孕妇等，对铁的需求增加，可能会引起相对缺铁。

第二，铁摄入不足。母乳喂养的婴儿在 8 个月以上时，如果没有及时添加蛋黄、肉类等辅食，可能会引起铁摄入的不足。另外，肉食摄入过少，通常原因为青少年挑食、老年人牙不好，引起铁摄入不足。长期饮用比较浓的茶、咖啡等，可能会引起铁吸收障碍。胃部做过手术者，也可能会引起铁吸收障碍。

第三，失血因素。如女性月经量过大，多与妇科疾病有关；痔疮引起的长期慢性出血；还有消化道疾病，包括消化性溃疡、消化道肿瘤、食管—胃底静脉曲张、钩虫病等，都容易引起长期慢性失血，最终引起缺铁。

缺铁的临床表现如下。

1）导致机体供养不足，头晕，头痛，记忆力减退，思想不集中。

2）导致胃肠道的血氧供应不足，造成胃肠功能动力不足，消化不良，食欲不振。

3）缺铁时氧气供应不上，稍有运动就会心慌，就是常说的心慌气短。

4）铁与其他物质共同构成人体的防病免疫系统，缺铁的人群抗病能力很低，容易感染各种疾病和出现炎症。

5）缺铁性贫血除了会使女性出现不同程度的“未老先衰”现象，还会因月经不调引起痛经、不孕和流产。会使胎儿在母体内发育迟缓，出现低体重儿、畸形儿甚至会造成胎儿死亡。

6）影响人的情绪，使人情绪不稳定，易怒和烦躁不安。

7）危及男性的阳刚之气。缺铁性贫血可导致男性雄性激素分泌异常，缺铁的男性除了容易乏力、工作运动能力明显下降、腰膝酸软外，还会出现性欲淡漠、少精不育、阳痿早泄等问题。

缺铁的预防措施如下：

首先要看造成缺铁的原因，如果为其他疾病继发的，则要先治疗原发病，如果没有原发病，轻度缺铁可以通过食疗来纠正，推荐食用含铁量比较丰富的食物，例如黑木耳、松蘑、动物肝脏、瘦肉、鸡蛋、牡蛎、扇贝。蔬菜类推荐紫菜、香菜、油菜、芥菜、扁豆。同时不要食用抑制铁元素吸收的食物，例如高脂饮食、碱性食物、豆浆、茶、咖啡、桃仁、杏仁、海带和胡萝卜，可以吃一些益气补血、调补脾肾的中药或代茶饮来预防缺铁，例如山药、白术、杜仲、桑寄生、黄芪、肉桂等。

3. 碘

碘是构成甲状腺素的主要成分。碘的主要功能是促进新陈代谢和人体生长发育，防止甲状腺肿大等。

缺碘的原因主要是地区性缺碘（水、土、生物体中缺碘），长期居住在缺碘区的居民，易患碘缺乏病，即"大脖子"病。

碘缺乏病的临床表现取决于机体缺碘的程度、缺碘时机体所处的发育阶段，以及机体对缺碘的反应或代偿适应能力，分为未成年人和成年人两个阶段，早期无明显临床症状，甲状腺轻中度弥漫性肿大，质软、无压痛。

缺碘的典型症状在未成年人和成年人有不同的表现：未成年人如果碘缺乏会导致其智力低下，甚至出现智力智障以及身材矮小，这是因为碘是甲状腺激素的重要组成部分，而甲状腺激素影响人的生长发育，包括脑的发育。成年人如果缺碘，那正常的新陈代谢以及全身的内分泌系统都会受影响，常见的表现为颈部增粗的"大脖子病"，即甲状腺肿大。

缺碘的其他症状为：极少数甲状腺明显肿大者可出现压迫症状，如呼吸困难、吞咽困难、声音嘶哑、刺激性咳嗽等，小儿碘缺乏病可出现便秘、表情淡漠。预防措施上，要注意多食用碘含量高的食物，例如海带、紫菜、海鱼、粗盐以及蛋黄等。针对地区性缺碘，国家已采用供应碘盐、碘油的方法预防。

六、水

人体对水的需要仅次于氧气。水是人体最重要的组成部分，占总重量的 55% ～ 70%。当人体内损失水分达 10% 时，很多生理功能就会受到影响，损失达到 20% 时，就无法维持生命。水是良好的溶剂，水的流动性有利于体内物质的运输和体温的调节。

现代医学研究发现，水对人体有下列健身功效。

1）镇静效果：慢慢饮少量水，远胜饮好酒，有镇静之效。

2）强壮效果：水的溶解力强，有较大的电离能力，可使体内水溶性物质以溶解态及电解质离子态存在，有助于活跃人体内的化学反应。

3）促进新陈代谢，降低血液黏度，防止胆固醇等黏附在血管壁上引起血管老化与动脉硬化。

4）防止便秘：科学研究表明，水具有通便的功效。

5）解热：外界温度高时，热量可随水分经皮肤蒸发掉，维持体温。

6）催眠：睡前半小时至一小时，适量饮水有催眠效果。

7）运送营养：水的流动性可协助和加快消化、吸收、循环、排泄过程中营养物的运送。

8）润滑效果：体液是关节、肌肉及体腔的润滑剂，对人体组织和器官起一定的缓冲保护作用。

9）美容效果：平时饮用足量水，使机体组织细胞水量充足，肌肤细嫩滋润富有光泽，可减少皱纹，延缓衰老。

10）稀释有毒物质，减少肠道对毒素的吸收，防止有害物质慢性蓄积中毒。

11）利尿效果。

第二节　饮食与健康

俗话说，病从口入。据研究，人类常见的疾病很多都与饮食有一定的关系。那么饮食与健康具体是什么关系呢？可以说健康与饮食的关系密切。合理的饮食，充足的营养，可预防多种疾病的发生发展，延长寿命，提高身体素质；而不合理的饮食，营养过度或不足，都会给健康带来不同程度的危害。饮食过度会因为营养过剩导致肥胖症、糖尿病、胆石症、高脂血症、高血压等多种疾病，甚至诱发肿瘤，如乳腺癌、结肠癌等，不仅严重影响健康，而且会缩短寿命。饮食如果长期缺乏营养则可导致营养不良，贫血，多种元素、维生素缺乏，影响儿童智力及生长发育，也可导致人体抗病能力及劳动、工作、学习能力下降。所以，吃什么以及如何吃，时刻关系到每个人的身体健康，关乎生存的质量。

一、合理膳食

合理膳食又称合理营养、平衡膳食，是根据各类营养素功能，合理掌握膳食中各种食物的质和量及合理搭配比例，使人体的营养所需与各种营养物质的摄入之间建立起平衡关系。例如蛋白质、脂肪、碳水化合物作为热能比例的平衡，蛋白质中必需氨基酸之间的平衡等。合理膳食能全面满足人体正常的生理需要，也有利于营养在人体内的吸收和利用。

为了给居民提供最基本、科学的健康膳食信息，中华人民共和国卫生部委托中国营养学会组织专家，制定了《中国居民膳食指南 2022 版》。为了帮助消费者在日常生活中实践《中国居民膳食指南 2022 版》，专家委员会进一步提出了食物定量指导方案，并以宝塔图形表示。它直观地告诉居民食物分类的概念及每天各类食物的合理摄入范围，也就是说它告诉消费者每日应吃食物的种类及相应的数量，对合理调配平衡膳食进行具体指导，故称为中国居民平衡膳食宝塔，如图 3-1 所示。

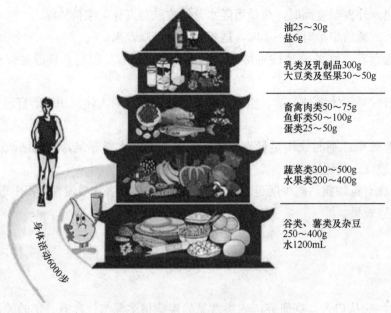

油25～30g
盐6g

乳类及乳制品300g
大豆类及坚果30～50g

畜禽肉类50～75g
鱼虾类50～100g
蛋类25～50g

蔬菜类300～500g
水果类200～400g

谷类、薯类及杂豆
250～400g
水1200mL

身体活动6000步

图 3-1　中国居民平衡膳食宝塔

第一层：谷、薯类食物

谷薯类是膳食能量的主要来源（碳水化合物提供总能量的 50%～65%），也是多种微量营养素和膳食纤维的良好来源。谷类为主是合理膳食的重要特征。在 1600～2400kcal 能量需要量水平下的一段时间内，建议成年人每人每天摄入谷类 200～300g，其中包含全谷物和杂豆类 50～150g；另外，薯类 50～100g，从能量角度，相当于 15～35g 大米。

第二层：蔬菜、水果

蔬菜、水果是膳食指南中鼓励多摄入的两类食物。在 1600～2400kcal 能量需要量水平下，推荐成年人每天蔬菜摄入量至少达到 300g，水果 200～400g。蔬菜包括嫩茎、叶、花菜类、根菜类、鲜豆类、茄果瓜菜类、葱蒜类、菌藻类及水生蔬菜类等。深色蔬菜是指深绿色、深黄色、紫色、红色等有颜色的蔬菜，深色蔬菜一般富含维生素、植物化学物和膳食纤维，推荐每天占总体蔬菜摄入量的 1/2 以上。

第三层：鱼、禽、肉、蛋等动物性食物

鱼、禽、肉、蛋等动物性食物是膳食指南推荐适量食用的食物。在 1600～2400kcal 能量需要量水平下，推荐每天鱼、禽、肉、蛋摄入量共计 120～200g。

第四层：奶类、大豆和坚果

奶类和豆类是鼓励多摄入的食物。奶类、大豆和坚果是蛋白质和钙的良好来源，营养素密度高。在 1600～2400kcal 能量需要量水平下，推荐每天应摄入至少相当于鲜奶 300g 的奶类及奶制品。

第五层：烹调油和盐

油、盐作为烹饪调料必不可少，但建议尽量少用。推荐成年人平均每天烹调油不超过 25～30g，食盐摄入量不超过 6g。

二、培养良好的饮食习惯

日常生活中，饮食习惯对健康有着不可忽视的作用。好的饮食习惯可以让您健康长寿，坏的则可能招来疾病。只有养成良好的饮食习惯，才能更有利于身体健康以及延年益寿。对于儿童而言，养成一个良好的饮食习惯，对生长发育能起到很好的作用。那么，正确的饮食习惯应该是怎样的呢？

1. 食物多样，谷类为主

除母乳外，任何一种天然食物都不能提供人体所需的全部营养素，应食用多种食物，使之互补，达到合理营养、促进健康的目的。多种食物应包括五大类：即谷类及薯类、动物性食品、乳类、豆类及其制品、蔬菜水果类、油脂类食品。

1）多吃蔬菜、水果和薯类。蔬菜、水果和薯类对保持心血管健康、增强抗病能力及预防某些癌症，起着非常重要的作用。应尽量选用红、黄、绿等颜色较深者，但水果不能完全代替蔬菜。

2）常吃乳类、豆类或其制品。乳类是天然钙质的极好来源，不仅含量高，而且吸收利用率也高，膳食中充足的钙可提高儿童、青少年的骨密度，延缓中老年人骨质疏松发生的年龄；减慢中老年人骨质丢失的速度。豆类含丰富的优质蛋白、不饱和脂肪酸、钙、维生素及植物化学物。

3）常吃适量鱼、禽、蛋、瘦肉，少吃肥肉和荤油。肥肉和荤油摄入过多是肥胖、高脂血症的危险因素。猪肉是我国人民的主要肉食，猪肉的脂肪含量远远高于鸡、鱼、兔、牛肉等，应减少吃猪肉的比例，增加禽肉类的摄入量。

2. 饮食要适量

我国居民根据长期养生经验，有"食不过饱"的主张，其目的是提倡饮食适量，饥饱适宜，使热量和蛋白质的摄入量与人体的消耗相适应，达到营养适宜的程度，避免身体超重或消瘦。有句俗话说，"多吃少吃，少吃多吃"，意思是，现在吃得多，后面就少吃很多年；现在吃得少，后面就多吃很多年。

科学研究证明，过多地摄入食物，会加重胃肠负担，引起胃肠功能紊乱，使胃肠蠕动较慢，导致人体消化不良。再加上血液和氧气过多地集中在肠胃，心脏与大脑等重要器官血液相应减少，甚至缺血，人体便会感到疲惫不堪，昏昏欲睡，长期下来就会出现记忆力下降、思维迟钝、大脑早衰、智力减退等症状；相反，如果限制饮食就可以延长寿命。老年人消化功能随着年龄增长而逐渐下降，饮食品种应当多样化，但要少而精，每餐宜吃七八分饱。儿童吃东西也要掌握量，不是越多越好。另外，饮食适量，不仅是节制适量，不可饱食；还要求各餐的食量不能平均分配，而应根据相应时段所需的热量来科学调试，一般倡导满足早餐，吃好午餐，节制晚餐，切忌过饮饱食的不良饮食习惯。

3. 饮食宜清淡

食盐含钠和氯，它们都是人体必需的营养素。但研究表明，饮食过咸，摄取的钠盐过多容易引起高血压，而低盐饮食往往有利于血压的下降。适当的食盐摄入量是每人每天不超过 6g。

肉类食物虽然营养丰富，但含有较多的脂肪酸，吃得太多会增加患心血管疾病的概率。油煎、油炸食物摄取过多，摄取的热能增高而营养素则相对不足。因此，饮食过于油腻不仅不利于消化，也不利于营养的均衡摄入。

清淡饮食除了适宜的盐、脂肪外，糖类适当满足人体所需即可。甜食吃得太多可能引起龋齿发病率上升，还能增加血液中甘油三酯的含量。因此，要避免经常食用含有大量糖分的甜食，这对肥胖人群来说尤为重要。

4. 合理安排一日三餐

在每一天中，人体所需的热能和营养素并不完全相同，大脑的兴奋抑制和胃肠道对食物的排空时间也有一定规律性，因此，如何把全天的食物定量定时地分配至早、中、晚三餐也是合理营养的内容之一。我国传统饮食认为"早饭要吃好，午饭要吃饱，晚饭要吃少"，这样才能保证人体一天当中的膳食平衡，保持旺盛精力，身体才能健康。

除了合理安排一日三餐定量外，日常饮食要定时，两次进餐时间间隔不能太长，也不能太短。太长可引起强烈的饥饿感和血糖降低，太短则缺乏食欲，并增加消化系统的负担。一般混合食物在胃中停留时间为 4 ～ 5 小时，故两餐间隔保持在 5 ～ 6 小时为宜。此外，定时用餐还能形成一种条件刺激因素，只要到了用餐时间，机体就会表现出食欲，促进消化液的分泌，保证所摄取的食物能被充分消化、吸收和利用。

三、遵守科学饮食原则

在日常生活中，细菌及病毒无所不在，是各种疾病产生的源头，如果个人不注重饮食卫生，细菌很容易通过饮食进入人体，一旦人体免疫力下降，疾病就会发生。因此，在日常饮食中，尽可能做到以下原则。

1. 健康烹调原则

在家庭饮食中，如何科学地烹调与身体健康有着极密切的关系。

（1）尽量食用生鲜蔬菜　并非所有的菜肴都要经过精心煎炒、蒸煮方可食用。很多食物都不能保证有效营养成分不在烹制过程中流失，所以往往提倡生吃。西餐很注意生吃蔬菜，因为生吃蔬菜，可以尽可能地吸收蔬菜里的许多营养物质，如生菜、番茄、黄瓜、芹菜、白菜心等都可以生吃，对健康也十分有益。

（2）烹调油温不要过高　如果在烹调中食用油烧到冒烟，油温往往超过 200℃，在这种温度下，不仅油中所含的脂溶性维生素被破坏殆尽，人体必需的各种脂肪酸也被大量氧化，这就降低了油的营养价值。同时，当食物与高温油接触时，其中的各种维生素，特别是维生素 C 会被大量破坏。同时，油温过高使脂肪氧化产生过氧化脂质，过氧化脂质不仅对人体有害，而且在胃肠道对食物中的维生素有相当大的破坏作用，同时对人体吸收蛋白质和氨基酸也起阻碍和干扰作用。如果长期在饮食中摄入过氧化脂质，并在体内积聚，可使人体内某些代谢酶系统遭受破坏，使人体未老先衰。

（3）灵活运用蒸、炒、煎、煮、炸等烹调方法　灵活运用蒸、炒、煎、煮、炸等烹调方法，可以保证饮食的营养元素尽可能少流失。相对而言，蒸比炒、炒比煮、煮比油炸更少流失营养物质。因此，在日常饮食中，能蒸不炒，能炒不煮，能煮不油炸，确保饮食健康与卫生。

2. 遵循健康饮食要诀

（1）膳食强调补钙　缺钙会引起小儿佝偻病、老年人骨质疏松症等。还有一些疾病也可能与缺钙相关，如高血压、过敏、心肌功能下降、性功能障碍、疲劳无力、腿脚抽筋、动脉硬化等。专家认为补钙的最好方法是从膳食中摄取钙，其中牛奶（包括酸奶）、豆浆为首选，应是每天必吃的食物。

（2）多吃含纤维素丰富的食物　科学家将食物纤维素推崇为"第七营养素""21 世纪的功能性食品"。食物纤维素的主要保健功能有：①是天然抗癌剂和抗诱变剂，可预防直肠癌；②加强肠蠕动，防止便秘；③能降低血清胆固醇，有助于预防动脉硬化和肥胖症；④促使肠道有益菌群繁殖，减少腐败菌的产生。含食物纤维素的食物主要是水果、蔬菜、谷类、豆类等。

（3）低脂、低盐饮食　有研究认为，心血管疾病、高脂血症、高血压、肥胖症和癌症等都与摄入高脂肪、高盐食品有关。长期食用低脂和低盐膳食，有利于健康长寿，有助于防止和减少乳腺癌、脑中风和心血管疾病的发生。

（4）提倡吃粗粮、野菜与生菜　国内外专家均提倡吃粗粮，多吃五谷杂粮，如燕麦、豆类、玉米、高粱、小米、红薯、土豆等，有助于防止脚气病、糖尿病、便秘等。提倡吃野菜，保持食品的鲜味，而且营养丰富。吃生菜的好处是，食物的营养素和各种酶可以不被烹调破坏，能够获得更多的营养素和酶类。另外，生食对牙齿有益，可以维护牙齿的健康。

3-1 粗粮与健康

3. 遵循食品安全黄金定律

食品安全黄金定律是世界卫生组织为确保食品安全于 1989 年提出的十条黄金定律。具体内容包括如下。

1）食物煮好后应立即吃掉，因许多有害细菌在常温下可能大量繁殖扩散，故食用已放置 4～5 小时的熟食最危险。

2）食物必须煮熟烧透后再食用，家禽、肉类、牛奶尤应如此，熟透是指食物的所有部位至少达到 70℃。

3）应选择已加工处理过的食物，如消毒的牛奶或用紫外线照射的家禽。

4）熟食应在接近或高于 60℃ 的高温、接近或低于 10℃（包括食物内部）的低温条件下保存。

5）存放过的食物必须重新加热 70℃ 后再食用。

6）生食和熟食应当用不同的切板和刀具加工，分别盛放。

7）保持厨房清洁，烹饪用具、餐具均应当用干净布揩拭干净，揩布不应超过一天，下次使用前必须在沸水中煮过。

8）处理食品前应先洗手，便后、为婴儿换尿布后尤应洗手；手上如有伤口，应先用绷带包好伤口后再加工食品。

9）不要让昆虫、兔、鼠等动物接触食品，因为动物大都带有致病微生物。

10）饮用水和食品用水应纯净，若怀疑水不干净，应做煮沸或消毒处理。

第三节　常见食材鉴别与家常菜制作

一、常见食材鉴别与保存

（一）常见食材鉴别方法

1. 鸡蛋

1）看色泽。新鲜鸡蛋蛋壳比较毛糙，没有裂纹，上附一层霜状粉末，清洁鲜明；陈蛋蛋壳有灰黑斑点；臭蛋外壳发乌，且常有油渍。

2）听声音。将蛋夹于两指之间，靠近耳边摇晃，好蛋声实；贴壳蛋、臭蛋似沉渣声；空头大的有空洞声；裂纹蛋有"啪啦"声。

3）盐水浸。新鲜蛋重，陈蛋轻，将蛋放于 10% 盐水中，新鲜蛋下沉水底；陈蛋漂浮水中；臭蛋浮于水表面。

4）日光透视。用左手握成窝圆形，右手将蛋放在圆形的末端，对着日光透视，新鲜蛋呈微红色，半透明状态，蛋黄轮廓清晰；如果昏暗不透亮或有污斑，表示蛋已变质。

2. 鱼类

1）尽量挑选活蹦乱跳、鱼鳞完好的鱼，这样的鱼健康新鲜。

2）注意看一下鱼鳃，鱼鳃是鲜红色的，说明鱼很新鲜，不缺氧。

3）尽量挑选鱼的颜色比较发亮的，这样的鱼生活水质比较好，污染比较少。

4）尽量不买死鱼或已经宰杀好的鱼。

5）冰冻鱼质量好坏与冰冻前鱼的质量有密切关系。质量好的冰冻鱼表面清洁，光泽明显，鱼肉、鱼骨连接牢固不脱离，解冻后鱼体仍有弹性，闻起来无异味。

3. 猪肉

1）看颜色。新鲜猪肉的猪皮一般是白色，猪肉部分多是淡红色或鲜红色，表面还有光泽，脂肪部分为白色且比较厚实。而放的时间久一点的肉颜色偏暗红，肉皮也不是纯白色，肉的表面没有光泽。

2）看纹理。新鲜猪肉有明显的纹理，这个纹理就相当于掌心里的手纹，是一条一条的。新鲜的猪肉可以很清楚地看清纹理，不是新鲜的猪肉一般纹理会随时间流逝而慢慢地变模糊。

3）闻味道。一般新鲜猪肉有一股鲜香的味道，这是因为它没有经过冷冻运输等过程。而经过这些过程的猪肉一般不会有鲜香味，它们闻起来通常会有一股氨水的味道。还有一些死猪肉闻起来有一种血腥味，甚至有的还有腐臭等其他一些异味。

4）摸表面。购买时不要忘了摸一摸猪肉的表面，新鲜的猪肉表面没有黏性，不粘手，摸上去会感到有点发干。而不新鲜的猪肉，由于冷冻等原因，表面会有一些水，摸上去水水、黏黏的感觉。

5）按压。在挑选时，也可以按压一下猪肉的表面，一般新鲜的猪肉弹性较好，用手压下去不会出现坑状。如果按下去回不来出现坑状，那么这块猪肉很可能不新鲜了。

4. 虾类

新鲜虾头尾完整，爪须齐全，有一定的弯曲度，虾身较挺，皮壳发亮，呈青绿色或青白色，肉质坚实、细嫩，富有弹性。

不新鲜的虾头尾易脱落，不能保持原有的弯曲度，皮壳发暗，虾体变红或呈灰紫色，肉质松软。

5. 蔬菜类

（1）黄瓜　刚采摘下来的黄瓜表面有疣状凸起，如果摸上去有刺，说明是十分新鲜的。颜色浓绿有光泽，且前端的茎部切口嫩绿，颜色漂亮，也表明黄瓜是新鲜的。

（2）土豆　土豆（马铃薯的通称）尽量选圆的、不破皮的，越圆的越好削。要选表皮干燥的土豆，不然保存时间短，口感也不好。不要选有芽和绿色的土豆，长出嫩芽的土豆含毒素，不宜食用。如果发现土豆外皮变绿，哪怕是很浅的绿色都不要食用，因为土豆变绿是有毒生物碱存在的标志，如果食用会中毒。

（3）番茄　番茄主要有两大类。一类是大红番茄，糖类、酸类含量高，味浓，适合烧汤和炒食；另一类是粉红番茄，糖类、酸类含量低，味淡，适合生吃。

番茄的果形与果肉关系密切：扁圆形的果肉薄，正圆形的果肉厚。需要特别指出的是，不要买青番茄及有"青肩"（果蒂部呈青色）的番茄，因为这种番茄营养差，而且其中的龙葵素有毒性。不要购买着色不均匀、"花脸"的番茄，因为这往往是感染病毒的果实，味道、营养均较差。

（二）常见食材的保存方法

家庭饮食中，很多食材都有相应的保质期，尤其是新鲜瓜果、鱼肉米面等日常食材更要严格注意生产日期，以保证新鲜。

对于过期及即将过期的食品，一是不购买，二是要及时处理。

冰箱不是长期存放食品的保鲜柜，要养成及时清理的习惯。鉴于目前物质比较丰富，食材大多可以随时买到，所以建议家中不要大量保存食材。

存放米、面等粮油食品时，一是注意防潮、防晒；二是不要与有异味的物品存放在一起，以免串味；三是存放时间不宜超过 12 个月。

二、家常菜制作举例

（一）酸辣土豆丝

1. 操作准备

（1）材料准备　土豆 300g，干辣椒 3 个，花生油 30g，辣椒油适量，蒜 3 瓣，香油 5g，盐 3 ～ 5g，鸡精 2g，香醋 10mL，花椒 10 粒。

（2）工具准备　案板、菜刀、炒锅、炒勺、漏勺、不锈钢盆。

2．操作步骤

步骤 1：将土豆去皮，洗净后切薄片，然后再切成细丝。

步骤 2：将切好的土豆丝放入不锈钢盆，用清水泡一下，洗掉淀粉。

步骤 3：锅里放水烧开后将土豆丝焯一下水（水开后煮 1 ～ 2 分钟），然后滤水待用。

步骤 4：将干辣椒切成小段，蒜切成末，备用。

步骤 5：将锅洗净，烧热，转小火，倒入适量花生油，将花椒粒放入，煸至变色后捞出，放入干辣椒段和蒜末。

步骤 6：转大火，倒入土豆丝快速翻炒几下，倒入适量香醋继续翻炒至完全断生。

步骤 7：加入辣椒油、盐、鸡精继续翻炒几下，再滴入香油炒匀后起锅装盘。

3．注意事项

1）油温热时把花椒粒放进去，炸出香味，花椒粒一定要捞出，以免炸焦发苦。

2）炒土豆丝时最好在原料入锅后加醋，以保护土豆中的维生素不流失，同时保持土豆丝清脆的口感。

（二）拍黄瓜

1．食材

黄瓜 2 根，香菜 2 根，洋葱半个，大蒜 5 瓣，小米椒 3 个，熟花生米 50g，生抽 3 汤匙，陈醋 2 汤匙，花椒油 2 汤匙，辣椒油 2 汤匙。

2．详细做法

1）先把所有的食材清洗干净，将黄瓜放到案板上面，用刀身拍扁，再切成小段，装入盆中，然后把香菜也切碎，放入盆中，再把洋葱切成小块，大蒜拍扁剁碎，小米椒切圈，一起放入盆中，再把熟花生米也放入盆中。

3-2 辣子鸡的制作

2）所有食材准备好之后，加入 3 汤匙生抽、2 汤匙陈醋、2 汤匙花椒油、2 汤匙辣椒油，然后戴手套用手抓匀腌制入味，再转移到盘子里面。

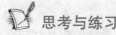 思考与练习

1．暑假期间，王女士和唐先生 14 岁的女儿邀请六位同龄的朋友来家里庆祝生日，家里还有唐先生的父母一起同住，请根据以上信息，设计一份家庭中餐菜谱。

2．垃圾食品最显著的特点是两高三低，它们分别是哪两高，哪三低？

3．10 岁的乐乐从小胃口就特别好，比同龄的孩子大一圈，经常有邻居夸奖他长得好。乐乐的奶奶一直很宠爱小孙子，经常去超市给他买坚果、牛奶及他喜欢吃的甜点零食。乐乐近期变得只长肉不长个，肚子越来越大，甚至出现了腹痛。请分析乐乐该如何合理饮食？

第 **4** 章   现代家庭服装

本章学习目标

了解服饰搭配与服装色彩、体型、脸形、肤色的关系。

掌握服饰搭配技巧。

掌握不同面料服装的特性以及正确洗涤保养方法。

了解服装在收藏过程中容易出现的问题,掌握正确的保管收藏方法。

掌握衣柜的整理与归纳技巧。

【案例导入】

家庭衣柜整理经验

小王在一家家政企业从事家政管理工作。工作期间,他通过自己的努力,考取了整理收纳师职业资格证书,从此走上了衣物整理之路。一天,他接到客户电话:小王,冬季就要来了,外套、大衣……这些大件衣物齐齐登场,而我家里的储藏空间是有限的,感觉很难把衣物整理得井然有序,你说我该如何节省空间呢?

小王依据自己的专业经验,给客户提出了以下解决方式:①总体可采用配套挂衣法:外套和毛衣或裙子搭配悬挂,既可节约空间,也可节省搭配时间,但必须安装一款承重力好的衣通。挂衣服时,男女衣服也可分出男左女右的挂放区域,这样的安排让衣柜内部更整洁,衣服也一目了然,更重要的是,两个人都可以找到自己储存衣服的独立空间。②西服收纳法:用一个材质优良的西服收纳袋,除了防尘、防潮和防霉外,它还能让西装保持平整,同时让衣柜内变得整齐有序。如果家里的西裤多的话,最好是在衣柜内部再增设一个裤架,它可以让衣柜内分区更清晰明了。

第一节   服装搭配

俗话说人靠衣装马靠鞍,不懂服饰搭配,约会没自信,职场气势低。学会穿衣打扮,不仅能够塑造魅力形象,还能提高自信,为你赢得更多机会。本章从色彩与搭配的关系、服饰与体型、脸形、肤色的关系出发,给大家介绍一些服装搭配技巧和方法。

一、色彩与搭配的关系

（一）色彩三要素

色彩三要素（Elements of color）是指色彩可用色调（色相）、饱和度（纯度）和明度来描述。人眼看到的任一彩色光都是这三个特性的综合效果，这三个特性即是色彩的三要素，其中色调与光波的波长有直接关系，明度和饱和度与光波的幅度有关。

色调，颜色测量术语。它是颜色的属性之一，借以用名称来区别红、黄、绿、蓝等各种颜色。色相即各类色彩的相貌称谓，如大红、普蓝、柠檬黄等。色调是色彩的首要特征，是区别各种不同色彩的最准确的标准。事实上任何黑白灰以外的颜色都有色相的属性。

明度是眼睛对光源和物体表面的明暗程度的感觉，主要是由光线强弱决定的一种视觉经验。明度可以简单理解为颜色的亮度，不同的颜色具有不同的明度。例如黄色就比蓝色的明度高，在一个画面中如何安排不同明度的色块也可以帮助表达画作的感情，如果天空比地面明度低，就会产生压抑的感觉。任何色彩都存在明暗变化。其中黄色明度最高，紫色明度最低，绿、红、蓝、橙的明度相近，为中间明度。另外在同一色相的明度中还存在深浅的变化。如绿色中由浅到深有粉绿、淡绿、翠绿等明度变化。

纯度通常是指色彩的鲜艳度。从科学的角度看，一种颜色的鲜艳度取决于这一色相发射光的单一程度。人眼能辨别的有单色光特征的色，都具有一定的鲜艳度。不同的色相不仅明度不同，纯度也不相同。

纯度是说明色质的名称，也称饱和度或彩度、鲜度。色彩的纯度强弱是指色相感觉明确或含糊、鲜艳或混浊的程度。高纯度色相加白或黑，可以提高或减弱其明度，但都会降低它们的纯度。如加入中性灰色，也会降低色相纯度。在绘画中，大都是用两个或两个以上不同色相的颜料调和的复色。根据色环的色彩排列，相邻色相混合，纯度基本不变（如红黄相混合所得的橙色）。对比色相混合，最易降低纯度，以至成为灰暗色彩。色彩的纯度变化，可以产生丰富的强弱不同的色相，而且使色彩产生韵味与美感。

色相：色彩的相貌，即常说的红色黄色橙色绿色蓝色。这些就是对色相的一个描述。

明度：色彩的明亮程度。可以通俗地理解成，这个颜色加了多少白颜料，加了多少黑颜料。

纯度：色彩的饱和度。纯度越高，颜色越正，越容易分辨。所以在日常生活中看到的那些一眼看不出是什么颜色的颜色大致就是纯度低的颜色。

（二）服装色彩搭配技巧

服饰美不美，并非在于价格高低，关键在于配饰得体，适合年龄、身份、季节及所处环境的风俗习惯，更主要是全身色调的一致性，取得和谐的整体效果。"色不在多，和谐则美"，正确的配色方法，应该是选择一两个系列的颜色，以此为主色调，占据服饰的大面积，其他少量的颜色为辅，作为对比，衬托或用来点缀装饰重点部位，如衣领、腰带、丝巾等，以取得多样统一的和谐效果。

总的来说，服装的色彩搭配分为两大类，一类是对比色搭配，另外一类则是协调色搭配。

1. 对比色搭配

（1）强烈色配合　指两个相隔较远的颜色相配，如黄色与紫色，红色与青绿色，这种配色比较强烈。

日常生活中，常看到的是黑、白、灰与其他颜色的搭配。黑、白、灰为无色系，所以无论它们与哪种颜色搭配，都不会出现大的问题。一般来说，如果同一个色与白色搭配时，会显得明亮；与黑色搭配时就显得昏暗。因此在进行服饰色彩搭配时应先衡量一下，你是为了突出哪个部分的衣饰。不要把沉着色彩，例如：深褐色、深紫色与黑色搭配，这样会和黑色呈现"抢色"的后果，令整套服装没有重点，而且服装的整体表现也会显得很沉重、昏暗无色。黑色与黄色是最亮眼的搭配。红色和黑色的搭配，非常隆重，但却不失韵味。

（2）补色配合　是指两个相对的颜色的配合，如红与绿，青与橙，黑与白等，补色相配能形成鲜明的对比，有时会收到较好的效果。黑白搭配是永远的经典。

2. 协调色搭配

（1）同类色搭配原则　是指深浅、明暗不同的两种同一类颜色相配，比如青配天蓝，墨绿配浅绿，咖啡配米色，深红配浅红等，同类色配合的服装显得柔和文雅。粉红色系的搭配，让整个人看上去柔和很多。

（2）近似色相配原则　是指两个比较接近的颜色相配，如红色与橙红或紫红相配，黄色与草绿色或橙黄色相配等。不是每个人穿绿色都能穿得好看，绿色和嫩黄的搭配，给人一种很春天的感觉，整体感觉非常素雅，静止，淑女味道不经意间流露出来。

职业女性穿着职业女装活动的场所是办公室，低彩度可使工作其中的人专心致志，平心静气地处理各种问题，营造沉静的气氛。职业女装穿着的环境多在室内、有限的空间里，人们总希望获得更多的私人空间，穿着低纯度的色彩会增加人与人之间的距离，减少拥挤感。

纯度低的颜色更容易与其他颜色相互协调，使得人与人之间增加了和谐亲切之感，从而有助于形成协同合作的格局。另外，可以利用低纯度色彩易于搭配的特点，将有限的衣物搭配出丰富的组合。同时，低纯度给人以谦逊、宽容、成熟感，借用这种色彩语言，职业女性更易受到他人的重视和信赖。

（三）服饰色彩的搭配方法

1）上深下浅：端庄、大方、恬静、严肃。

2）上浅下深：明快、活泼、开朗、自信。

3）突出上衣时：裤装颜色要比上衣稍深。

4）突出裤装时：上衣颜色要比裤装稍深。

5）绿色颜色难搭配，在服装搭配中可与咖啡色搭配在一起。

6）上衣有横向花纹时，裤装不能穿竖条纹的或格子的。

7）上衣有竖纹花型时，裤装应避开横条纹或格子的。

8）上衣有杂色，裤装应穿纯色。

9）裤装是杂色时，上衣应避开杂色。

10）上衣花型较大或复杂时，应穿纯色裤装。

11）中间色的纯色与纯色搭配时，应辅以小饰物进行搭配。

（四）服装六大色系搭配技巧

1. 红色系

红颜色搭配象征着温暖、热情与兴奋，淡红色可作为春季的颜色。强烈的艳红色则适于夏季，深红色是秋天的理想色。

浅红色的长裤或裙子，上身可调配以白色或米黄色的上衣，而用深红的胸花别针来点缀上衣，使之与下身的浅红色相呼应。如果是浅红色的格子花裙，可以和深红色的上衣、外套搭配，帽子可以配浅草黄色的，皮鞋和皮包以白色为主。红上衣多配白裙白裤，而红裤红裙子多配白上衣。艳红色给人一种极为强烈的印象，可以作为背心和领中的主色，再与白上衣作为搭配。

此外，艳红色的上衣也常与蓝色牛仔裤配合穿着。大红的外套大衣可与黑色长裤长裙搭配，但上衣仍以白色为理想。穿着红色衣服时，脸部的底色最忌泛黄，所以可以用粉红色的粉底打底，面层与粉底同色或比粉底稍淡的同色系。眼膏用灰色，眉笔用黑色，胭脂可用玫瑰色，唇膏和指甲油则用深玫瑰色。

2. 黄色系

黄色属于暖色系，中明度的黄色适合夏季使用，而彩度深强的黄色，则符合秋季的气氛。浅黄色的纱质衣服，很具有浪漫气氛，因此不妨采用作为长的晚礼服或睡衣。浅黄色上衣可与咖啡色裙子、裤子搭配，也可以在浅黄色的衣服上接上浅咖啡色的蕾丝花边，使衣服的轮廓更为明显。

浅黄色与白色因为两者色调太过接近，容易彼此抵消效果，所以并不是很理想的搭配。与浅黄色容易造成冲突的颜色，是粉红色，而橘黄色与蓝色也是很犯忌的搭配，应该避免。深黄色较之咖啡色与浅黄色来说，是更为明亮醒目的颜色，所以不妨选择有深蓝色图案的丝巾、围巾，里面穿上白色 T 恤或衬衫。

3. 绿色系

绿色象征自然、成长、清新、宁静、安全和希望，是一种娇艳的色彩，使人联想到自然界的植物，不过，绿色本身却很难与别的颜色相配合。以非常流行的那种淡绿色来说，除了配白色之外，就不容易找到更理想的搭配。如果浅绿色配红色，太土；配黑色，太沉；配蓝色，犯冲；配黄色只能说勉强可以；如果穿绿色衣服，可以选用白色的皮包和皮鞋，银灰色的效果次之，其他颜色还是少接触为妙。所以，买绿色的服装时，不可冲动、贪多，尤其要注意自己是否有白色和银色的裙、裤来搭配；反之，买绿裙、绿裤时，也不可忘了配上一件白色的上衣外套。穿着绿色系服装时，粉底宜用黄色系，面粉用粉底色或比粉底稍浅的同色系。眼膏宜用深绿色或淡绿色（随服装色彩的深浅而定），眉笔宜用深咖啡色，胭脂宜用橙色（带黄的红色），唇膏及指甲油也以橙色为主。

要注意的是，蓝色与绿色虽然同是寒色系，但是切勿将深蓝与深绿互相搭配，即使浅绿也不适宜，比如蓝色的牛仔裤若与绿色上衣相配，就会非常难看。蓝色与紫蓝色倒可以互相配合穿着，如果是小碎花图案，这两种颜色更可以产生水乳交融的效果。深蓝色与白色、深红色这三种颜色组合成的条形图案，由于鲜明度高，可以作为别致的工作服或运动服。

4. 白色系

白色可与任何脸色搭配，但要搭配得奥妙，也需要了解一些搭配技巧。

白色下装配带条纹的淡黄色上衣，是柔和色的最佳组合；下身着象牙白长裤，上身穿淡紫色西服，配以纯白色衬衣，不失为一种获胜的配色，可彰显自我特性；象牙白长裤与浅色休闲衫配穿，也是一种得体的组合；白色褶折裙配淡粉色毛衣，给人以温柔潇洒的感受。上身着白色休闲衫，下身穿血色窄裙，显得亲近飘逸。总之，在强烈颜色的对比下，白色的分量越重，看起来就越柔和。

5. 蓝色系

在所有颜色中，蓝色服装最容易与其他颜色搭配。不管是黑蓝色，还是深蓝色，都比较容易搭配。而且，蓝色具有紧缩身材的效果，极富魅力。生动的蓝色搭配红色，使人显得妩媚、俏丽，但应注意蓝红比例适当。

近似黑色的蓝色合体外套，配白衬衣，再系上领结，出席一些正式场合，会使人显得神秘且不失浪漫。曲线鲜明的蓝色外套和及膝的蓝色裙子搭配，再以白衬衣、白袜子、白鞋点缀，会透出一种轻盈的妩媚气息。

上身穿蓝色外套和蓝色背心，下身配细条纹灰色长裤，呈现出一派素雅的风格。因为流行的细条纹可柔和蓝灰之间的强烈对比，增添优雅的气质。

蓝色外套配灰色褶裙，是一种略带保守的组合，但这种组合再配以葡萄酒色衬衫和花格袜，显露出一种自我个性，从而变得明快起来。

蓝色与淡紫色相配，给人一种微妙的感觉。蓝色长裙配白衬衫是一种非常普通的打扮。如能穿上一件高雅的淡紫色的小外套，便会平添几分成熟都市味。上身穿淡紫色毛衣，下身配深蓝色窄裙，即使没有花哨的图案，也可在自然之中流露出成熟的韵味。

6. 黑色系

自古以来，黑色始终象征着神秘、夜晚、悲伤等。在服装方面，黑色却不失为各种颜色最佳的搭配色，除了新娘忌用黑色之外，其他时候，黑色都可以单独或配合使用。对于明艳的人，穿上黑色的衣服，立刻加倍地艳光照人。例如在电影《乱世佳人》中，女主人公参加舞会时，就是穿着黑色的礼服，戴上黑色的头纱，结果她成为舞会中最迷人的女性。

对于体型高大肥胖者，黑色更是一种最具收缩效果的颜色，在黑色的伪装下，看起来要比真实的体型苗条许多，不仅如此，黑色与其他颜色混合后仍然具有收缩的效果，如红黑、蓝黑、墨绿等。

从实用方面来说，黑色服装是比较耐脏的颜色，中小学生穿黑裙或黑长裤，无形中减少了衣服的耗损，这也是黑色的特质之一。黑色服装在设计上，线条以简明为主，因为太复杂的剪裁不容易辨认出来，等于是一种浪费。穿黑色服装讲究的是它的轮廓形状，必须非常明显，才能使造型突出，看起来特别出色。有一种内衣是用黑色的网纱制成的，贴在皮肤上，造成一种极为性感的印象。另外，也有人利用黑色的蕾丝纱做成罩衫，在夜幕低垂时穿着，闪烁着一股神秘的气氛，对于中年女性来说，穿着黑纱应该是比白纱更符合成熟美的要求。喜欢穿旗袍的女性，如果外面搭配一件黑丝绒外套，立刻就让人刮目相看，那是一种端庄与慎重的打扮。

穿黑色服装时，为了避免全身黑色，应以别种颜色的配件来缓和单调感。例如可以配金黄色的围巾红色的手镯，皮鞋还是以黑色或深咖啡色比较调和。若是上下两截式的装束，更可以和多种颜色相搭配，如黑色的 T 恤，外面罩上红色的半袖外套。也可以在黑色的裙子、裤子上配上橘色、白色、黄色等较为强烈对比色的上衣。如果穿全身黑时，配上有羽毛的胸花，最能表现出羽毛的轻柔感。有一点要注意，那就是黑色与中间色的搭配并不容易讨好。如粉红色、灰色、淡蓝色、淡草绿色等柔和的颜色放在一起时，黑色将失去强烈的收缩效果，而变得缺乏个性。

穿着黑色服装是最需要强调化妆的，因为黑色把所有的光彩都吸收掉，如果脸的化妆太淡，将给人一种沉闷的感觉。使用化妆品时，粉底宜用较深的红色，胭脂用暗红色，眼影可以随意选用任何颜色（如蓝色、绿色、咖啡色、银色等），注意眼睛需有充分的立体明亮感化妆，而口红宜用枣红色或豆沙红，指甲油则用大红色。粉红色的口红与黑衣服互相冲突，看起来不协调，应该避免。脸色苍白者，穿黑色服装时会显得憔悴，所以不化妆而着黑色衣服，很可能产生一种病容，因此要特别注意化妆的技巧。

二、服饰与体型的关系

人类真正的标准体型实际上是不存在的，它仅仅是人们心目中一种理想状态，是大多数人体数据的平均值。根据人体的线条形状和体型特征，一般将女性的廓形分为四种：X 型、H 型、T 型、A 型。

X 型：肩围＝臀围，有明显的腰部曲线；拥有 X 型身材的一般多是年轻女性，在服装搭配时，没有太多的限制，收腰的衣服是比较好的选择。

H 型：肩围、胸围、臀围尺寸差不大，没有明显的腰部曲线。

T 型：肩围或胸围大于臀围，T 型身材的女性在服装搭配中需要注意上装颜色的运用及服装廓形的选择，一般深色的衣服在视觉上有收缩作用，可以将宽肩进行视觉上的调整。

　　A 型：肩围小于臀围，A 型身材多出现在成熟女性中，在服装搭配中主要考虑的是臀部曲线的处理，A 字摆的裙子要尽量避免。

　　实际上，人体的体型是各有差异的，世界上很难找到两个完全相同的人体体型。只有通过观察与测量，再加以比较后才能大致区分为正常体型和特殊体型。所谓正常体型就是身体发育正常，各部位基本对称、均衡，没有过胖或过瘦，更没有畸形，具备人体的健康美。反之，就是非正常的体型，甚至特殊体型。特殊体型的人，其体型状况是相当复杂的，有的人仅某一部位不正常或变形，有的则在几个或各个部位都不正常，有的甚至发展到畸形。

　　正常体型和特殊体型的人都要求服装合体美观，正常体型的人使服装的合体已经具备了美观的一些基本条件，选配服装应注意为其提升个人气质和品位以及更好地表现服装的美感。而特殊体型的人在选配服装时应注意扬长避短。

　　（一）偏胖体型

　　偏胖体型的人对服饰的选配应注意以下几点：

　　（1）选择面料忌太厚或太薄　因为厚料有扩张感，会使人显得更胖，太薄的料子又容易凸显肥胖体型。最好选择那些柔软挺括的面料，如呢料、毛料、棉、涤纶等厚薄适中的衣料。

　　（2）服装款式忌花色繁多，条纹重叠的式样　服装款式结构应该简洁、朴实、大方、清雅，不可太多太乱，尤其分割线不宜过多，服装上的装饰也不能过多过碎。

　　（3）图案和花型忌大花纹、横条纹和大方格　应选择那些小型但不碎的花纹和直条纹的衣料，花型应清晰、简洁，这样可以避免体型宽的视觉差。

　　（4）选择色彩忌黯淡无光的颜色　应以深色为主。因为深色具有收缩感，会使人显得消瘦些。以深色而有光泽的黑色、深蓝色、蓝灰色、绿灰色、咖啡色等颜色为佳。但应注意季节，如夏季应以浅色为主。

　　（5）忌穿着关门领式样和窄小领口领型的服装　胖体型的人一般具有脸庞大、头大、脖颈短粗的特征，如果穿着关门领或窄小领口领型的服装，会使脸型显得更大、更突出。因此，最好选用那些敞开而宽大的开门式领型，但也不要采用太宽太大的领型，否则会衬得胸部过宽。

　　（二）身材小巧

　　对于身材小巧的人来说，在选择服装时，不宜穿衣领开口很大或夸张肩部的衣服以及长至小腿的长裙，应该选用紧裙或细长的紧身裤，才能显出高大感。细腰者宜穿腰部装饰性强的牛仔裤，这样就不会显得腰部纤细。在装饰品的搭配上，则以点缀性为宜，不要选择那些过大而光彩夺目的胸针或挂件，不然会失去身体的平衡感。

　　（三）消瘦体型

　　消瘦体型的人可以穿着有花边或褶皱衣领和泡泡袖子的衣服，这样能掩盖细小的脖子和消瘦的肩，使之具有丰满感。也可选择胸前有横方向或斜方向花纹样式的服装，不宜穿贴身衣或暗色纵纹花样及翻领的衣服。若穿牛仔裤，最好选购后面有大口袋、绣花或有漂亮缝线的。

在色调搭配上，应采用有柔和感的浅色调及大花型的服装，尽量使衣服显得华丽。装饰品则不宜使用细长或长型的装饰物，应采用粗而短的装饰物，如别上一花束型的胸针更能显出丰满的柔和感。

三、服饰与脸型的关系

服饰在现代的观念中早已突破了遮羞的原始功能，其目的更多的是在于美观和社会含义。比如修饰脸型和衬托肤色，所以不同脸型的人应有不同的装扮。而改善脸型的关键在于突出优点，弱化缺陷。在服装上尤以领型的变化设计为关键。

领是服装中变化最多的组件，由于它直接映衬人的脸颊和脖颈，所以对于人的美化效果有着较大的影响，被视为服饰造型设计的第一起点。脸型与领型的搭配原理是：避免形套形，如圆形脸配圆形领的服装。应当用适当的领型，再配上相应的饰品，以便调整人们的视觉，使脸型与服装相互协调，扬长避短，使脸型得以美化和改善。

1. 脸型大

脸型大的人不宜穿着有花边、皱褶等过于复杂的领式，更不宜穿着一字领、高领及圆领的领式，以西服领及 V 字领为最佳选择。全身的颜色最好是同类色的搭配，不宜采用对比色的搭配方式。颜色不要超过三色以上，用黑、灰、白的无彩色系可做调整。肩部造型宜选择稍宽阔、有垫肩的为佳，总之应使外表显出细长感。下身不宜穿宽松的锥形裤、肥腿裤或蓬松的塔裙、百褶裙等，以着合身的直筒裤、西裤或西服裙等为宜。不宜佩戴圆形、方形、菱形或偏大的耳环，适合长形、三角形等密贴于耳朵的耳环或耳钉。项链要选择长型，修饰性不宜过强。

2. 脸型小

脸型小的人不宜穿大衣领或领口宽大的衣服，中等程度的衣领最恰当。应选择自然肩型的服装。宜佩戴中等大小的耳环、胸针、胸花。项链不宜过长，约至胸部之上即可。

3. 长形脸

长形脸的人不宜穿与脸型相同的领口衣服，更不宜用 V 形领口和开得低的领子，不宜戴长的下垂的耳环。适宜穿圆领口的衣服，也可穿高领口、马球衫或带有帽子的上衣；可戴宽大的耳环。

4. 方形脸

方形脸的人不宜穿方形领口的衣服；不宜戴宽大的耳环。适合穿 V 形或勺形领的衣服；可戴耳坠或者小耳环。

5. 圆形脸

圆形脸的人不宜穿圆领口的衣服，也不宜穿高领口的马球衫或带有帽子的衣服，不适合戴大而圆的耳环。最好穿 V 形领或者翻领衣服；戴耳坠或者小耳环。

四、服饰与肤色的关系

穿搭是一门学问，时髦的单品是好看造型不可或缺的因素，而服装颜色能对应自己的肤色搭配是真正的好看。

1. 白皙型肤色

适合穿浅蓝色、浅黄色和浅粉色等浅色调衣服。不宜穿冷色调，会更加突出脸色苍白，显得气色不好。

2. 偏黄肤色

适合穿浅蓝色、浅粉色和橘色等暖色调衣服。尽量少穿绿色、宝蓝色、紫色或炭灰色调的衣服。

3. 黝黑肤色

肤色黄黑的人适合穿弱饱和度的暖色调衣服。不适合穿明亮的荧光色和大面积的深蓝色、深红色等灰暗的颜色。

4. 小麦肤色

黑白色的强烈对比很适合小麦肤色，蓝色、红色这类颜色也能突出小麦肤色的开朗个性。不宜穿茶绿色、墨绿色、浅粉色之类的颜色，与肤色的反差过大会显黑。

五、服饰搭配艺术

什么是美的服装？每个人的看法不尽相同。但用一句话可以总结：协调美是美的最高境界。即服装的款式、风格、色彩、图案及服饰配件都应给人以整体和谐之美。一套得体的服装，应该充分突出穿着者体态中优雅的一面，以及弥补和掩饰穿着者身材的不足和缺陷，能使人体本身所具有的内在条件与服装这一外部条件有机结合，和谐统一起来，创造出最佳的形象效果。因此，掌握一些日常服饰搭配技巧是很有必要的。

（一）搭配方法

服装色彩搭配的艺术手法多种多样，主要应掌握以下几种方法：

（1）直接弥补法　这是人们在现实生活中广泛采用的一种弥补体型缺陷的方法，即哪儿缺补哪儿。如圆脸、方脸型者着 V 形领上衣；肩较窄者可以加垫肩以衬托肩膀；胸部欠丰满者可用加厚定型胸罩使胸部挺拔；身材矮小的人可以穿高跟鞋增加高度等。

（2）视错弥补法　即利用人的视错觉现象，巧妙地运用线条排列的方法，以掩饰形体的不足。利用这种方法进行线条的排列，既可丰富服装的款式造型，又可弥补人体比例上的不协调，达到美的效果。常见的线条排列有水平、垂直、垂直与水平、斜线排列等。水平排列一般给人以娴静、柔和的感觉；垂直分割给人以端庄、挺拔、秀美、严肃的感觉；垂直与水平排列则把两种排列的特点结合在一起，使服装在不同部位产生不同的视觉效果，显得端庄、稳重又不乏柔和、娴静；斜线排列则带来轻快、活泼的视觉享受。

（3）扬长避短法　即运用对服饰款型、颜色、面料、工艺等的选择，突出身材、肤色等在着装方面的优点，把人们的视线吸引到优点上来，从而转移对体型、肤色等不足之处的注意力。如腿较粗短的人，要弱化对下装的装饰，应对上衣，尤其要强化领部、肩部等处的装饰，将人们的视线上移。

（4）呼应法　即同种色或类似色的彼此照应。若穿粉红色的裙子配白底粉红圆点上衣，挎粉红色包，着白色鞋子等，则十分和谐统一。

（5）点缀法　即在主色调基础上加一醒目小块色做点缀，起画龙点睛的作用。如身穿全白或全黑的衣裙，胸前别一醒目的胸针、胸花或束一红腰带，效果清新、雅丽，别具风格。

（6）对比法　即通过色彩的对比来加强服装的美感，可以是上下装的色彩对比，也可以是服装上小面积的对比。如白衬衣配黑裤子、蓝色夹克衫上有小面积的黄色块等。

（7）统一法　即取得色调统一的效果。若上下衣着为黄色调，那么鞋、帽等均应为黄色调。

（8）衔接法　即让对比色通过一种中性色（如黑、白、灰、金、银色）的牵合，使人产生色彩连接的感觉。如在浅粉红色的上衣与深绿色的裙子中间束一条白色或黑色腰带，那么色彩就自然衔接起来。

（9）分块法　将不同色彩的面料块加以巧妙地拼接，使服装产生既对比又调和的效果。一般不超过三种色或三种面料。

（二）饰物巧用

现代人着装，越来越注重与服装相配的服饰品。如果说得体的服装是鲜艳的红花，那么附件与饰品就是映衬红花的绿叶。因此，不仅要选择搭配合体的服装，还要巧妙运用多种服饰品来进行装饰，使穿着者的体型、气韵与服装融为一体，更趋完美。

"女人的衣橱里总是缺少一件衣服"。其实，只要你会妙用服饰品，就会使你整个人显得生动无比。服饰配件的种类除了所熟知的纽扣、拉链、饰边、胸针、包袋等以外，从头上戴的、身上挂的到脚上穿的，真是林林总总、花样繁多。而在服饰搭配艺术中，身上穿戴的每一个点，这个点可以是一粒扣子或一个胸针，都是为穿着者的整体形象说话的，搭配得当就起到锦上添花的作用，否则给人以画蛇添足之嫌。

1. 鞋

俗话说"脚下无鞋穷半截"，可见鞋在服装中的重要地位。它虽然只占人们服饰的很小部分，而且处于不为人注目的"最下层"，但是，鞋子的款式风格一定要与所穿的服装式样相和谐，这样可使整体感觉均衡。如着旗袍则不适合穿旅游鞋；穿休闲类服装时，脚蹬一双精致的高跟鞋，会使人觉得不伦不类。

在配色关系上，鞋往往与上衣的色彩相配。一般深色、中性色调的鞋子比较好搭配服装，但应避免选配色彩过分强烈的鞋子，这样会使人们的视线集中于脚上，难免使人显得矮了三分，打破了形体的整体感。因此，身材矮小和较胖的女性要慎用较跳跃的色彩于脚上，同理，也不要在脚上涂较夸张的指甲油。

在款式造型上，鞋子的品种非常丰富，紧贴时尚的步伐，有钉珠、绣花、搭袢、绳带等装饰，有真丝、缎面、皮革、帆布等材料，有平底、低跟、中跟、高跟、坡跟等不同种类。而鞋子对于修饰人的腿型和脚型是有很大作用的，鞋子的体积和重量不同会产生不同的视觉效果，鞋子越轻巧，造型越简洁，两腿就显得越修长苗条、美丽动人。而笨重的鞋子穿着不当会使细瘦的腿显得更细，粗壮的腿显得更粗，夸大了体型的缺陷。可见，鞋在服饰中具有"举足轻重"的作用。

2. 皮包和手袋

在现代人的服饰观念中，包袋已成为女性生活中的必备品和重要的装饰品，上班、外出都得用它。手提包是整个外表形象中很显眼的一部分，如果与服装、场合不相称，则会破坏一个人的整体形象。

日常生活中，一个人都应拥有几款不同风格、不同色彩、不同材质和不同大小的包袋，以搭配不同造型的服装。在选择包袋时，首先要考虑其色彩和风格与服装的协调性，其次要注意包袋的大小、形状与使用者体型及服装的一致性。对于体型欠佳的女性，选包时应注意：对于稍胖的女性来说，太小的包会与其身材产生强烈的对比，且显得小气，应选择一些大小适中、款式简单、线条流畅的包袋。而对于瘦小体型的人来说，太大的包会显得有些沉重，同时过长的包带也会使本来就矮小的身材显得更矮，而且累赘、不精神。另外，色彩过于明亮的包袋会打破服装的色彩与体型的统一，所以不适合体型有缺陷的人，以选择与服装同一色调的包袋较好。

3. 丝巾

丝巾是服饰搭配中不可或缺的饰品，不同色系、不同材质的丝巾在服饰搭配艺术中能收到许多意想不到的装饰效果，同时，丝巾千变万化的系法不仅能衬托服装和脸面，更能增添女性的气质与妩媚。

第二节　服装的清洁与收藏

衣服和吃住一样，是人们日常生活中必不可少的。常言道，"看其衣，知其人"，衣服不仅能表现着装者的人格素养、精神面貌和职业特点，还能反映一个国家、地区、民族的风土人情、文化观念等。穿着洁净的外衣，自然会令人心情舒畅，也给人以美的感觉。这就离不开服装的管理。如何正确地管理服装呢？下面介绍一些必要的服装管理常识。

一、服装的洗涤

（一）洗涤全棉类衣物

1. 全棉类衣物的特性

（1）吸湿性　棉纤维具有较好的吸湿性，在正常的情况下，纤维可向周围的大气中吸收水分，其含水率为 8% ～ 10%，所以它接触人的皮肤，使人感到柔软而不僵硬。如果棉布湿度增大，周围温度较高，纤维中含的水分会全部蒸发散去，使织物保持水平衡状态，使人感觉舒适。

（2）保湿性　由于棉纤维是热和电的不良导体，热传导系数极低，又因棉纤维本身具有多孔性，弹性高优点，纤维之间能积存大量空气，空气又是热和电的不良导体，所以，纯棉纺织品具有良好的保湿性，穿着纯棉织品服装使人感觉到温暖。

（3）耐热性　纯棉织品耐热性能良好，在摄氏110℃以下时，只会引起织物上水分蒸发，不会损伤纤维，所以纯棉织品在常温下，穿着使用、洗涤印染等对织品都无影响，由此提高了纯棉织品耐洗耐穿服用性能。

（4）耐碱性　棉纤维对碱的抵抗能力较大，棉纤维在碱溶液中，纤维不发生破坏现象，该性能有利于对服装的洗涤、消毒，也有利于对纯棉织品进行染色、印花及各种工艺加工，以产生更多棉织新品种及服装款式。

（5）卫生性　棉纤维是天然纤维，其主要成分是纤维素。纯棉织品经多方面查验和实践，织品与肌肤接触无任何刺激，无负作用，久穿对人体有益无害，卫生性能良好。

2. 洗涤的注意事项

全棉面料耐碱性强，可用各种肥皂及洗涤剂洗涤。水温应控制在35℃以下，洗的时候应该与别的衣服分开，把全棉洗涤剂和溶液调解均匀，再把衣服进行浸泡，衣物可放在温水中浸泡1～2个小时，但不宜长时间在洗涤剂中浸泡，不然会使衣服褪色。洗涤时切记不能用力过猛，以免其表面起毛。熨烫时，温度在120℃以下，最好垫上白布，以免其褪色，影响外观。晾晒时，最好晾晒在阴凉处，或反面朝外，不要让阳光直射，更不宜暴晒过久。如果衣物上有霉斑，可用20g氨水对1L水的稀释液浸泡，之后漂清。

（二）洗涤羽绒类衣物

1. 羽绒类衣物的特性

羽绒类衣物的面料多数选用尼龙绸或涤纶织物，这些织物组织结构紧密，对羽绒的封闭性较好。所以，污垢多数附于织物的表面而无法进入内部，为此在洗涤前要预先进行浸泡。水温不宜过高，应该在30℃左右，防止出现皱纹或脱色，直到浸透为止。

羽绒类衣物一般都有一个印有保养和洗涤说明的小标签，绝大多数羽绒类衣物标明要手洗，切忌干洗。因为干洗用的药水会影响保暖性，也会使布料老化。而机洗和甩干常需拧搅羽绒制品，极易导致填充物薄厚不均匀，使衣物走形，影响美观。

2. 洗涤的注意事项

洗涤羽绒制品时，首先应将其放入清水中浸泡30分钟左右，再用手轻轻揉搓几下，让其吸足水分，以便消除附在衣物表面的灰尘。然后在清水中放入适量的低泡中性洗涤剂，溶液量以浸泡羽绒制品为宜。过20分钟左右再用软刷在羽绒制品上轻轻刷一遍，最后用水清洗。

在清洗过程中，应将羽绒制品折叠后压干水分，切不可用手绞或用搓板搓；否则会损伤羽绒纤维，影响保暖性。晾晒时可将羽绒制品平摊在平板上，稍干后再用干净布遮住，放在阳光下暴晒。晒的时间不宜过长，干后用手拍松羽绒，翻转一面再晒一会儿，以彻底晾干。

洗涤时不可用洗衣粉，因为洗衣粉碱性大，不仅容易损伤羽绒，而且会在衣物上留下白色层状的水迹。

羽绒服最好手洗，也可以用洗衣机水洗。但应减少水洗次数，以减少对羽绒的损伤，延长其使用寿命。机洗前，要先将羽绒服领口、袖口及重点污迹部位用毛刷蘸着洗衣液刷洗干净，再放入洗衣机内（一般一次只洗一件羽绒服）。洗涤甩干后一定要晾干、晾透，并用手轻轻拍打，使羽绒服恢复至原来的松软状态。

（三）洗涤丝绸类衣物

1. 丝绸类衣物的特性

丝绸质地细薄，表面光滑，具有独特的天然光泽。丝绸种类繁多，包括绫、罗、绢、纱、纺、绉、绡、绸、缎、呢、绒、锦等。这些丝绸一般都光泽柔和，手感柔软、滑爽，但普遍存在染色牢度差、洗涤时易褪色的缺点。

2. 洗涤的注意事项

洗涤带花色的丝绸服装时，要注意该织物是否会褪色以及褪色程度。操作时动作要轻快，以减少褪色机会，刷洗后要及时将洗涤剂漂清。

1）由于丝绸服装受染料的限制，色牢度较差，因此一般选用中性洗涤剂，用手工洗涤，绝不能用机器洗和用搓板搓洗。洗涤温度一般为 30℃左右，否则会使丝绸具有的天然光泽受到影响。白色的丝绸洗涤温度可至 40℃左右。

2）洗涤丝绸服装时，应注意丝绸的"娇嫩"，不要穿到很脏再洗，不宜在洗涤液中浸泡时间过长，洗的速度要快一些，不要过度搓洗。

3）丝绸服装要洗好一件漂清一件。领口和贴边等处在漂清时要在水中用手捏清，以免晾干后渗出黑色。遇到褪色的服装，最后一次漂洗时可在清水中加少量冰醋酸固色。甩干时要甩得干些，晾晒时要抖松并拉平挺，中式服装用竹竿串晾。对于面料颜色较易褪色的服装，应将反面向外晾在干燥通风处，使其干得快些。

4）丝绸绣花被面容易串色、搭色，洗涤时要选用优质洗涤剂或专用洗涤剂，用冷水现泡现洗。洗涤时动作要迅速、快捷，平铺在平板上不能重叠，以防搭色。洗涤时将溶液直接泼到被面上，用软刷轻轻顺丝路刷；刷时动作要快，用力要均匀，被面上用冷水冲洗，温度不能超过 35℃，避免绣花褪色。洗后即放入清水中拎投浸泡，再刷洗。如果褪色严重，可采取边刷边冲洗的方法；或者每刷洗一片，就下冷水中投一次，按顺序一片片地刷，不漏刷，不重刷，还应注意防止色水污染平板。

5）丝绒服装和窗帘也可以用水洗，洗时先放在清水中浸透后，再放在中性洗涤剂的水溶液中大把地轻轻揉搓。操作时速度要块，洗后不要绞，用清水过清后放在洗衣机里略甩，只要甩掉水分即可。晾晒时，窗帘用竹竿晾晒，服装用衣架挂起，将四角拉平整，用软毛刷把绒头刷齐。这样可使晾干的丝绒绒头好，皱纹少，可减少熨烫时间。

（四）洗涤毛织品衣物

1. 毛织品衣物的特性

毛织品是指以羊毛、特种动物毛为原料或以羊毛与其他纤维混纺、交织的纺织品。毛织品坚牢、耐磨、抗皱、有弹性且保暖性较好；缺点是纯毛织品易被虫蛀，经常摩擦会起亮光。

在现代家庭中，毛织品有羊绒衫、羊毛衫等，这些毛织品适宜干洗。羊绒衫、羊毛衫等的组织结构松散，着色牢度较差，羊毛纤维遇水后伸长率变化较大，耐力强度有所下降，水洗后会走样变形。不得已需要水洗时，要特别小心。

羊毛属蛋白质纤维，织品容易遭受虫蛀和霉变。收藏前应洗净、晾干，保藏时使用防蛀药剂。

2. 洗涤的注意事项

对于羊毛毯和一些毛料服装，可留意这些衣物的洗涤标签。对于面料较名贵的毛毯、西装、套裙等，收藏前宜交专业洗涤店干洗。

一般来说，除经过防缩加工处理的羊绒衫裤可以用洗衣机洗涤外，其他羊绒衫裤最好用干洗。在不具备干洗条件时，水洗羊毛织物服装要谨慎操作。如果使用洗衣机洗，宜使用滚筒洗衣机，选择柔和程序。

由于羊毛纤维耐酸不耐碱，洗涤时应选用羊毛洗涤剂或中性洗涤剂，洗后要进行浸酸中和处理。洗涤时温度为 30～40℃，洗涤时间以 3～5 分钟为宜，用力不能过大，防止脱色、变形、发硬，失去蓬松、柔软的质感和保暖性。

羊绒、羊毛衫裤洗好后一般需过三次清水。第一次过清水应是 25℃左右的温水，同时需放少许冰醋酸，也可将 10mL 左右白醋放入水中，起到中和作用，去除残留在衣服上的碱性残液；同时可显色，使羊绒、羊毛衫裤的颜色更加鲜艳。

羊绒、羊毛衫裤洗涤后可先用洗衣机甩干，按衫裤形状可用衣架吊晾。如果让其自然沥干，需套在网袋里沥晾到七成干，再用衣架或竹竿串晾。在晒晾时不需进行反晒，可将衫裤正面朝外阴干。注意不能在太阳下暴晒。如果用家庭烘干机烘干，应注意绣花衣物的塑料彩色片挂件，烘干机内温度不宜过高，应设置在 50℃左右；否则羊绒、羊毛衫裤极易收缩变形。

（五）服装洗涤的小窍门

1. 醋水洗涤可除异味

夏季，衣服和袜子常常有汗臭味。如果把洗净的衣服、袜子再放入加有少量食醋的清水中漂洗一遍，就能除去衣、袜上的异味。

2. 洗衣增艳的方法

1）洗涤色泽鲜艳的衣物，尤其是棉织品和毛线织品，可在温水中加入几滴花露水，搅拌均匀后，将洗干净的衣物放入再浸泡 10 分钟，然后捞出，挂在阴凉通风处晾干，这样会使衣物的色彩更加鲜艳。

2）洗衣服的水里一般都含有钙、镁等离子，这些离子与肥皂接触，会生成一层盐类物质，附着在有色衣服特别是花衣服上，使其失去鲜艳的色彩。如果在漂洗衣服的水中加点醋，使附着在衣物表面的盐类物质变成可溶性物质，就可以保持衣物鲜艳的颜色了。

3）防衣服褪色六妙法：

① 红色或紫色棉织物，若用醋配以清水洗涤，可使其光艳如新。

② 新买的花布，第一次下水时，加盐浸泡 10 分钟，可以防止布料褪色。

③ 新买的纯棉背心、汗衫，用开水浸洗后再穿，耐磨且不褪色。

④ 牛仔裤洗时易褪色，可在洗前先将其放在浓盐水浸泡 2 小时，再用肥皂洗刷，这样就不褪色了。

⑤ 洗易褪色的衣服时，可先将衣服放入盐水中泡 30 分钟，再按一般方法洗涤，就可以防止衣服褪色，此法对黑色和红色的衣服效果更为显著。

⑥ 为使衣料不褪色，应注意洗涤时不要在热水、肥皂水、碱水中泡，不要用洗衣板或毛刷搓刷，要用清水漂洗，这是防止衣料褪色不可缺少的方法。

3．打扮要从掸刷开始

西服即使仅仅是上班或上学往返时穿着，也容易被污物、灰尘弄脏。灰尘中除沙子、棉尘外，也包括煤烟、害虫卵等，为了在灰尘侵蚀中保护衣服，每天都要用刷子掸刷，灰尘几乎都会被刷掉，否则，灰尘就会同污垢一起渗到布中，很难刷掉。

4-1 衣物的洗涤
常识

嫌掸刷费事的人，可在脱下西服时，握住两肩处抖 3 ～ 4 次，然后再用双手在肩部拍几下，这样做也有效。

二、服装的保管与收藏

为了保证衣服经久耐用，必须进行精心的保管和收藏。

（一）服装保管中的"二害"及其预防

精心整理好的服装，如保管不当，也会遭受损害。正确的保管能避免衣服受到外界不利条件的破坏，保证衣服能为日常生活服务。衣服保管中的不利因素有很多种，主要有发霉和虫害两种。

1．发霉

衣服上有氧化合物的污垢、潮气，再加上合适的温度，会促使衣物发生霉变。发霉后，因细菌作用会出现黑、蓝、黄、绿等斑点。发生这种情况后，无任何方法能使其复原，而且会使纤维强度变弱。所以，一定要注意不能使其发霉。预防方法是使衣物存放于低温、干燥的地方，收藏时要去掉污垢，不要残留整理时的药物。

2．虫害

1）衣物收藏前，一定要清洗干净。

2）将易生虫的衣物用直射阳光照射 2 小时以上，使用熨烫、浸泡在 60℃以上的热水中或干洗等方法，将虫卵杀死。

3）将装衣物的箱子密封起来，使虫子进不去，在箱内放入防虫剂。印刷油墨有防虫作用，所以用报纸包衣服也是一种防虫法。但要防止污染衣物，可先用白纸包上。

（二）服装保管注意事项

1. 清洁方面

在收藏前应洗涤干净。服装的污渍最容易引起虫蛀、霉变、脆化。浸湿后及时洗涤，不要浸泡太久。人造纤维类面料和各类绒线水洗时只宜轻轻搓揉，水漂净后，勿用力拧绞，可用洗衣机甩干。合成纤维类面料遇水温过高时，出现收缩、发黏和表面皱巴等，故不可用高于30℃水温的水洗涤。棉印染布初次水洗时如发现染料有浮色，属于正常现象。

2. 干燥方面

从洗衣店取回的服装，不要马上就收藏起来，要晒干后再收藏。洒过香水的服装在保管时，必须将香水味散发去除。收藏服装的箱、柜、橱应该保持干燥，以防霉菌、蛀虫的滋生。适时地打开箱柜衣橱，让其通风透气。服装干燥剂放置于一透气的小盒内，只要将小盒放入衣柜和箱子内，就能营造一个干燥的收藏环境，简便易行。

3. 存放方面

直观上平整、挺括的服装能给人以很强的立体感、舒适感，一定要将衣形保护好，不能使其变形走样或出现褶皱，对于衬衣衬裤及针织服装可以平整叠起来存放，对于外衣外裤要用大小合适的衣架裤架将其挂起，悬挂时要把服装摆正，防止变形，衣架之间应保持一定的距离。切不可乱堆乱放。

毛衣易生蛀虫，收藏时可用纸包一些樟脑丸放在衣箱角；或在衣柜或衣箱底铺一层报纸，因为油墨可防虫。报纸上需再铺一层白报纸或月历纸，以免污染衣物。

（三）各类服饰的收藏方法

1. 西装

西装最好挂起来，挂在衣架上装进塑料袋或牛皮纸袋中，高级的西装应尽量挂在与身体形状相近的衣架上，使用肩部倾斜小的耸肩衣架，否则衣服的后背容易出现横皱纹，两袖山会留下衣架两端顶出的痕迹。

2. 皮革服装

在收藏前要晾一下，不能暴晒，挂在阴凉干燥处通风即可。为使皮革服装在较长时间内保持光泽，在收藏前可在皮面上涂一层甘油，这样就能长期存放而不变色。

3. 羊毛衫

收藏时不宜用衣架挂，因长时间撑挂容易使羊毛衫变形。只要整平叠好放在箱内，再放入防虫剂就行了。但要注意，不管羊毛衫穿多长时间，哪怕只穿一次，也要洗涤后收藏，因为羊毛纤维是一种高蛋白纤维，汗渍后极易被腐蚀和虫蛀。

4. 丝绸服装

收藏前，要洗涤干净。存放时，不要放入樟脑丸，以免丝绸服装

4-2 家庭服装的
清洗与收藏

出现黄斑。真丝服装与柞蚕丝服装要分别存放，以免真丝服装变色。在收藏白色丝绸服装时，要用薄纸包好，以免白色丝绸变色。

第三节　服装的整理与收纳

随着生活条件提高，家庭服装的种类和数量越来越多，人们对服装的整理要求也越来越高。服装一旦整理不好，衣柜里面就会很乱还不好拿放，甚至经常出现衣服找不到或遗忘的情况。怎么办？衣柜整理，看似简单，实则藏着很多收纳整理上的门道。

一、衣柜整理收纳技巧

1. 给抽屉做标记

衣柜一般都会带上几个抽屉，方便用来收纳一些小的饰品、内衣等，还有着很好的防尘效果。但衣物收进去后，不打开就不知道哪个东西在哪个抽屉里，可以在抽屉的外面贴上一个小标签，将抽屉里的物品做个简单的记录，这样找东西更方便。

2. 借助各种容器收纳

平时的生活中会有很多的收纳盒、收纳袋、纸盒、鞋盒等，这些都是很好的收纳容器，使用得好，还能为衣柜节省空间，重要的是可以收纳很多的东西。方形的容器正好可以用来填满衣柜的某些空隙，如果选择同色系或是同样大小的方形容器来收纳，效果会更好。

3. 衣物折叠

将衣服折叠起来是个简单的收纳，但会浪费一些时间。叠好的衣服整齐地摆放起来，看上去清爽又整洁。

4. 横杆吊挂

横杆吊挂是衣柜的基本配备，也是衬衫、大衣、长裤等易皱的衣物最好的处理方式。采用吊挂方式时需注意衣架的宽度要适中，免得太窄挤到衣服，或是间距太大浪费了空间。

二、衣橱整理流程

1. 清空衣橱

将衣橱里的衣服全部取出来，了解清楚衣橱各部分的空间，这样更有利于对衣服进行合理的归放。

2. 清洗衣橱

借助吸尘器将衣橱的底板彻底地清理干净，这样可以为衣物带来一个更好的存放环境。

3. 分类整理

拿出几个箱子或包，一个用来放置需要的衣物，另一个则放置要捐献的衣物，还有一个放置需要丢弃的衣物。然后开始对衣服进行分类放置。

4．整理衣橱

开始将衣物分门别类地放置到衣橱中去，比如根据季节或是工作性质、外出习惯来分类，将它整理成适合自己的生活状态。

5．分放

选择一些彩色的塑料衣架来匹配不同色彩和类别的服装。木质衣架也是必不可少的，它可以更好地呵护服装。根据衣橱的尺寸和衣物的放置方法来对橱柜的隔板进行调整，方便达到更好的、更合理的组合。

三、收纳整理师职业规划前景

1．收纳整理师行业现状

收纳整理师是运用整理、规划、收纳等技巧，为客户解决空间上的问题，同时引导客户通过对物品的整理，处理人与物品、空间、环境的关系，通过思路的梳理，达到物品的有序与环境的清爽这样舒适状态的一个职业。这个行业在国内才刚刚兴起，从业人数更是寥寥无几。面向的客户群体主要是 30 岁及以上的爱美的女性和部分职业男性。

收纳整理师行业在中国正处在被逐渐了解与认识的过程当中，十三亿中国人对提升着装品位及化妆品位有需求的消费群越来越大。出于人们对着装礼仪的讲究及外在美的强烈渴望，衣橱整理师的市场需求将不断扩大，前景自然广阔。

2．职业收入

衣橱整理按次收费，根据地域的不同和每次整理衣物数量的多少而异，市场价格在800 ～ 3000 元。陪同购物则是按小时来计费，每小时价格在 200 ～ 400 元。每个月平均三四次陪同购物、一两次整理衣橱，再加上一个季度一次的常年顾客，月收入即可轻松突破万元。

 思考与练习

1．肩窄的人在穿着方面有哪些注意事项？

2．棉制衣服有哪些优缺点？

3．李女士，55 岁，家住湖南长沙，身材微胖，肩膀略宽，皮肤白皙，5 月份即将参加女儿的婚礼，请为她搭配两套合适的服装。

4．实训项目：请按照整理收纳的要求整理宿舍床铺、书桌和衣柜。

第 5 章　现代家庭保健

──本章学习目标──

理解健康、亚健康的内涵。

理解现代家政保健的意义。

理解现代家庭自我保健的原则。

了解家庭保健的基本内容。

【案例导入】

饮食疗法　吃走亚健康

世界卫生组织将机体无器质性病变，但是有一些功能改变的状态称为"第三状态"，我国称为"亚健康状态"。

注意饮食，远离亚健康，要掌握以下 4 个原则：

适量饮酒。每天饮用 20～30mL 红葡萄酒，可以将心脏病的发病率降低 75%，而过量饮啤酒就会加速心肌衰老，使血液内含铅量增加，所以还是少饮为好。

多吃可稳定情绪的食物。钙具有稳定情绪的作用，脾气暴躁者应该借助于牛奶、酸奶、奶酪等乳制品以及鱼、肝等含钙食物来平静心态。当感到心理压力巨大时，人体所消耗的维生素 C 将明显增加。因此，精神紧张者可多吃鲜橙、猕猴桃等，以补充足够的维生素 C。

疲劳后多吃碱性食物。疲劳时，不宜多吃鸡、鱼、肉、蛋等，因为疲劳时人体内酸性物质积聚，而肉类食物属于酸性，会加重疲劳感。相反，新鲜蔬菜、水产品等碱性食物能使人迅速恢复体力。

每天至少喝 3 杯水。清晨，空腹喝下一杯蜂蜜水。蜂蜜有润喉、清肺、生津、暖胃、滑肠的作用。午休以后，喝一杯淡淡的清茶水。清茶有醒脑提神、润肺生津、解渴利尿的功效。晚上睡觉前，喝一杯白开水，能帮助消化，增进循环，增加解毒和排泄能力，加强免疫功能。除了每天 3 杯水外，日常生活中还应多饮白开水，适当多饮水是预防疾病的基本措施。

第一节　健康概述

马克思说，健康是人的第一权利，一切人类生存的第一前提。德国哲学家叔本华认为健康的乞丐比有病的国王更幸福。

一、人类寿命

古希腊科学家和哲学家亚里士多德认为："动物中凡生长期长的，寿命也长。"

法国著名的生物学家巴丰指出，哺乳动物的寿命为生长期的 5～7 倍，通常称为巴丰系数，或巴丰寿命系数。人的生长期为 20～25 年，因此预计人的自然寿命为100～175 年。人们对于寿命的论断有以下两种形式。

（1）细胞论　人体自然寿命与体外培养细胞的分裂周期呈正相关。人体细胞自胚胎开始分裂，平均每次分裂周期相当于 2.4 年。一般人的细胞可分裂 50 次以上，因此推测人的自然寿命应该在 120 岁左右。

（2）性成熟期论　人的寿命与哺乳动物的寿命具有共同规律，哺乳动物的最高寿命为性成熟的 8～10 倍，人在 14～15 岁性成熟，因此人的自然寿命应为 112～150 岁。

总而言之，排除意外的死亡，按这两种推算方式，人最低限也应该活到 100 岁，高限就有可能活到 175 岁。所以如果你很好地对待自己的身体的话，活到 100 岁应该是不成问题的。

惯用的计龄方法称为"日历年龄"，即过一年长一岁。在它面前人人平等，你再会保容驻颜、养生保健，春节一过，你照样长一岁。日历年龄并不能真正反映一个人的实际衰老程度。基于此，人们一直在寻找更能反映每个人衰老真实程度的、与长寿直接挂上钩的计龄方法。

（1）生理年龄　即视身体实际老化程度而言，它与日历年龄并不同步。日历年龄相同的人，其生理年龄可能相差很大，这要看你的保健养生是否得法。

（2）心理年龄　即对自己的衰老自我感觉的程度。尽管日历年龄相同，有的人可"白首童心"，有的人却"未老先衰"。

（3）外貌年龄　即看上去是否衰老，这在人们的心目中很重要。外貌年龄，可焕发青春心理，青春心理又可使外貌年轻。

（4）社会年龄　即为人处世的老练程度。

二、健康的概念

传统的健康观是"无病即健康"，把健康理解为"无病、无伤、无残、不虚弱就是健康"。

随着社会经济、科学技术的发展和生活水平的提高，人们对健康内涵的认识不断改变。1948 年世界卫生组织在宪章中指出："健康不仅仅是没有疾病或虚弱，而是身体上、精神上和社会适应方面的完好状态。"其中社会适应性归根结底取决于生理和心理的素质状况。心理健康是身体健康的精神支柱，身体健康又是心理健康的物质基础。良好的情绪状态可以使生理功能处于最稳定状态，反之则会降低或破坏某种功能而引起疾病。身体状况的改变可能带来相应的心理问题，生理上的缺陷，疾病尤其是痼疾，往往会使人产生烦恼、焦躁、忧虑、抑郁等不良情绪，导致各种不正常的心理状态。世界卫生组织关于健康的这一定义，把人的健康从生物学的意义，扩展到了精神和社会关系（社会相互影响的质量）两个方面的健康状态，把人同环境联系起来理解健康，是一个进步。

《简明不列颠百科全书》1985 年中文版对健康的定义是："健康是个体能长时期地适应环境的身体、情绪、精神及社交方面的能力。"

人类对健康的认识和理解是不断深化的。1990 年，世界卫生组织进一步深化了健康的概念，认为健康包括身体健康、心理健康、社会适应良好和道德健康四个方面皆健全。目前，世界各国学者公认它是一个全面、广泛、明确和科学的健康概念。健康"四位一体"，即：生理健康、心理健康、社会适应良好、道德健康。

生理健康：就是指躯体、器官、组织、细胞等的形态、功能，生长发育良好，生理反应正常。

心理健康：是指在各种环境中能保持一种良好的心理效能状态，内心世界丰富充实，适应外界的变化。

社会适应良好：是指与他人及社会环境相互作用下，拥有良好的人际关系和社会角色的能力，这种角色包括职业角色、家庭角色及学习、工作、娱乐、社交中的角色转换。

道德健康：是指不能损坏他人利益来满足自己的需要，能按照社会认可的道德行为规范准则约束自己及支配自己的思维和行为，具有辨别真伪、善恶、荣辱的是非观念和能力。

有研究表明，违背社会道德往往导致心情紧张、恐惧等不良心理，很容易发生神经系统、内分泌系统功能失调，免疫系统的防御能力也会减弱，损害身体健康。

三、健康的标准

世界卫生组织于 1999 年制定了健康标准，包括躯体健康和心理健康。

躯体健康的标准有以下五点。

（1）吃得快　进食时有良好的胃口，不挑食，能快速吃完一餐饭。说明内脏功能正常。

（2）走得快　行走自如，活动灵敏。说明精力充沛，身体状态良好。

（3）说得快　语言表达正确，说话流利。表明头脑敏捷，心肺功能正常。

（4）睡得快　上床后能很快入睡，且睡得好；醒后精神饱满，头脑清醒。说明中枢神经系统兴奋、抑制功能协调。

（5）便得快　一旦有便意，能很快排泄大小便，且感觉轻松。说明胃肠、肾功能良好。

心理健康的标准则是以下三点。

（1）良好的个性　情绪稳定，性格温和，意志坚强，情感丰富，胸怀坦荡，豁达乐观。

（2）良好的处世能力　观察问题客观现实，具有良好的自控能力，能适应复杂的环境变化。

（3）良好的人际关系　助人为乐，与人为善，有好人缘，保持心情愉快。

躯体健康与心理健康是相互影响、相辅相成的，是世界卫生组织形成的综合性的健康标准。

世界卫生组织对个人健康也提出了衡量的十项标准。

1）有充沛的精力，能从容不迫地担负日常生活和繁重的工作，而且不感到过分紧张及疲劳。

2）处世乐观，态度积极，乐于承担责任，事无大小，不挑剔。

3）善于休息，睡眠好。

4）应变能力强，能适应外界环境各种变化。

5）能够抵抗一般性感冒和传染病。

6）体重适当，身体匀称，站立时，头、肩、臂的位置协调。

7）眼睛明亮，反应敏捷，眼睑不易发炎。

8）牙齿清洁，无龋齿，不疼痛，牙龈颜色正常，无出血现象。

9）头发有光泽，无头屑。

10）肌肉丰满，有弹性。

中国传统医学——中医关于健康的标准则如下。

1）双目有神。神藏于心，外候在目。眼睛的好坏不仅能够反映心脏的功能，还和五脏六腑有着密切的关联。中医说："五脏六腑之精气皆上注于目。"眼睛是脏腑精气的会聚之所在。因此，眼睛的健康也就反映了脏腑功能的强盛。

2）脸色红润。脏腑功能良好则脸色红润，气血虚亏则面容也显得没有光泽，脸色就是人体五脏气血的外在反映。

3）声音洪亮。人的声音是从肺里发出来，声音的高低自然决定于肺功能的好坏。

4）呼吸匀畅。"呼出心与肺，吸入肝与肾。"人的呼吸和五脏的关系非常密切，呼吸要不急不缓、从容不迫，才能证明脏腑功能良好。

5）牙齿坚固。中医认为："齿为骨之余"，"肾主骨"，牙齿的好坏反映肾气和肾精的充足与否。

6）头发润泽。中医认为："发为血之余"，"肾者，其华在发"。头发的状况是肝脏藏血功能和肾精盛衰的外在反映。

7）腰腿灵活。腰为肾之府，肾虚则腰惫矣。灵活的腰腿和从容的步伐是筋肉经络和四肢关节强健的标志。

8）体型适宜。中医认为，胖人多气虚，多痰湿；瘦人多阴虚，多火旺。过瘦或者过胖都是病态的反映。

9）记忆力好。脑为元神之府，为髓之海，人的记忆全部依赖于大脑的功能，髓海的充盈是维持精力充沛、记忆力强、理解力好的物质基础，也是肾精和肾气强盛的表现。

10）情绪稳定。中医认为情志过于激烈是致病的重要原因。大脑皮质和人体的健康有着密切的关系，人的精神恬静，自然内外协调，能抑制疾病的发生。

关于人体健康的基本生理指标如下。

1）血压：成人的正常血压为收缩压低于 120mmHg，舒张压低于 90mmHg。

2）体温：成人的正常腋下体温为 36 ~ 37℃。

3）呼吸：成人安静状态下，正常呼吸频率为 16 ~ 20 次 / 分钟，超过 24 次 / 分钟称为呼吸过速，低于 12 次 / 分钟称为呼吸过缓。

4）脉搏：成人正常脉搏为 60 ~ 100 次 / 分钟。

四、健康的功能

（一）健康是个人享受生活、奉献社会的前提条件和基础

古语云：失去金钱的人损失甚少，失去健康的人损失极多，失去勇气的人损失一切。从古至今，各个时代、各个民族都把健康视为人生最宝贵的。世界卫生组织总干事马勒博士指出：健康并不代表一切，但丧失了健康就失去了一切。这就充分说明了健康对于人的价值。西方流传一个故事，10000000（读作一千万），这一长串阿拉伯数字说明人的综合素质和生命价值。由最末位向前每个"0"依次代表人的专业技能、学识、智商、情商阅历、敬业精神、品行，最高位数"1"代表人的健康。由于"1"的存在，后面的每个"0"都呈现出十倍、百倍……的意义；没有"1"即失去健康，后面所有的"0"都不过仅仅是个"0"而已，一切都化为乌有。在这个故事中，我们也可以将每个"0"分别演绎为事业、成就、财富、友谊、婚姻、家庭、幸福。没有健康的身体，一切奋斗成果都将付之东流。对于个人来讲，健康是你享受生活、奉献社会的前提条件和基础。

（二）健康是社会进步的标志和动力

卡尔·马克思认为：健康是人生的第一权利，是一切人类生存的第一个前提，也是一切历史的第一个前提。任何社会的发展和经济的繁荣都直接取决于人民的强健和创造性。世界卫生组织总干事布伦特兰曾呼吁："为了人类的不断发展，为了国家的不断进步，也为了经济的持续增长，改善人类的健康状况是一个关键因素。"

国民健康与社会发展相互影响。国民健康水平高，社会的劳动生产率高，社会医疗消费负担小，社会财富积累，经济繁荣，社会发展；国民健康水平低，社会的劳动生产率低，社会医疗消费负担大，社会财富消耗，经济萎缩，社会停滞。反过来社会发展程度对国民健康水平也有影响。社会发展程度高，人民健康水平也高；社会发展程度低，人民健康水平也低。因而，世界公认健康既是社会进步的重要标志，又是社会发展的潜在动力。

（三）人民健康是社会发展目标中的基本目标

人民健康是社会发展和国家繁荣富强的重要前提条件之一。促进人民健康就是发展社会生产力。卫生事业就是维护和促进人民健康的事业。世界卫生组织在其《组织法》中指出："不分种族、宗教、政治信仰、经济和社会状况，享有可达到最高水准的健康是每个人的基本权利之一。""政府对其人民的健康负有责任（我国医疗保险），只有通过提供适当的卫生保健和社会措施才能履行其职责。"

我国宪法明确规定，维护全体公民的健康，提高各民族人民的健康水平，是社会主义建设的重要任务之一。

第二节　家庭自我保健

培根说："养生是一种智慧，非医学规律所能囊括，在自己观察和实践的基础上找出什么对自己有益，什么对自己有害，乃是最好的保健药方。"

一、自我保健的原则

（一）终身保健的原则

传统的保健养生重点是老年阶段，常听有人说"到了养生的年龄了""等到退休再养生"，好像只有老年人才有保健养生的问题。其实，保健养生应始于童年，保健养生越早越好。童年时期是养成好习惯的重要时期，一方面，易于养成习惯，另一方面良好习惯一旦养成便有终身效应，即可终身享受。家长应帮助孩子改变坏习惯、养成好习惯。

（二）顺时保健的原则

就是一切行为活动都要顺从人体生物钟的运转规律，使这一"生命之钟"始终"准点运行"。生物钟的正常运转是健康长寿的前提与基础，也是 21 世纪健康的基本要求。若违反生物钟运转规律，即造成生物钟"错点运行"，则会导致虚弱、早衰、易病，乃至疾病、早夭和短命。

什么是生物钟呢？简言之，生物钟就是指挥人体的一切生理指标节律性波动的"预定时刻表"。

顺时健康观要求人们的活动顺应生物钟的高低起伏。清晨多数生物钟的运转由慢到快，此时须定时起床；夜晚生物钟运转减慢、低潮来临，要求人们定时就寝。

顺时保健的核心是生活规律。

晚上 9 ～ 11 点——免疫系统（淋巴）排毒时间，此段时间应安静或听音乐。

晚间 11 点～凌晨 1 点——肝脏排毒，需在熟睡中进行。

凌晨 1 ～ 3 点——胆腑排毒，需在熟睡中进行。

凌晨 3 ～ 5 点——肺脏排毒，这可以解释为何咳嗽的人在这段时间咳得最厉害。

早晨 5 ～ 7 点——大肠排毒，应上厕所排便。

早晨 7 ～ 9 点——大肠大量吸收营养的时段，应吃早餐。

（三）体脑并举的保健原则

"生命在于运动"（伏尔泰），"运动的作用可以代替药物，但所有的药物都不能代替运动"（蒂索），但对"运动"要赋予新义，对"生命在于运动"也要全面理解。运动既是指身体运动，又是指脑力运动，还指心理运动，而且更重要的是体脑的交替运动。大脑是全身的"司令部"，指挥着全身的运动，大脑的衰老可导致全身的衰老。所以"世界长寿冠军"的日本明确提出，健身在于健脑。所以既要进行体力独创性锻炼，也要进行脑力独创性锻炼。

保护脑的最好办法是适当用脑，脑力锻炼。脑力锻炼第一任务是为了健康，其次才是为了创造，这一点国外的认识要早些，各种老年大学蓬勃发展。实践证明，用脑时，脑部血流量是不用脑时的 2 倍，充足的脑血流量是防止大脑衰老的最好保证。当然，脑力锻炼和体力锻炼一样，不可过度，而应适度。

（四）身心并重的保健原则

身形保健和心神保健两个方面，二者缺一不可。身形是心神得以存在的物质基础，是载体，形体不存，心神就无处依附。但心神对形体又有反作用，心神的良劣可导致身形的健衰。正如约翰·格蕾所说："身体的健康在很大程度上取决于精神的健康。"乔治·桑则说："心情愉快是肉体和精神的最佳卫生法。"艾迪夫人也说："疾病不仅在于身体的故障，往往在于心理的故障。"我们的祖先对此早有精辟的论述："日思夜忧，人心易老，养生之戒""忧伤损寿，豁达延年"。当今信息时代，竞争激烈，生活节奏加快，尤其应避免情志异常，以保持心理稳定，明白和重视养心是养生的重要内容，做到身心保健并举。

（五）主动保健的原则

争取健康不能消极等待，而应积极去争取。主动与被动是有本质区别的，只有主动才可最大限度地挖掘自身的潜力。①自我行为，通过自己的行为以及自己的健康意识、健康知识（通过不断地更新来获取）。②主动行为，要善于"安排"自己生活的方方面面，国际上关于养生的新含义是："经过系统安排的生活方式"，"安排"是有目的的行为。③应与医学同步发展，不断吸取医学的成就。

二、自我保健的方法

维护健康有四大基石：合理膳食、适量运动、戒烟限酒、心理健康。做到此四项，可解决 60% 的健康问题。

（一）合理膳食

以谷类为主，多吃蔬菜水果和薯类，注意荤素搭配；经常食用乳类、豆类及其制品；

膳食要清淡少盐；食用合格碘盐，预防碘缺乏病；孩子出生后应尽早开始母乳喂养，6个月合理添加辅食。

（二）适量运动

1. 运动可增强肌肉和骨骼的功能

运动→血液流向肌肉→肌肉消耗能量，肌肉和骨骼对刺激产生适应→增强了肌肉和骨骼的强度、密度、硬度和韧性。

2. 运动能改善血压

运动能增强血管壁的弹性，锻炼血管的收缩和舒张功能，加强了血管壁细胞的氧供应，减缓动脉粥样硬化的进程，减少了小运动血管的紧张。

3. 运动能提高机体的免疫力

运动可促进身体的新陈代谢，强化人体的免疫系统，增强机体的抗病能力，降低各种疾病的发生机会。

4. 运动能健脑

运动促进血液循环和呼吸，脑细胞可以得到更多的氧气和营养物质供应，使代谢加速，脑的活动越来越灵敏。

5. 运动能消除疲劳

休息是消除疲劳的重要手段，休息的方式有静止性休息和活动性休息。运动就是最好的活动性休息。适当的体育活动是消除疲劳的有效方法。

6. 运动能促进心理健康

进行适当运动后，人往往会感到精神振奋，头脑轻松，心情愉快。对运动的专注，运动的趣味性、竞技性都有助于对日常精神压力的转移。

7. 运动可以改善心肺功能

运动时，需氧量增加，呼吸加快，促进呼吸系统功能提高；运动增加心率，提高心输出量，使心脏重量增加，容积增大，心肌增厚、强健。

8. 有氧运动与无氧运动

有氧运动是指人体在氧气充分供应的情况下进行的体育锻炼。即在运动过程中，人体吸入的氧气与需求相等，达到生理上的平衡状态。简单来说，有氧运动是指任何富韵律性的运动。心率保持在150次/分钟的运动量为有氧运动，因为此时血液可以供给心肌足够的氧气；因此，它的特点是强度低，有节奏，持续时间较长（约15分钟或以上），运动强度在中等或中上等的程度。

常见的有氧运动项目有：步行、快走、慢跑、竞走、滑冰、长距离游泳、骑自行车、打太极拳、跳健身舞、跳绳、做韵律操以及球类运动如篮球、足球等。

无氧运动是指肌肉在缺氧的状态下高速剧烈的运动。无氧运动大部分是负荷强度高、瞬间性强的运动，所以很难持续较长时间，而且疲劳消除的时间也长。

常见的无氧运动项目有：短跑、举重、投掷、跳高、跳远、拔河、俯卧撑、潜水、肌力训练等。

9. 最好的运动就是走路：有恒、有序、有度

适量运动是遵循三、五、七原则。"三"是指每次步行 30 分钟、3km 以上。"五"是指每周至少有 5 次的运动。"七"是指中等强度运动，即运动到年龄加心率等于 170。西方医学之父希波克拉底说："阳光、空气、水和运动，是生命和健康的源泉。"而走路是世界上最好的运动之一。

10. 最佳的运动时间

最佳的运动时间是晚饭后 30 ～ 60 分钟。

根据美国运动医学会的建议，晚上跑步健身，一周 3 次以上，每次 30 ～ 60 分钟；运动强度应掌握在"跑步 5 分钟后脉搏跳动不超过 120 次 / 分钟，10 分钟后不超过 100 次 / 分钟"的范围内。

（三）健康的生活方式（戒烟限酒）

生活方式是指人们在日常生活中所遵循的各种行为习惯，包括饮食习惯、起居习惯、日常生活安排、娱乐方式和参与社会活动等。

WHO（世界卫生组织）将良好的行为生活方式归纳为八点，即：①心胸豁达、情绪乐观；②劳逸结合、坚持锻炼；③生活规律、善用闲暇；④营养适当、防止肥胖；⑤不吸烟、不酗酒；⑥家庭和谐、适应环境；⑦与人为善，自尊自重；⑧爱好清洁、注意安全。

美国加州大学公共健康系莱斯特·布莱斯诺博士对约 7000 名 11 ～ 75 岁的不同阶层、不同生活方式的男女居民进行了 9 年的研究，结果证实，人们的日常生活方式对身体健康的影响远远超过所有药物的影响。

据此，莱斯特博士和他的合作者研究出一套简明的、有助于健康的生活方式：①每日保持 7 ～ 8 小时睡眠；②有规律的早餐；③少吃多餐（每日可吃 4 ～ 6 餐）；④不吸烟；⑤不饮或饮少量低度酒；⑥控制体重（不低于标准体重 10%，不高于 20%）；⑦规律的锻炼（运动量适合本人的身体情况）。

如果能戒烟一定要戒，戒不了烟的，一天不超过 5 支。抽烟量多 1 倍，危害多 4 倍。饮酒要限制。一般健康人葡萄酒每天不多于 50 ～ 100mL；白酒每天不多于 5 ～ 10mL；啤酒每天不多于 300mL。

（四）心理健康

1. 心理健康的基本含义

首先是无心理疾病，这是心理健康最基本的条件；其次是具有积极发展的心理状态，这是心理健康最本质的含义。

心理健康是指在身体、智能以及情感上与他人心理不相矛盾的范围内，将个人的心境发展到最佳状态。——第三届（1948 年）国际心理卫生大会

心理健康是指个体心理在本身及环境条件许可范围内所能达到的最佳功能状态，但不是十全十美的绝对状态。——《简明不列颠百科全书》

心理健康是指人对内部环境具有安全感，对外部环境能以社会认可的形式适应的这样一种心理状态。——日本学者松田岩男

心理健康应有满意的心境，和谐的人际关系，人格完整，个人与社会协调，情绪稳定——我国台湾学者钱苹（1980）

心理健康"是个体内部协调和外部适应相统一的良好状态"。——国内青年学者刘艳（1996）

心理健康的定义众多，但存在共同点：其一，基本上都承认心理健康是一种心理状态；其二，大都视心理健康为一种内外协调统一的良好状态；其三，都把适应（尤其是社会适应）良好看作是心理健康的重要表现或重要特征；其四，都强调心理健康是具有一种积极向上发展的心理状态。

第三届国际心理卫生大会关于心理健康的标准：①身体、智力、情绪十分协调；②适应环境，人际关系中能彼此谦让；③有幸福感；④在工作和职业中，能充分发挥自己的能力，过有效率的生活。

心理健康者是有效率的人，他们具有以下的特点：有真切、现实、可实现的行为目标；能控制自己的情绪、行为；能抗拒诱惑和干扰；心理健康者是与人为善者；心理健康者尊重人、容纳人；善于沟通交流。而社会敏感性人的八种心理弱点是：疑心病、争公平、应该论、依赖癖、寻赞许、至善狂、自封心、内疚狂。

2. 心理健康特征

心理健康特征表现为智力正常，心情愉快，自我意识良好，思维与行为协调统一，人际关系融洽，适应能力良好。

那如何保持健康的心态呢？需要做到以下三点。

1）正确对待自己：人生坐标定位要准确，不要越位也不要自卑，知足。

2）正确对待他人：对他人怀有宽容感恩之心，推己及人。

3）正确对待社会：客观对待社会，不偏激。

3. 如何判定心理是否健康

1）时代不同人们所认同的心理健康的标准也不同。

2）文化背景不同，判断心理健康与否的标准不同。

3）年龄、性别、社会身份、境遇等因素不同，判断心理健康的标准也不同。

心理健康水平的等级如下。

1）心理常态。表现为心情经常处于愉快的状态，适应能力强，善于自我调节，能较好地完成同龄人发展水平应做的活动。

2）心理失调。在遇到学习、生活中的烦恼时，容易产生抑郁、压抑等消极的情绪，人际交往中略感困难，自我调节能力弱，若通过心理教师或专业人员的帮助，可维持心理健康。

3）心理病态。表现为严重的适应失调，已影响正常的生活和学习，若不及时进行心理咨询和治疗，就会加重病情，以至于难以维持正常的学习和工作。

第三节　家庭保健

家庭是社会最基本的单位，是人们的主要生活场所，家庭是通过生物学关系、情感关系或法律关系联系在一起的一个群体。家庭在预防疾病、增进健康方面起着重要作用。

一、家庭保健的基本条件

一个什么样的家庭可以提供基本的保健功能？也就是说，一个家庭要具备保健功能需要满足哪些条件？即家庭保健的基本内容有哪些呢？

（1）提供最基本的物质保证　为家庭成员提供足够的食物、居住地和衣物，以满足家庭成员的基本生活需要，保证其生长发育。

（2）保持有利于健康的生理、心理居住环境　其目的是促进家庭成员健康成长，增加家庭成员的安全感，减少或避免家庭成员的生理和心理创伤。

（3）提供保持家庭成员健康的资源　包括保持环境卫生和个人卫生的资源，如家庭卫生用具，个人洗漱和沐浴用具等。

（4）提供条件以满足家庭成员的精神需要　是指为家庭成员提供书籍、报刊杂志、学习用具和音像娱乐设施等，也包括提供满足家庭成员精神需要的机会，如参加学习和聚会的机会等。

（5）促进健康和进行健康教育　是指家庭通过保证饮食营养，指导、督促家庭成员参加锻炼，以及传播健康保健知识等措施，提高家庭成员的健康水平，预防疾病的发生。

家庭急救是指在家庭发生意外时，给予及时正确的处理，为进一步医治创造条件。用药监督是指指导和督促家庭成员用药和停药，观察用药的反应，并及时做出处理的决定，包括处方药和非处方药。

（6）确认家庭成员的个人发育、发展问题与健康问题（发现健康问题）　是指家庭识别家庭成员的发育缺陷和社会、心理方面的问题，如偏离行为，青少年犯罪等心理精神健康问题。家庭在其成员患病时，能及时发现问题，并及时做出处理的决定。

（7）康复照顾　家庭对其功能减退的家庭成员提供康复照顾，并实施适当的康复技术和康复护理，以保存家庭成员残存的功能和促进丧失功能的恢复。

二、健康家庭

健康家庭常指健全家庭或有能力的家庭。这种家庭的特点是家庭成员精神健全，相互间有承诺、有感情，并互相欣赏，积极交流，共享时光，同时，家庭有能力应对压力和处理危机。这样的家庭一般具有以下 6 个方面的特点。

（1）良好的交流氛围　家庭成员能彼此分享感觉、理想，相互关心，使用语言或非语言的沟通方式促进相互了解，并能化解冲突。

（2）增进家庭成员的发展　家庭给予每位成员足够的自由空间和情感支持，使成员有成长机会，能够随着家庭的改变而调整角色和分配职务。

（3）能积极地面对矛盾及解决问题　对家庭负责任，并积极解决问题。遇到解决不了的问题，不回避矛盾并寻求外援帮助。

（4）有健康的居住环境及生活方式　能认识到家庭内的安全、营养、运动、闲暇等对每位成员的重要。

（5）与社区保持联系　不脱离社会，充分运用社会网络，利用社区资源满足家庭成员的需要。

（6）制订并有效执行家庭健康计划　根据家庭成员的生活习惯和健康状况，制订合理、科学的家庭健康计划，家人之间相互鼓励、督促，养成良好的健康习惯，促进家庭成员的身心健康，让家人健康，为家庭幸福护航。

三、孕妇保健

环境对人体的影响从什么时候开始？受孕前就开始了。育龄妇女在孕前、孕期长期受噪声、辐射、汽车尾气、抗生素的不当使用、吸烟酗酒、装修污染、卫生习惯不良或饮食结构不合理等因素影响，这些因素通过不同环节、不同方式作用于人体，可能影响胎儿，造成多种缺陷。

孕妇保健是使孕妇在孕期得到良好的孕产期保健，保障母亲和胎儿健康，达到母婴安全健康的目的。

（1）孕妇需要充足的睡眠与适当的休息　孕妇晚上至少睡 8 小时，中午最好休息片刻。睡姿以侧卧为宜，妊娠子宫往往右旋，左侧卧便可纠正它的右旋而改善子宫胎盘血液循环，以提高胎儿的血供。妊娠以后，应避免重体力劳动，可做些日常家务，但要注意避免腹部受撞击，不提过重物件。

（2）合理均衡营养　孕期的营养除了满足自身的需要外，还要供给胎儿生长发育所需，孕妇的饮食要保证营养全面、均衡膳食，品种多样化，包括富含优质蛋白类如鱼肉蛋豆等、维持人体能量的淀粉类如米饭面食、含有丰富维生素能调节人体功能的蔬菜水果类、补充孕妇所需的钙并促进胎儿发育的乳类及乳制品。孕妇应禁食以下食物：木瓜、杏仁、咖啡、浓茶、可乐类饮料、木薯、马齿苋、慈姑、苋菜、鳗鲡、驴肉、兔肉、薏苡仁、芦荟以及酒等，这些食物有的会增加流产的风险，有的会影响胎儿健康，导致胎儿畸形。妊娠后半期，比较理想的膳食是每天用主食 400 ～ 500g，肉、鱼 100 ～ 200g，蔬菜 500g（多品种），鸡蛋 2 ～ 3 个或豆制品 100 ～ 150g，植物油 25g，牛奶 250mL，水果 1 ～ 2 个，每周加食黑木耳、紫菜、海带一次。另外，还需补充一些铁剂、钙剂及维生素 D，才能万无一失。

我国每年约有 1 万名无脑儿出生，叶酸缺乏是重要原因之一。

（3）注意清洁卫生　怀孕期间，孕妇汗腺及皮脂腺分泌增多，阴道分泌物也增多。因此，应当勤洗澡、勤洗外阴、勤换内衣，以及保持体表清洁。孕妇穿的衣服要宽松，式样简单而厚薄适宜。由于孕期雌性激素分泌大量增加，会引起牙龈肿痛、出血，如果口腔卫生护理不好，容易滋生细菌，影响胎儿健康。因此，孕妇要掌握"三三刷牙法"，即每天刷牙三次、饭后三分钟内刷、每次刷牙不少于三分钟。另外，吃完零食后，也要及时漱口，出现口腔问题，要及时正确处理。

（4）孕期要注意预防各种疾病　尤其预防流感、风疹、带状疱疹、单纯疱疹等病毒感染，这些病毒对胎儿危害很大，可通过胎盘侵害胎儿，导致胎儿生长迟缓，智力缺陷，各种畸形，甚至引起流产死胎等。因此，孕期防止病毒感染非常重要。妊娠期间孕妇一定要谨慎用药，尤其是怀孕头三个月，正是胎儿各器官发育和形成的重要时期，此时胎儿对药物特别敏感，慎用药物，必要的治疗药物应该在医生的指导下服用。

（5）保持良好的心理状态　胎儿生长所处的内分泌环境与母体的精神状态密切相联，孕妇保持心情舒畅，乐观豁达，情绪稳定，有利于胎儿生长及中枢神经系统的发育。心理活动是影响内脏器官生理作用的关键要素，当精神愉快时，机体便产生一种有利于身心健康的物质。反过来，恼怒、抑郁、忧伤时，情绪低落，会影响身体健康，例如忧郁状态会抑止消化酶的代谢和胃肠功能，造成食欲不佳。如果孕妇长期情绪不好，会危害胎儿生长发育，损害胎儿健康，甚至流产。因而，孕妇要保持轻松的心情，学会自我减压，保证心情愉快，保持稳定的心态，防止消极情绪对胎儿与自身的危害。

（6）远离电磁伤害　X线：孕妇过量接受线光照射，在怀孕的早期会导致胎儿严重畸形、流产及胎死宫内等。电热毯：电热毯通电后会产生电磁场，产生电磁辐射。这种辐射可能影响母体腹中胎儿的细胞分裂，使其细胞分裂发生异常改变，胎儿的骨骼细胞对电磁辐射也很敏感。孕妇在妊娠头 3 个月使用电热毯会增加自然流产率。微波炉：微波炉的电磁辐射强度是众多家电产品中最强的，它所产生的电磁辐射是其他家电的几倍。高强度的微波可致胎儿畸形、流产或死胎等严重后果。电吹风：说到家用电器的辐射，大家往往会忽略体积较小的电吹风，其实它是"辐射之王"。电吹风确实是高辐射的家用电器，特别是在开启和关闭时辐射量最大，且功率越大辐射也越大。计算机：准妈妈在操作计算机时不要离得太近，时间也不要太长。手机：手机虽然辐射不强，但是与人的关系密切，使用不当可能会产生不良后果。

（7）做好孕期监护　按时产前检查，及时发现、防治妊娠合并症和并发症；接受医院提供的健康教育服务，获取孕期生理和心理保健知识，提高自我保健能力。怀孕 30 周开始，孕妇每天早、中、晚固定一个最方便的时间数 3 次胎动，每次一个小时，每小时胎动应在 3 次或者 3 次以上，12 小时的正常胎动数应为 30 次或者以上，胎动过多或者过少，即次数比平时增加 100% 或者减少 50% 以上，提示胎儿有宫内缺氧的可能，应及时到医院就诊。

5-1 孕妇的日常护理

四、产妇保健

女性产后是身体最虚弱的时候，需要全面的养护才能使身体尽快恢复，产妇的家庭保健需要注重以下事项。

（1）舒适的环境　舒适干净的居家环境有利于产妇的恢复与心情愉悦。一要适当通风，流通的空气可以排除室内乳汁气、汗气、恶露的血腥气；空气新鲜更有益于产妇的精神与情绪愉快，有利于休息。二是室内湿度要适宜，保持在50%的空气湿度最佳，可在卧室里放置加湿器。

（2）保持好个人卫生　由于风俗习惯的影响，很多产妇一个月不洗澡、不洗头发，这样会增加感染的可能性。产妇当伤口愈合后一定要洗澡，不能盆浴，只能淋浴或擦浴；洗澡时室温保持在24～26℃，水温45℃。产妇在分娩的头几天出汗特别多，这种现象被称为褥汗。褥汗是产妇自我调节恢复身体的正常生理现象，但是汗液会渗透衣服、被褥，并滋生大量细菌，产妇抵抗力差因而容易受细菌侵害，所以要勤换衣服，特别是内衣裤。产妇在生产过程中会阴难免受伤，产后恶露、大便、小便可能侵染到会阴伤口，所以产后会阴的护理很重要。要保持外阴清洁；尽量以会阴伤口的对侧保持卧位或坐位，这样可使产后恶露尽量不侵及伤口，同时可以改善局部伤口的血液循环，促进伤口愈合。

（3）营养均衡　产后既要弥补怀孕和分娩时的损耗，又要保证乳汁的供应，所以产妇产后的营养补充应该特别重视。首先，要补充充足的优质蛋白质。产妇产后体质虚弱，生殖器官复原、脏腑功能康复以及泌乳需要大量的蛋白质，产妇每日需要90～100g的蛋白质。产妇应该多吃蛋白质含量丰富的食物如鸡蛋、鱼类、瘦猪肉、鸡肉、牛肉、羊肉、豆制品、小米、豆类等。其次，热量要充足。产妇每天需要3000kcal的热量，因此，产妇要吃含糖量高的主食如面、大米、玉米等，以及高热量的坚果类食物如核桃、花生、芝麻、松子等，以补充足够的热量。第三，补充维生素和钙、铁等微量元素。产妇产后维生素需要量增加较大，产后膳食中应增加各种维生素，以维持产妇的健康，促进乳汁分泌，满足新生儿成长需要。维生素含量丰富的食物有新鲜蔬菜和水果，如菠菜、西蓝花、柑橘等。怀孕和哺乳会使女性钙质流失，缺钙会给女性带来腰痛、腿痛、骨质疏松等问题。泌乳会使产妇每天消耗约300mg的钙，所以产妇必须摄取足够的钙质，以保证自身需求及婴儿生长发育的需要。虾皮、紫菜、牛奶、海带、芝麻酱等食物含钙量多，必要时可选用乳酸钙、碳酸钙、骨粉等钙剂，补充钙质。约半数的孕妇有缺铁性贫血，分娩时因失血会丢失大量的铁，产后哺乳也会流失一部分铁，所以产后补铁很重要，产妇膳食里要有含铁丰富的食物，如猪血、菠菜、油菜、黑木耳、红枣、动物肝脏、红糖等。

（4）愉悦的心情　产后抑郁症是最为常见的心理障碍。女性生产之后，由于性激素、社会角色及心理变化会带来身体、情绪、心理等一系列变化。产后抑郁症发病率在15%～30%，一般是产后6周内发生，可在3～6个月自行恢复，但严重的也可持续1～2年。产妇要树立正确的人生观，辩证地看待分娩问题，调节自己的心理状态，适应新的生活环境，适应新的角色。同时产妇每天保证充足睡眠，适当听一些悦耳动听的音乐，有利于精神愉快，减少不良情绪对心理和生理的影响；家人要加强对产妇的呵护、关爱，营造轻松和谐、宽松愉悦的氛围，积极主动地照顾新生儿，减轻产妇压力和负担；

及时发现产妇内心的焦虑、烦恼，了解产妇心理状态，并给予心理疏导，必要的话求助专业人员予以恰当的护理和心理辅导，增强产妇对产后生活的自信心，促进母婴健康。

五、新生儿照护

新生儿是指出生后满 28 天的婴儿。新生儿里有足月儿（胎龄满 37 周至 42 足周）、早产儿（胎龄满 28 周至不满 37 足周）和过期产儿（胎龄满 42 周以上）。健康的新生儿表现出以下生理特点：新生儿降生后先啼哭数声，然后开始用肺呼吸，出生两周内每分钟呼吸 40 ～ 50 次，若呼吸频率超过每分钟 60 次应及时就医；脉搏以每分钟 120 ～ 140 次为正常；正常体重为 3000 ～ 4000g，低于 2500g 属于未成熟儿；新生儿头两天大便呈黑色绿黏稠状，无气味，喂奶后逐渐转为黄色（金黄色或浅黄色）；新生儿出生后 24 小时内开始排尿，全天尿量一般为 10 ～ 30mL，如超过或第一周内每日排尿达 30 次以上，则为异常；新生儿体温在 37 ～ 37.5℃为正常，如不注意保暖，体温会降低到 36℃以下；多数新生儿出生后第 2 ～ 3 天皮肤轻微发黄，若在出生后黄疸不退或加深为病态；新生儿出生后有觅食、吸吮、伸舌、吞咽及拥抱等反射；给新生儿照射光可引起眼的反射，自第二个月开始起视线会追随活动的玩具；出生后 3 ～ 7 天新生儿的听觉逐渐增强，听见响声可引起眨眼等动作。

5-2 新生儿黄疸护理

（一）新生儿奶具清洗与消毒

新生儿的免疫系统不完善，抗病菌能力较差，很容易被感染，而人工喂养使用奶具经常残留奶液，奶液是营养非常丰富的物质，容易滋生细菌，所以需要及时、彻底地清洁、消毒。

（1）清洁　每次喂完奶后都要立即清洗奶瓶，清洗时可先把残余的奶液倒掉，用清水冲洗干净后用奶瓶刷把奶瓶刷干净，最好准备奶瓶清洗剂专门用来清洗，除了奶瓶内部，瓶颈和螺旋处也要仔细清洗，不要遗漏。清洗奶嘴时要先把奶嘴翻过来，用奶嘴刷仔细刷干净。如果奶嘴上有凝固的奶渍，可以先用热水泡一会儿，待奶渍变软后再用奶嘴刷刷掉。靠近奶嘴孔的地方比较薄，清洗时动作要轻，注意不要让其裂开。

（2）消毒　奶具除了每次用完都清洗外，还需定时消毒，最好每天消毒 1 次，可以放在普通的锅里用开水煮，或用蒸锅蒸，或用微波炉。消毒器具要专用，也可以用专用的消毒锅。新生儿奶具可选择以下方法消毒。①煮沸消毒：将洗净的奶具完全没在水中，加热至水沸腾后维持 15 分钟以上。水稍凉后，用消过毒的奶瓶夹取出奶嘴、瓶盖，晾干后套回奶瓶上备用。②蒸汽消毒：将洗净的奶具置入蒸汽柜或蒸锅中，当水沸腾后产生水蒸气（水蒸气温度为 100℃），维持消毒 15 分钟以上。③微波炉消毒：适用于某些可以直接在微波炉里消毒的奶瓶。消毒时奶瓶不能盖盖，可将奶瓶中加入七分满的水，奶嘴则放入装有水的容器中，用高火加热 1 分钟左右即可。

（3）干燥　消毒后需干燥的奶瓶、奶嘴首选干燥设备，不应自然干燥。根据奶具的材质选择适合的干燥温度，玻璃类干燥温度 70 ~ 90℃；塑料类干燥温度 65 ~ 75℃。烘干时间：30 ~ 60 分钟。

（4）存放　消毒后奶具应存放在有盖、清洁、干燥的专用容器或专用柜中。存放容器应每天消毒。

（二）新生儿奶粉的冲调

人工喂养的新生儿配方奶粉依其适用对象分为三大类：以牛乳为基础的婴儿配方奶粉，这类奶粉适用于大多数婴儿；特殊配方的婴儿配方奶粉，这类奶粉能满足一些特殊生理需要的婴儿；早产儿配方奶粉，这类奶粉改良了配方，如将乳糖改为葡萄糖聚合物，或以中链脂肪酸油取代部分长链脂肪酸油等，以适合早产儿食用。

为新生儿冲调奶粉，要认真清洁双手，拿出已经消毒好的奶瓶。将 40 ~ 50℃ 烧开过的温水，倒入奶瓶内。一般按照一勺（奶粉专用勺）奶粉兑 30mL 水的比例，将奶粉倒入奶瓶里。然后用奶粉棒轻轻地搅拌，也可以将奶瓶放在两手掌之间，双手来回地搓揉奶瓶，让奶粉充分地溶解均匀，最好不要起泡，因为起泡会导致宝宝吃后腹胀、消化不良甚至会出现呕吐现象。给宝宝喝奶前，要将配好的奶粉滴到手腕内侧试一下温度，温度合适再给宝宝喝。

（三）新生儿的盥洗与沐浴

一般新生儿出生后第二天就可以洗澡，洗澡时间一般安排在喂奶前 1 ~ 2 小时，以免吐奶；每次洗澡不超过 10 分钟，以免洗澡时间过长引起宝宝疲惫以及水温下降引起宝宝感冒。给新生儿盥洗、沐浴，要选择新生儿专用沐浴露，洗澡后需涂少量润肤油，给新生儿洗脸时要注意保护好眼睛，洗澡时不要让水流进新生儿的耳朵里。

1. 新生儿盥洗与沐浴的意义

（1）清洁皮肤　新生儿皮肤娇嫩，代谢旺盛，皮肤的皱褶处如颈部、腋下、腹股沟处（大腿根部）有许多污垢，皮肤破损还容易引起细菌感染。盥洗、沐浴可以避免细菌侵入，保证皮肤健康。

（2）促进新陈代谢　洗澡不仅对宝宝皮肤产生良性刺激，还能促进全身血液循环，从而有利于新陈代谢，调节机体各系统活动功能，增进新生儿的食欲；有利于新生儿提高睡眠质量，提高对疾病的抵抗力，提高健康水平，促进新生儿的生长发育。同时，盥洗、沐浴时还可以全面检查新生儿的皮肤有无异常，因为许多传染病都是通过皮疹表现出来。

2. 新生儿盥洗与沐浴的步骤

在给宝宝洗澡之前，应该准备好相关用品：消毒脐带用物（新生儿脐带未掉落之前）、要换洗的婴儿包被、衣服、尿片、小毛巾、大浴巾、澡盆、冷水、热水、婴儿爽身粉等。同时洗澡人员要用肥皂洗净双手，检查自己的手指甲，以免指甲划伤宝宝。保持室内的温度稳定在 26 ~ 28℃，窗户关好，给新生儿沐浴时不宜开窗通风。水温适宜，新生儿洗澡水温控制在 37 ~ 42℃。

从婴儿的脸部开始清洗，用小毛巾从眼角内侧向外轻拭双眼、口鼻、前额、脸及耳后；洗头时先将婴儿全身用毛巾包起来，以防受凉。用一只手的拇指和中指或无名指从耳后向前压住两侧耳廓以盖住耳孔，防止洗澡水流入耳内，手掌和前臂托着婴儿的脖子、头及后背。使新生儿头向后仰，将头发湿润，加少量洗发液轻轻揉洗，用清水冲洗干净，马上用干毛巾擦干。脐带残端未脱落前最好分别清洗上、下身，以防弄脏脐部。清洗躯干和四肢时一只手托住婴儿的肩膀和头部，确保婴儿的头部高于水面以防意外，另一只手给婴儿清洗。先洗颈部、上肢，再洗前胸、腹部、背部及下肢，最后清洗婴儿的外阴和臀部。颈前、腋下、腹股沟、手指和脚趾间应着重清洗。女婴要特别注意外阴部，先从外阴洗，然后洗肛门及臀部；洗毕用浴巾迅速裹住婴儿，皱褶处仔细擦干，涂以润肤乳或爽身粉，臀部可涂植物油、护臀霜或乳酸软膏，以防皱褶处皮肤糜烂和尿布疹，随后迅速穿上纸尿裤，穿衣包好。

特别注意的是，脐带未脱落的新生儿洗澡时不能碰脐带，洗完澡用棉签将脐部沾干，并可用 75% 的酒精轻擦一下脐带周围。

（四）新生儿大小便及便后清洁

新生儿的大小便是身体健康的晴雨表，很多疾病都是通过大小便的异常表现出来的。仔细观察大小便有利于对新生儿身体健康的把控。因此，照顾者必须每天观察新生儿大小便。

（1）新生儿正常大便的特点　新生儿出生 24 小时内排除胎便，一般 2 ～ 3 天可排净，随后便转为正常大便。胎粪是由脱落的肠黏膜上皮细胞、咽下的羊水、胎毛和红细胞中血红蛋白的分解产物胆绿素等构成，颜色通常为绿色，呈黏糊状，没有臭味。若胎便持续存在或不能排净，应注意喂养和疾病问题，要早期进行干预和处理。

由于喂养条件不同，正常大便有差异。母乳喂养新生儿大便的特点：颜色呈黄色或金黄色；有酸味但不臭；形状为黏糊状，有时会呈稀糊状，微带绿色；每天排便 3 ～ 6 次。人工喂养新生儿大便特点：颜色呈淡黄色；质地略干偏硬，微臭；有时便内可见奶块；每天排便 1 ～ 2 次。混合喂养新生儿大便特点：颜色呈黄色或淡绿色；质地较软，有臭味；每天排便 1 ～ 3 次。

新生儿大便异常及原因：新生儿大便臭味变浓，表示蛋白质过多，可能是消化不良；大便泡沫过多有酸味，表示碳水化合物摄入过多；外观黄色，油亮发光呈奶油状，多为脂肪摄入过多；绿色大便则是受凉或饥饿所致；大便呈黑色，则考虑胃肠道上部出血或因服用铁剂所致；大便呈果酱样，可能是肠套叠；大便有血丝，多为便秘，大便干燥而导致肛裂，或有直肠息肉；大便为脓血便，则考虑肠道感染或细菌性痢疾。

（2）新生儿正常小便特点　尿量：新生儿尿量很少，一天尿量为 10 ～ 30mL，一周后为 40 ～ 50mL。排便次数：90% 的新生儿在出生 24 小时内排尿，有时可能延迟至 48 小时内排尿。新生儿出生前几天每天排尿 3 ～ 4 次，6 ～ 8 天后，随着吃奶量的增加逐渐增加到一昼夜排尿 10 ～ 30 次。颜色：新生儿的尿液一般为透明的淡黄色，有时候会呈现红褐色，稍浑浊，这是尿液中的尿酸盐结晶所致，2～3天会消失。

新生儿小便异常及原因：如果新生儿出生48小时没有排出尿液，则要考虑有无泌尿系统畸形，可先喂糖水并注意观察，如果多喂水后仍不排尿，应立即就医；如果尿液呈红色，则为血尿，多为血液病、肾炎、尿路结石、尿道损伤；尿液呈浑浊脓样，是尿里含有大量的白细胞，多为尿路感染；尿液呈乳白色，称乳糜尿，多为淋巴液溢入尿路。

（3）新生儿便后清洁　新生儿臀部皮肤娇嫩，被大小便刺激后，容易引起红臀，如果大便污染尿道口，会引发尿路感染。因此，新生儿大小便后要及时清理臀部，更换尿布。

清洁的重点是会阴部位。清洗男婴臀部时，要用手轻轻托起阴囊，清洗阴茎时，手要轻轻拿起阴茎，注意阴囊的背面、外生殖器的清洗；清洗女婴臀部时，要轻轻撑开女婴的阴唇由前往后轻擦积留的污物，以防肛门的细菌进入阴道。

5-3 新生儿臀部护理

六、青少年家庭保健

青少年是指12～24岁这一阶段，统称青春期。又可分为青春发育期和青年期。从12～18岁为青春发育期，从18～24岁为青年期。

（一）生理和心理特点

青春发育期是人生长发育的高峰期。其特点是体重迅速增加，第二性征明显发育，生殖系统逐渐成熟，其他脏器也逐渐成熟和健全。机体精气充实，气血调和。随着生理方面的迅速发育，心理行为也出现了许多变化。表现精神饱满，记忆力强，思想活跃，充满幻想，追求异性，逆反心理强，感情易激动，个体独立化倾向产生与发展。到了青年期，身体各方面的发育与功能都达到更加完善和完全成熟的程度，最后的恒牙也长了出来。青春期是人生发育最旺盛的阶段，是体格、体质、心理和智力发育的关键时期。但是，此时人生观和世界观尚未定型，还处于"染于苍则苍，染于黄则黄"的阶段，如果能按照身心发育的自然规律，注意体格的保健锻炼和思想品德的教育，可为一生的身心健康打下良好的基础。

（二）健康指导

1. 培养健康的心理素质

青少年处于心理上的"断奶期"，表现为半幼稚、半成熟以及独立性与依赖性相交错的复杂现象，具有较大的可塑性。他们热情奔放、积极进取，却好高骛远，不易持久，在各方面会表现出一定的冲动性。他们对周围的事物有一定的观察分析和判断能力，但情绪波动较大，缺乏自制力，看问题偏激，有时不能明辨是非。他们虽然仍需依附于家庭，但与外界的人及环境的接触也日益增多，其独立愿望日益强烈，不希望父母过多地干涉自己，却又缺乏社会经验，极易受外界环境的影响。师长如有疏忽，往往误入歧途。针对青少年的心理特征，培养其健康的心理素质极为重要，可从以下3个方面着手。

（1）说服教育谆谆善诱　家长和教师要以身作则，给青少年以良好影响，同时又要尊重他们独立意向的发展和自尊心，采用说服教育、积极诱导的方法，与他们交友谈心，关心他们的学习与生活，并设法充实和丰富他们的业余生活。有事多与他们商量，尊重他们的正确意见，逐渐给他们更多的独立权利，为他们创造一个愉快、愿意讲话的环境，以便了解孩子的交友情况及周围环境的影响，探知他们的心理活动与情绪变化，从而有的放矢地予以教导和帮助。可以有意识、有针对性地提出问题交给他们讨论，通过辩论以明确是非观念，再向他们提出更高的要求。要从积极方面启发他们的兴趣与爱好，激发他们积极进取、刻苦奋斗的精神，培养良好的个性与习惯。要教他们慎重择友，避免与坏人接触。要向他们推荐优秀书刊，远离不健康的读物。要鼓励他们积极参加集体活动，培养集体主义思想，逐渐树立正确的世界观和人生观，使他们有远大的理想与追求，集中精力长知识、长身体，在实际工作中锻炼坚强的意志和毅力，以求德智体美全面发展。对于他们的错误或早恋等问题，不能采取粗暴、压制及命令的方式，而要谆谆诱导。

（2）加强自身修养　青少年的身体发育虽已接近成人，可是对环境、生活的适应能力和对事物的综合、处理能力仍然很差。青少年应该在师长的引导协助下，在自己所处的环境中，加强思想意识的锻炼和修养，力求养成独立自觉、坚强稳定、直爽开朗、亲切活泼的个性。遇事冷静，言行适度，文明礼貌，尊老爱幼，切忌恃智好胜，恃强好斗。要有自知之明，正确地对待就业问题，处理好个人与集体的关系，明确自己在不同场合所处的不同位置，善于角色转换，采用不同的处事方法，从而有利于社交活动，促进人事关系的和谐，有益于身心健康。

（3）科学的性教育　贯穿于青春期的最大特征是性发育的开始与完成。正如《素问·上古天真论》云："丈夫……二八肾气盛，天癸至，精气溢泄"，"女子……二七而天癸至，任脉通，太冲脉盛，月事以时下"。男女青年肾气初盛，天癸始至，具有了生育能力。其心理方面的最大变化也反映在性心理领域，性意识萌发，处于朦胧状态。由于青年人的情绪易于波动，自制力差，若受社会不良现象的影响，常易滋长不健康性心理，以致早恋早婚，荒废学业，有的甚至触犯刑法，走上犯罪道路。因此，青春期的性教育尤为重要。

青春期的性教育，包括性知识教育和性道德教育两个方面。要帮助青少年正确理解正常的生理变化，以解除性成熟造成的好奇、困惑、羞涩、焦虑、紧张心理。教育男青年不要染上手淫习惯，如已染上者，则要树立坚强意志，坚决克服掉。女青年要做好经期卫生保健。要注意隔离和消除可能引起他们性行为的语言、书籍、画报、电影等环境因素。安排好他们的课余时间，把他们引导到正当的活动中去，鼓励他们积极参加文体活动，把主要精力放在学习上。另外，帮助他们充分了解两性关系中的行为规范，破除性神秘感。正确区别和重视友谊、恋爱、婚育的关系。提倡晚婚，力戒早恋，宣传优生优育知识以及性病（包括艾滋病）预防知识。

2. 饮食调摄

青少年生长发育迅速，代谢旺盛，必须全面合理地摄取营养，要特别注重蛋白质和热量的补充。碳水化合物、脂肪是热量的主要来源，碳水化合物主要含于粮食之中，青少年应保证足够的饭量，增加粗粮在主食中的比例，并摄入适量的脂肪。女青年不应为减肥而过度节食，以致营养不良。男青年也不可自恃体强而暴饮暴食，饥饱寒热无度。对于先天不足、体质较弱者，更应抓紧发育时期的饮食调摄，培补后天以补其先天不足。

3. 良好生活习惯的培养

青少年不应自恃体壮、精力旺盛而过劳。应该根据具体情况科学地安排作息时间，做到"起居有常，不妄作劳"。既要专心致志地工作、学习，又要有适当的户外活动和正当的娱乐休息，保证充足的睡眠。如此方能保证精力充沛，提高学习、工作效率，有利于身心健康。

要养成良好的卫生习惯，注意口腔卫生。读书、写字、站立时应保持正确姿势，以促进正常发育，预防疾病的发生。变声期要特别注意保护好嗓子，还应避免沾染吸烟、酗酒等恶习。吸烟、酗酒不仅危害身体，而且影响心理健康。如吸烟可使青年注意力涣散，记忆力减退，思维不灵，学习效率降低。

青少年的衣着宜宽松、朴素、大方。女青年不可束胸紧腰，以免影响乳房发育和肾脏功能；男青年不要穿紧身裤，以免影响睾丸的生理功能，引起不育症或引起遗精、手淫。夏秋两季男女青年穿紧身裤，容易引起腹股沟癣或湿疹，令人奇痒难忍，影响健康。

4. 积极参加体育锻炼

持之以恒的体育锻炼，是促进青少年生长发育，提高身体素质的关键因素。要注意身体的全面锻炼，选择项目时，要同时兼顾力量、速度、耐力、灵敏度等各种素质的发展，重点应放在耐力素质的培养上。力量的锻炼项目有短跑，耐力的锻炼项目有长跑、游泳等，灵敏度的锻炼项目有跳远、跳高、球类运动，尤其是乒乓球。上述有些体育项目关系着几项素质的发展，如游泳，既可锻炼耐力，又可锻炼速度和力量，是青少年最适宜的运动项目。

青少年参加体育锻炼，要根据自己的体质强弱和健康状况来安排锻炼时间、内容和强度。要注意循序渐进。一般一天锻炼两次，可安排在清晨和晚饭前一小时，每次 1 小时左右。锻炼前要做准备活动，讲究运动卫生，注意运动安全。

七、老年人保健

我国老年人口规模庞大，自 1999 年迈入老龄化社会之后，人口老龄化程度持续加深。人社部预测，"十四五"期间，我国老年人口将超过 3 亿人，从轻度老龄化进入到中度老龄化阶段。2021 年中国 60 岁及以上人口 26736 万人，占全国人口的 18.9%，其中 65 岁及以上人口突破 2 亿人达到 20056 万人，占全国人口的 14.2%。预计 2025 年，我国 60 岁以上的老年人将达到 3 亿，占比为 21%，65 岁以上老年人比例将达到 15% 以上，接近深度老龄化社会。我国将在 2027 年进入深度老龄化社会，即 65 岁以上的老年人比例高于 18%。2021 年底，全国享受高龄补贴的老年人 3184.1 万人。到 21 世纪中叶，中国人口中将有 1/3 达到 60 岁或者更大，预计那时中国的 4.38 亿老年公民将超过美国的人口总数。

为引起各国对人口老龄化问题的重视，1990 年 12 月 14 日联合国大会通过决议，决定从 1991 年起每年的 10 月 1 日为"国际老年人日"。

1992 年，第 47 届联合国大会通过《世界老龄问题宣言》，并决定将 1999 年定为"国际老年人年"。

老年人将如何养老？怎样保证生活质量？养老的方式有哪些？老年人普遍认同的养老方式就是家庭养老，对家庭提出了新的要求与挑战。权威调查显示，我国只有 3% 左右的老年人入住机构来养老，90% 左右的老年人是居家养老，7% 左右的老年人是依托社区养老，也就是说在我国，绝大部分老年人是居家或者社区养老。2021 年 11 月 24 日，中共中央、国务院印发的《关于加强新时代老龄工作的意见》强调：充分发挥政府在推进老龄事业发展中的主导作用，要推进优质资源向老年人身边、家边和周边聚集。充分发挥市场机制作用，提供多元化产品和服务。注重发挥家庭养老、个人自我养老的作用，形成多元主体责任共担、老龄化风险梯次应对、老龄事业人人参与的新局面。构建居家社区机构相协调、医养康养相结合的养老服务体系和健康支撑体系，大力发展普惠型养老服务，促进资源均衡配置。努力实现老有所养、老有所医、老有所为、老有所学、老有所乐，让老年人共享改革发展成果、安享幸福晚年。《关于加强新时代老龄工作的意见》的新亮点，总结来说就是：积极老龄观、健康老龄化。

（一）健康老龄化

世界卫生组织（WHO）于 1990 年提出实现"健康老龄化"的目标。"健康老龄化"应该是老年人群的健康长寿，群体达到身体、心理和社会功能的完美状态。目前老年人普遍重视自身的身体健康状况，逐渐认识到心理健康和参与社会的重要，开展丰富多彩的健身和娱乐活动，关心国家和社会发展，为实现健康老龄化而努力。

健康老龄化是指个人在进入老年期时在躯体、心理、智力、社会、经济 5 个方面的功能仍能保持良好状态。从广义上理解健康老龄化，应包括老年人个体健康、老年群体的整体健康和人文环境健康 3 个主要方面。一个国家或地区的老年人中若有较大的比例属于健康老龄化，老年人的作用能够充分发挥，老龄化的负面影响得到抑制或缓解，则其老龄化过程或现象就可算是健康的老龄化。

健康老龄化和健康长寿相似，但不相同。健康老龄化提出了"健康预期寿命"的概念。而不仅仅是平均预期寿命。平均预期寿命反映的仅仅是生命的长度，并不能反映生命的质量。"健康预期寿命"则更加关注生命的质量。

"健康预期寿命"的衡量指标包括以下 3 个层次。

（1）日常生活指标　仅包括简单的生命指标，如呼吸、吃饭等。

（2）自理能力指标　主要包括衣、食、住、行指标等，比如，能否自己上街买菜？是否有正常的识别能力？和家庭成员的沟通能力如何？

（3）社会生活自理能力指标　主要是指参与社会生活的程度与能力。比如，与人交往有无障碍？是否经常独处？是否参与社会团体的活动？等等。

只有以上3个层次全部具备，才能说明个体是健康的。比如，一个卧床十年、生活不能自理的人，他的健康预期寿命就比他的平均预期寿命短十年。也就是说，生命只有在健康预期寿命里才更有价值。

（二）老年保健原则

（1）早睡早起　于晚间10点生物睡眠期入睡，早晨6点起床，适当活动锻炼。

（2）合理调节膳食　饮食宜清淡、易消化，饭菜温热。食味宜减酸养脾气。少食油煎炸食物、生冷食品，多食鸡、鱼、蛋、瘦肉、猪肝、豆制品及新鲜蔬菜、野菜、水果、红枣等，提高机体抗病能力。

（3）保持良好心情和精神状态　保持心胸开阔，心情开朗，乐观愉快，避免悲忧或思虑过度等不良情绪。老年人宜结伴出游，心情饱满，保持体力充沛，才能祛病延年。调整好自己的角色，人一辈子都在学习，学习如何面对生活。

（4）加强锻炼，增强机体免疫力　"流水不腐""生命在于运动"。这些都是强调运动的重要，中医也强调："凡人闲则病，小劳转健，有事则病却。"（见《世补斋医书》）"小劳"即是指适量的运动。所以老年人应坚持参加一些力所能及的体育运动，如长期坚持做广播操、打太极拳等，通过运动可以使全身的气血流畅，增强机体的抗病能力，减缓衰老。

适当活动，到公园、景区，散步、慢跑、打拳、做操等能够改善机体免疫力，增加新陈代谢、血液循环。锻炼能舒展筋骨、畅通气血、强身健体，增加机体抵抗力。

"积极老龄化"是"健康老龄化"的升级版。2002年，世界卫生组织在第二次老龄问题世界大会上正式提出"积极老龄化"理念，其基本含义是"提高老年人的生活质量，创造健康、参与、保障（安全）的最佳机遇"。"积极老龄化"的3个支柱"健康、参与、保障"表明，人口老龄化问题实质上是社会问题，把老龄化过程看作一个正面、有活力的过程，倡导老年人必须有健康生活和贡献社会的机会。

（三）老年人饮食保健

1. 老年人健康饮食原则

（1）饥饱适度　老年人消化酶分泌相对减少，对饥饱的调控能力较差，饥饿时往往会发生低血糖，过饱时会增加心脏负担。吃素食的老年人，耐饥性差，一日三餐，中间增加两三次副餐，可选豆奶、松软糕点、水果等食品。每餐八九分饱为度。

（2）蛋白质宜精　黄豆、鱼肉的纤维短，含脂肪少，是老年人获得蛋白质的理想食物。老年人的饮食里，正餐要一份蛋白质食品（如瘦肉、鱼肉、蛋、豆腐等），吃素食者，更要从豆类及各种坚果类（核桃、杏仁等）食物中获取蛋白质。

（3）脂肪宜少　老年人宜选用植物油和饱和脂肪酸含量少的瘦肉、鱼肉、禽肉，不宜多吃肥肉及猪油、牛油。

（4）摄取高纤维的食物　芹菜、香菇、青菜、水果、豆类、薯类等食物，都含有丰富的纤维，纤维对油脂有一定的吸附作用，可以随排泄物排出去。

（5）主食宜粗不宜细　老年人应适当选用粗粮，如小米、玉米、燕麦、红薯，含维生素 B_1 较多，有助于维持老年人良好的食欲和促进消化液的正常分泌。同时，所含的食物纤维可刺激肠道使其增加蠕动，防止便秘等。

（6）提高机体代谢能力　老年人应多食用富含钙、铁及维生素 A、维生素 B_2、维生素 C 的食物。虾皮、芝麻酱和乳制品，新鲜绿叶蔬菜及红色、黄色瓜果类（如胡萝卜、南瓜、杏子等）含丰富的维生素 A、维生素 C，也宜多食用。海带、紫菜中钾、碘、铁的含量较多，对防治高血压、动脉硬化有益。经常食用淡菜、海带、蘑菇、花生、核桃、芝麻等则可增加微量元素锌、硒、铜等的摄入量，也有助于防治高血压和动脉硬化。

（7）低油低盐、少味精及酱油　尽量以蒸或煮的方式来烹调，以减少油脂的摄取。如果是在外面用餐，可要一杯白开水将菜稍微过一下。少吃加淀粉后经油炸或炒的东西，淀粉容易吸油，像炒面、炒饭、水煎包、葱油饼等。味觉不敏感很容易吃进过量的钠。

5-4 高血压病人
的饮食

2. 老年人的饮食种类

（1）普通饮食　普通饮食一般是指容易消化、无刺激性的食物，要求营养平衡、美观可口，适用于不需要特殊饮食的老年人。

（2）软质饮食　软质饮食是指在普通饮食的基础上，使食物更软烂，易于咀嚼和消化，如软饭、面条、切碎煮烂的菜肉等，适用于消化不良、咀嚼不便、低热、术后恢复阶段的老年人。

（3）碎食饮食　碎食饮食是指食物烹饪宜碎烂，如肉末、碎菜叶等适合于无咀嚼能力和不能吞咽大块食物的老年人。

（4）半流质饮食　半流质饮食介于软质饮食和流质饮食之间，呈半流体状，易于消化和吸收，如粥、面条、蒸鸡蛋、馄饨、豆腐等，适用于发热、体弱、消化道疾患、口腔疾患、手术后、消化不良、吞咽困难的老年人。

（5）流质饮食　流质饮食呈液体状，不用咀嚼，易于消化和吞咽，如乳类、豆浆、稀藕粉、米汤、果汁等，适用于病情严重、高热、吞咽困难、口腔疾患、手术后、消化道疾患的老年人。

到了老年期，老年人对食物的消化吸收能力减退，主要原因是消化系统开始退化：牙齿萎缩、磨损、松动、脱落，咀嚼力减弱；唾液腺细胞不断萎缩，唾液分泌减少；胃黏膜变薄，平滑肌萎缩，弹性降低，胃肠蠕动减慢；消化酶分泌减少。因此，老年人要注意养成健康的饮食习惯，在日常饮食中做到"六宜"和"四忌"。"六宜"：宜缓，即进食要细嚼慢咽；宜软，即食物要熟、烂、软；宜温，食物不可过热或过凉；宜早，早餐不可少，晚餐要及早；宜少，少食多餐，每餐七八成饱；宜淡，食物清淡可口，不宜过咸、过甜、过腻。"四忌"：忌偏食，长期偏食会造成营养失衡；忌暴食，暴食会给胃部造成负担，从而引发胆管或胰腺疾病；忌烫食，过烫的食物容易造成口腔溃疡，甚至损伤食管；忌快食，吃饭过快使老年人消化系统负担增大，诱发肠胃疾病。

（四）老年人运动保健

有规律的体育活动对老年人的健康至关重要：预防各种慢性病的发生、延缓衰老、增强免疫力、促进心理健康，有利于降低老年人由于疾病和残疾而造成的身体功能受限以及过早死亡的风险，也是社会健康老龄化的重要保障。

老年人各系统的器官功能有所降低，容易疲劳，运动后恢复较慢，因此进行运动时要注意循序渐进，按照自己的身体情况选择合适的运动。

（1）运动过程加强身体功能监测　了解锻炼前、锻炼中和锻炼一阶段后的健康状况、疾病变化及各脏器的功能水平，特别要注意心血管和脑血管系统的变化，确保锻炼的安全性。

（2）运动强度要循序渐进　老年人的锻炼应从小运动量开始，量力而行，逐渐加大运动量，以避免突然运动量过大伤身。突然大的运动量会导致老年人身体无法承受，可能会造成严重的后果。所以要避免屏气，过分用力，动作过猛，避免前倾、猛然低头、弯腰等动作，同时呼吸要自然，可用腹式呼吸。

（3）运动强度和时间要适合　老年人运动要遵守低强度与短时间的原则，老年人应该选择时间适宜、强度不太大的全身性体育活动，活动应包括各个关节及肌群，动作要有节奏，速度宜缓慢。身体适应后再小幅度增加运动量，再经过一段适应期，呈波浪式渐进，不要追求直线增加运动量。老年人不宜做举重、快跑等快速度、重体力的活动。同时根据个人状况如年龄、疾病、原有的身体素质，搭配中低强度的有氧运动、肌肉韧带的伸展练习、动力和静力的力量训练等多种运动。

适合老年人的运动项目如下。

（1）散步　这是老年人最容易、最安全的运动。选择一双舒适的运动鞋，控制好运动速度，保持抬头挺胸的姿势，坚持每天半小时以上的散步，对预防心血管疾病等慢性病有好处。

（2）太极拳　这是适合老年人的一种非常好的有氧运动形式，除了提高心肺功能、缓解骨质疏松和身体疼痛外，还能锻炼身体的柔韧性和协调能力。另外，还可以拓展社交，保持良好的精神状态。

（3）慢跑　慢跑多年的老年人的心脏大小及功能与不参加锻炼的 20 岁的年轻人的心脏无异。因为轻松的慢跑能增强呼吸功能，增加肺活量；慢跑可使心肌增强、增厚，具有锻炼心脏、保护心脏的作用。

（4）快走　快走能改善老年人的新陈代谢，调节老年人的心情，能从各方面提高老年人的身体素质，更能预防和缓解高血压等老年人常见的心血管疾病，减少卒中，预防阿尔茨海默病。

（5）广场舞　广场舞是一种很好的群众性文体活动，简单易学，强度不大，娱乐性强。跳广场舞会让老年人充满青春的活力，感受到愉快的情绪，从而达到最佳的心理状态，同时有助于提高睡眠质量。

总之，老年人自我运动保健，最好坚持每周 5 天，每天至少 30 分钟；注意循序渐进，运动量不要太大；运动前后监测血糖、血压；注意运动安全，穿上合适的运动衣、运动鞋；如果存在慢性疾病，记得事先咨询医生是否可以锻炼，以确保安全运动。

（五）老化情绪

研究发现，人类 65% ～ 90% 的疾病都与心理上的压抑感有关。老年人中 85% 的人或多或少存在着不同程度的心理问题，对老年人而言，老化情绪是形成心理压抑的一个重要方面。

老化情绪是老年人对各种事物变化的一种特殊的精神神经反应，这种反应因人而异，表现复杂多变，严重干扰和损害老年人的生理功能、防病能力，影响神经、免疫、内分泌及其他各系统的功能，从而加速衰老和老年性疾病的发生与发展。影响老年人心理健康的因素大致有 3 个方面。

（1）衰老和疾病　人到 60 岁以后，会出现一系列生理和心理上的退行性变化，体力和记忆力都会逐步下降。这种正常的衰老变化使老年人难免有"力不从心"的感受，并且带来一些身体不适和痛苦。尤其是高龄老人，甚至担心"死亡将至"而胡乱求医用药。在衰老的基础上若再加上疾病，有些老年人就会产生忧愁、烦恼、恐惧等不良心理。

（2）精神创伤　老年人退休后，会面临各种无法回避的变故，如老伴、老友去世，身体衰老，健康每况愈下等。精神创伤对老年人的生活质量、健康水平和疾病疗效有重要的影响，有些老年人因此陷入痛苦和悲伤之中不能自拔，久而久之必将有损健康。

（3）环境变化　最多见的是周围环境的突然变化，以及社会和家庭人际关系的影响，老年人对此往往不易适应，从而加速了衰老过程。

应对老化情绪可以做到如下方面。

第一，心境豁达，知足常乐。在长期的医疗实践中发现，长寿老人往往都能做到胸怀开朗，处事热情，善解人意，他们与世无争，感到自己生活很充实、满足。

第二，面对现实，走出误区。作为老年人本身，应端正心态，接受现实，不论遇到什么困难，一定要对生活抱一种现实的积极态度，自己关心自己，宽慰自己，设法保持心理平衡。老年人应积极而适量地参加一些社会活动，培养广泛的兴趣爱好（如书法、音乐、戏剧、绘画、养花、集邮等）。人老了，空闲时间多了，可以借此多学一些东西，培养多种兴趣和爱好，以陶冶情操，处理好各方面的人际关系（包括家庭成员、亲朋好友等），做到与众同乐，喜当"顽童"。

第三，结交知音（包括青少年朋友、异性朋友），经常谈心。老年人难免会遇到一些不愉快的事，常在知音好友中宣泄郁闷，互相安慰，交流沟通，有助于心情舒畅，对保持心理平衡起到重要的作用。

（六）智能化监测辅助居家健康养老

随着老龄化社会的到来，养老问题日益凸显，大量居家养老的老年人，因术后康复、失能程度增加等原因，迫切需要在家中也能得到专业的照顾。智能化健康监测产品通过持续、长时间获取老人在床时的各项身体数据进行监测，第一时间监测到异常情况，并立即通过手机发出预警信息，子女可及时查看老人是否异常。监测到的各项身体数据通过大数据算法，形成健康日报，便于子女了解老人身体或病情的变化趋势，发现异常时可及时就医。同时监测到的数据也会在后台存档形成个人档案，方便及时调取查看，从而对老年人进行专业化、系统化的健康管理。运用这种专业化、系统化的智能监测方法照顾老年人能减轻家庭照顾压力，让老年人安心养老。

 思考与练习

1. 家庭保健的基本条件是什么？

2. 体育锻炼对人体健康有哪些重要作用？

3. 为进一步提高社区居民健康素养水平，让健康的生活方式走进家庭，以健康家庭促进家庭成员健康，更好地推动健康社区的建设，某社区将举行"健康家庭"评选活动。请设计活动方案，方案要求包括活动的主题、活动的目标、活动的时间和地点、活动的对象、活动的内容和流程、活动所需的物质、注意事项、活动可预见的困难和对策、所需物质及预算等。

4. 李大爷今年 60 岁，大学本科毕业，担任市委干部多年，刚刚退休在家，子女都不在身边。请问：怎样指导老人进行自我保健？

第 **6** 章　现代家庭装饰

── 本章学习目标 ─────────────────────

了解家庭装饰的原则和风格。

掌握家居陈列与摆放的方法。

掌握家庭插花技能。

【案例导入】

家庭装修北欧风格的特点

小王今年35岁，是一家IT公司的副总经理。他和夫人选择在杭州购买了一套公寓。他们打算在今年内装饰这个寓所，由于他们夫妇和6岁的女儿一家三口之前在瑞典居住了三年的时间，因此他们希望这个寓所的装饰也能充满北欧的风情。小王查阅了大量资料，并与室内设计师进行沟通，在家庭装饰希望满足如下北欧风格的特点。

一是活用木材，让原木带来自然质感。北欧大部分地区都有寒冷的冬天，所以北欧人在室内装修时会使用大量的隔热性能好的木材，因此，在北欧风格的装修中，木材占有很重要的地位。可以通过选择搭建木质梁和实木地板来实现。

二是用浅色墙壁打造大气视觉空间。北欧风格装修的另一个特色，就是黑白色的使用，黑白色一方面在室内装修中属于"万能色"，便于与各种色彩色调相搭配，同样其作为主色调也能够带来一种"极简主义"的现代风格，或者成为重要的点缀色。

三是追求极简世界，为家做减法。北欧风格装修的代表莫过于简洁二字，简单明快的色调和大气的视觉感受是北欧风格带给消费者最直观的表达，而这一份简洁，则来自于装修中为家中做的"减法"。去掉花纹缀饰，减少杂物堆放，减少色彩使用。

第一节　现代家庭装饰概述

现代家庭装饰就是指居家室内装饰，是从家居美化的角度来考虑的，以使室内的空间更美观，更舒适。狭义的家庭装饰，仅是指家庭装修部分，而广义的家庭装饰概念，还包括居家室内的空间美化，比如家庭绿植、插花的装饰等。随着当下人们生活水平的提高，对现代家庭装饰的要求也越来越高。

一、室内装饰设计要素

（1）空间要素　空间的合理化并给人们以美的感受是设计基本的任务。要勇于探索时代、技术赋予空间的新形象，不要拘泥于过去形成的空间形象。

（2）色彩要求　室内色彩除对视觉环境产生影响外，还直接影响人们的情绪、心理。科学的用色有利于工作生活，有助于健康。色彩处理得当既能符合功能要求又能取得美的效果。室内色彩除了必须遵守一般的色彩规律外，还随着时代审美观的变化而有所不同。

（3）光影要求　人类喜爱大自然的美景，常常把阳光直接引入室内，以消除室内的黑暗感和封闭感，特别是顶光和柔和的散射光，使室内空间更为亲切自然。光影的变换，使室内更加丰富多彩，给人以多种感受。

（4）装饰要素　室内整体空间中不可缺少的建筑构件，如柱子、墙面等，结合功能需要加以装饰，可共同构成完美的室内环境。充分利用不同装饰材料的质地特征，可以获得千变万化和不同风格的室内艺术效果，同时还能体现地区的历史文化特征。

6-1 家庭窗帘的
选购

（5）陈设要素　室内家具、地毯、窗帘等，均为生活必需品，其造型往往具有陈设特征，大多数起着装饰作用。实用和装饰二者应互相协调，求得功能和形式统一而有变化，使室内空间舒适得体，富有个性。

（6）绿化要素　室内设计中绿化已成为改善室内环境的重要手段。室内移花栽木，利用绿化和小品以沟通室内外环境、扩大室内空间感及美化空间均起着积极作用。

二、家庭室内装饰的原则

（一）室内装饰设计要满足使用功能要求

室内设计是以创造良好的室内空间环境为宗旨，把满足人们在室内进行生产、生活、工作、休息的要求置于首位，所以在室内设计时要充分考虑使用功能要求，使室内环境合理化、舒适化、科学化；要考虑人们的活动规律，处理好空间关系、空间尺寸、空间比例；合理配置陈设与家具，妥善解决室内通风、采光与照明，注意室内色调的总体效果。

（二）室内装饰设计要满足精神功能要求

室内设计在考虑使用功能要求的同时，还必须考虑精神功能的要求（视觉反映心理感受、艺术感染等）。室内设计的精神就是要影响人们的情感，乃至影响人们的意志和行动，所以要研究人们的认识特征和规律；研究人的情感与意志；研究人和环境的相互作用。设计者要运用各种理论和手段去冲击影响人的情感，使其升华达到预期的设计效果。室内环境如能突出地表明某种构思和意境，那么它将会产生强烈的艺术感染力，更好地发挥其在精神功能方面的作用。

（三）室内装饰设计要满足现代技术要求

建筑空间的创新和结构造型的创新有着密切的联系，二者应取得协调统一，充分考虑结构造型中美的形象，把艺术和技术融合在一起。这就要求室内设计者必须具备必要的结构类型知识，熟悉和掌握结构体系的性能、特点。现代室内装饰设计，它置身于现代科学技术的范畴之中，要使室内设计更好地满足精神功能的要求，就必须最大限度地利用现代科学技术的最新成果。

（四）室内装饰设计要符合地区特点与民族风格要求

由于人们所处的地区、地理气候条件的差异，各民族生活习惯与文化传统不一样，在建筑风格上确实存在着很大的差别。我国是多民族的国家，各个民族的地区特点、民族性格、风俗习惯以及文化素养等因素的差异，使室内装饰设计也有所不同。设计中要有各自不同的风格和特点，要体现民族和地区特点以唤起人们的民族自尊心和自信心。

三、室内装饰的风格

家庭室内装饰分为八大设计风格，包括美式乡村风格、古典欧式风格、地中海式风格、东南亚风格、日式风格、新古典风格、现代简约风格、新中式风格。

（一）美式乡村风格

美式乡村风格主要起源于 18 世纪各地拓荒者居住的房子，具有刻苦创新的开垦精神，色彩及造型较为含蓄保守，以舒适机能为导向，兼具古典的造型与现代的线条、人体工学与装饰艺术的家具风格，充分显现出自然质朴的特性。美式古典乡村风格带有浓浓的乡村气息，以享受为最高原则，在布料、沙发的皮质上，强调它的舒适度，感觉起来宽松柔软。家具以殖民时期的为代表，体积庞大，质地厚重，坐垫也加大，彻底将以前欧洲皇室贵族的极品家具平民化，气派而且实用。美式家具的材质以白橡木、桃花心木或樱桃木为主，线条简单，目前所说的乡村风格，绝大多数指的都是美式西部的乡村风格。西部风情运用有节木头以及拼布，主要使用可就地取材的松木、枫木，不用雕饰，仍保有木材原始的纹理和质感，还刻意添上仿古的瘢痕和虫蛀的痕迹，创造出一种古朴的质感，展现原始粗犷的美式风格。

美式乡村风格摒弃了烦琐和奢华，并将不同风格中的优秀元素汇集融合，以舒适机能为导向，强调"回归自然"，使这种风格变得更加轻松、舒适。美式乡村风格突出了生活的舒适和自由，不论是感觉笨重的家具，还是带有岁月沧桑的配饰，都在告诉人们这一点，特别是在墙面色彩选择上，自然、怀旧、散发着浓郁泥土芬芳的色彩是美式乡村风格的典型特征。美式乡村风格的色彩以自然色调为主，绿色、土褐色最为常见；壁纸多为纯纸浆质地；家具颜色多仿旧漆，式样厚重；设计中多有地中海样式的拱门。

归纳起来，美式乡村风格具有如下的装饰特点：

1）美式家具虽有不少的流派，但一般给人的印象是体积巨大厚重，非常自然且舒适，充分显现出乡村的朴实风味。

2）布艺是乡村风格中非常重要的运用元素，本色的棉麻是主流，布艺的天然感与乡村风格能很好地协调；各种繁复的花卉植物、靓丽的异域风情和鲜活的鸟虫鱼图案很受欢迎，舒适和随意。

3）摇椅、小碎花布、野花盆栽、小麦草、水果、磁盘、铁艺制品等都是乡村风格空间中常用的东西。

（二）古典欧式风格

古典欧式风格是追求华丽、高雅的古典，设计风格直接对欧洲建筑、家具、绘画、文学甚至音乐艺术产生了极其重大的影响，在现代家庭装饰中也受到越来越多的欢迎。古典欧式风格的类型主要有文艺复兴建筑风格、巴洛克风格、洛可可风格等。

（1）文艺复兴建筑风格　这一时期装饰风格的居室色彩主调为白色，采用古典弯腿式家具。不露结构部件，强调表面装饰，多运用细密绘画的手法，具有丰富华丽的效果。多用带有图案的壁纸、地毯、窗帘、床罩及帐幔以及古典式装饰画或物件。为体现华丽的风格，家具、门、窗多漆成白色，家具、画框的线条部位饰以金线、金边。

（2）巴洛克风格　在意大利文艺复兴时期开始流行，具有豪华、动感、多变的效果，空间上追求连续性，追求形体的变化和层次感。一般巴洛克风格的室内平面不会横平竖直，各种墙体结构都喜欢带一些曲线，尽管房间还是方的，里面的装饰线却不是直线，而是华丽的大曲线。房间里面、走廊上喜欢放塑像和壁画，壁画雕塑与室内空间融为一体。巴洛克装饰风格使用曲线、曲面、断檐、层叠的柱式、有去口或者叠套的山花等不规则的古典柱式的组合，不顾忌传统的构图特征和结构逻辑，敢于创新，善于运用透视原理。室内外色彩鲜艳，光影变化丰富。

（3）洛可可风格　主要起源于法国，代表了巴洛克风格的最后阶段。路易十五时期，沉湎于声色犬马之中的宫廷文化影响了当时的社会文化，此一时期的风格被称为洛可可风格。大多小巧、实用、不讲究气派、秩序，呈现女性气势。大量运用半抽象题材的装饰，以流畅的线条和唯美的造型著称，常使用复杂的曲线，难于发现节奏和规律，装饰主题有贝壳、卷涡、水草等。取之自然，超乎自然。尽量回避直角、直线和阴影，多使用鲜艳娇嫩的颜色，金、白、粉红、粉绿等颜色，装修工艺精巧细致，具有很高的艺术水平。

古典欧式的居室有的不只是豪华大气，更多的是惬意和浪漫。通过完美的曲线，精益求精的细节处理，带给家人不尽的舒服触感，实际上和谐是古典欧式风格的最高境界。同时，古典欧式装饰风格最适用于大面积房子，若空间太小，不但无法展现其风格气势，反而对生活在其间的人造成一种压迫感。

（1）家具　欧式古典风格的家具市面上很多，选购时尽量注意款式要优雅，一些劣质的欧式古典风格的家具，造型款式上显得很僵化，特别是表现古典的一些典型细节如弧形或者涡状装饰等，都显得拙劣。此外要注意材质，欧洲古典风格的家具一定要材质好才显得有气魄。

（2）墙纸　可以选择一些比较有特色的墙纸装饰房间，比如具有欧式特色的典型建筑，另外也可以油漆一些具有欧式风格的图案作为点缀。

（3）装饰画　欧式风格装饰的房间选用线条烦琐，看上去比较厚重的画框，才能与之匹配。

（4）色调　欧式风格大多采用白色、淡色为主，可以采用白色或者色调比较跳跃的靠垫配白木家具。另外靠垫的面料和质感也很重要，在欧式居室中亚麻和纺布的面料就不太合适，如果是丝质面料则更显高贵。

（5）地板　如果是复式的房子，一楼大厅的地板可以采用石材进行铺设，这样会显得大气。如果是普通居室，客厅与餐厅最好还是铺设木质地板、若部分用地板、部分用地砖房间反而显得狭小。

（6）地毯　西式风格装修中地面的主要角色应该由地毯来担当。地毯的舒适脚感和典雅的独特质地与西式家具的搭配相得益彰。

（7）墙面　镶以木板或皮革，再在上面图上金漆或绘制优美图案；顶棚都会以装饰性石膏工艺装饰或饰以珠光宝气的丰富油画。

（三）地中海式风格

地中海式风格洋溢着蔚蓝色的浪漫情怀，海天一色、艳阳高照的纯美自然。

地中海式风格的建筑特色是带有拱门与半拱门、马蹄状的门窗。建筑中的圆形拱门及回廊通常采用数个连接或以垂直交接的方式，在走动观赏中，出现延伸般的透视感。

同其他的风格流派一样，地中海式风格有它独特的美学特点。在选色上，它一般选择直逼自然的柔和色彩，在组合设计上注意空间搭配，充分利用每一寸空间，且不显局促、不失大气，解放了开放式自由空间；集装饰与应用于一体，在柜门等组合搭配上避免琐碎，显得大方、自然，让人时时感受到地中海式风格家具散发出的古老尊贵的田园气息和文化品位；其特有的罗马柱般的装饰线简洁明快，流露出古老的文明气息。

对于久居都市，习惯了喧器的现代都市人而言，地中海式风格的家具符合人们对返璞归真及更高生活质量的要求。此外，在家中的墙面处（只要不是承重墙），均可运用半穿凿或者全穿凿的方式来塑造室内的景中窗。这是地中海家居的一个情趣之处。

地中海式风格的家具尽量采用低彩度、线条简单且修边浑圆的木质家具。地面则多铺赤陶或石板。在地板装饰方面，陶瓷锦砖镶嵌、拼贴在地中海风格中算较为华丽的装饰。主要利用小石子、瓷砖、贝类、玻璃片、玻璃珠等素材，切割后再进行创意组合。

在室内的物件装饰上，窗帘、桌巾、沙发套、灯罩等均以低彩度色调和棉织品为主。素雅的小细花条纹格子图案是主要风格。独特的锻打铁艺家具，也是地中海风格独特的美学产物。同时，地中海风格的家居会注重绿化的使用，爬藤类植物是常见的家居植物，小巧可爱的绿色盆栽也常常受到青睐。

（四）东南亚风格

东南亚风格是一个结合东南亚民族岛屿特色及精致文化品位的设计。这是一种家庭居住环境与文化休闲相结合的概念，广泛地运用木材和其他的天然原材料，如藤条、竹子、石材、青铜和黄铜，深木色的家具，局部采用一些金色的壁纸、丝绸质感的布料，灯光的变化体现了稳重及豪华感。

东南亚风格在现代家庭装饰的运用中，善于运用细节，注重实用性和生活化的同时，也让人觉得惊艳和奢华。

1）玄关处，简单利索的规划，宽阔的空间，视觉舒展放松，现代化的设备、深木色玻璃装饰墙面、金色的顶棚、精致的吊灯，一切都那么和谐舒适。

2）客厅以大气优雅为主，木制半透明的推拉门与墙面木装饰的造型，以冷静线条分割空间，代替一切繁杂与装饰。设计以不矫揉造作的材料营造出豪华感，使人感到既创新独特又似曾相识的生活居所。

3）主卧室可选用深木色，金色丝制布料结合光线的变化，创造出内敛谦卑的感觉。

4）主卫可采用石材与镜子的设计为其增加变化。奢华既非繁杂的雕饰，更非金碧辉煌的装饰，只要充分地运用材质的特点，现代的设计也可以传达视觉与舒适的平衡。

东南亚风格的居家装饰，在风格特点上既可以奢华也可以舒适，实用并贴近生活，传达出了悠闲自在且奢华的现代居家设计观。

（五）日式风格

日式风格设计直接受日本和式建筑影响，讲究空间的流动与分隔，流动则为一室，分隔则分几个功能空间，空间中总能让人静静地思考，禅意无穷。

传统的日式家居将自然界的材质大量运用于居室的装修、装饰中，不推崇豪华奢侈、金碧辉煌，以淡雅节制、深邃禅意为境界，重视实际功能。

日式风格特别能与大自然融为一体，借用外在自然景色，为室内带来无限生机，选用材料上也特别注重自然质感，以便与大自然亲切交流，其乐融融。

传统的日式家具以其清新自然、简洁淡雅的独特品位，形成了独特的家具风格，对于生活在都市森林中的人们来说，日式家居环境所营造的闲适写意、悠然自得的生活境界，也许就是人们所追求的。

领略不俗风采、典雅又富有禅意的日式家居风格在我国可谓是大行其道，异域风格的表现手法使得人们喜爱，又能领略到其中的不俗韵味。

日式风格装修的特点是淡雅、简洁，它一般采用清晰的线条，使居室的布置带给人以优雅、清洁，有较强的几何立体感。

（六）新古典风格

新古典的设计风格其实是经过改良的古典主义风格。欧洲文化丰富的艺术底蕴，开放、创新的设计思想及其尊贵的姿容，一直以来颇受众人喜爱与追求。新古典风格从简单到繁杂、从整体到局部，精雕细琢、镶花刻金，都给人一丝不苟的印象。一方面保留了材质、色彩的大致风格，仍然可以很强烈地感受传统的历史痕迹与浑厚的文化底蕴，同时又摒弃了过于复杂的肌理和装饰，简化了线条。无论是家具还是配饰均以其优雅、唯美的姿态，平和而富有内涵的气韵，描绘出居室主人高雅、贵族的身份。常见的壁炉、水晶宫灯、古罗马柱也是新古典风格的点睛之笔。

高雅而和谐是新古典风格的代名词。在色彩搭配上，白色、金色、黄色、暗红色是欧式风格中常见的主色调，少量白色糅合，使色彩看起来明亮、大方，使整个空间给人以开放、宽容的非凡气度，让人丝毫不显局促。

新古典风格的灯具在与其他家居元素的组合搭配上也有文章。在卧室里，可以将新古典风格的灯具配以洛可可式的梳妆台，古典床头蕾丝垂幔，再摆上一两件古典样式的装饰品，如小爱神—丘比特像或挂一幅巴洛克时期的油画，让人们体会到古典的优雅与雍容。现在，也有人将欧式古典家具和中式古典家具摆放在一起，中西合璧，使东方的内敛与西方的浪漫相融合，也别有一番尊贵的感觉。

新古典风格更像是一种多元化的思考方式，将怀古的浪漫情怀与现代人对生活的需求相结合，兼容华贵典雅与时尚现代，反映出后工业时代个性化的美学观点和文化品位。

新古典在居室设计方面有其独特的风格与特点，具体表现在以下几个方面：

1）"形散神聚"是新古典的主要特点。在注重装饰效果的同时，用现代的手法和材质还原古典气质，新古典具备了古典与现代的双重审美效果，完美的结合也让人们在享受物质文明的同时得到了精神上的慰藉。

2）讲求风格，在造型设计上不是仿古，也不是复古而是追求神似。

3）用简化的手法、现代的材料和加工技术去追求传统式样的大致轮廓特点。

4）注重装饰效果，用室内陈设品来增强历史文脉特色，往往会照搬古典设施、家具及陈设品来烘托室内环境气氛。

（七）现代简约风格

现代家庭简约装饰风格其实更多地是反映现代人的一种生活态度，简约不等于简单，它是经过深思熟虑后经过创新得出的设计和思路的延展，不是简单的"堆砌"和平淡的"摆放"，比如床头背景设计有些简约到只有一个十字挂件，既美观又实用。

现代家庭的简约不只是在装饰方面，还反映在家居配饰上的简约，比如不大的屋子，就没有必要为了显得"阔绰"而购置体积较大的物品，相反应该配置生活所必需的东西，而且以不占面积、折叠、多功能等为主。装修的简约一定要从务实出发，切忌盲目跟风而不考虑其他的因素。简约的背后也体现一种现代"消费观"。即注重生活品位、注重健康时尚、注重合理节约科学消费。其实，有些装修的"风格"是完全没有必要的，而且要的越多，带来的"隐患"越多。比如，近几年的儿童患白血病以及其他因环境外部因素致病的案例时有发生，很多确实是与不合理、不科学的装修有关的。所以，提倡简约的"消费观"。

具体到一些装饰要素方面，现代简约风格可以采用金属灯罩、玻璃灯、高纯度色彩、线条简洁的家具以及到位的软装来体现。

金属是工业化社会的产物，也是体现简约风格最有力的手段。各种不同造型的金属灯，都是现代简约派的代表产品。

空间简约，色彩就要跳跃出来。苹果绿、深蓝、大红、纯黄等高纯度色彩大量运用，大胆而灵活，不单是对简约风格的遵循，也是个性的展示。

强调功能性设计，线条简约流畅，色彩对比强烈，这是现代风格家具的特点。此外，大量使用钢化玻璃、不锈钢等新型材料作为辅材，也是现代风格家具的常见装饰手法，能给人带来前卫、不受拘束的感觉。由于线条简单、装饰元素少，现代风格家具需要完美的软装配合，才能显示出美感。例如沙发需要靠垫、餐桌需要餐桌布、床需要窗帘和床单陪衬，软装到位是现代风格家具装饰的关键。

（八）新中式风格

新中式风格诞生于中国传统文化复兴的新时期，伴随着国力增强，民族意识逐渐复苏，人们开始从纷乱的"摹仿"和"拷贝"中整理出头绪。在探寻中国设计界的本土意识之初，逐渐成熟的消费市场孕育出含蓄秀美的新中式风格。在中国文化风靡全球的现今时代，中式元素与现代材质的巧妙兼柔，明清家具、窗棂、布艺床品相互辉映，再现了移步变景的精妙小品。

中国风并非完全意义上的复古明清，而是通过中式风格的特征，表达对清雅含蓄、端庄丰华的东方式精神境界的追求。

新中式风格主要包括两个方面的基本内容，一是中国传统风格文化意义在当前时代背景下的演绎；二是对中国当代文化充分理解基础上的当代设计。新中式风格不是纯粹的元素堆砌，而是通过对传统文化的认识，将现代元素和传统元素结合在一起，以现代人的审美需求来打造富有传统韵味的事物，让传统艺术在当今社会中得到合适的体现。

中国风的构成主要体现在传统家具（多以明清家具为主）、装饰品及黑、红为主的装饰色彩上。室内多采用对称式的布局方式，格调高雅，造型简朴优美，色彩浓重而成熟。中国传统室内陈设包括字画、匾幅、挂屏、盆景、瓷器、古玩、屏风、博古架等，追求一种修身养性的生活境界。中国传统室内装饰艺术的特点是总体布局对称均衡，端正稳健，而在装饰细节上崇尚自然情趣，花鸟、鱼虫等精雕细琢，富于变化，充分体现出中国传统美学精神。

中国传统居室非常讲究空间的层次感。这种传统的审美观念在"新中式"装饰风格中，又得到了全新的阐释：依据住宅使用人数和私密程度的不同，需要做出分隔的功能性空间，则采用"垭口"或简约化的"博古架"来区分；在需要隔绝视线的地方，则使用中式的屏风或窗棂，通过这种新的分隔方式，单元式住宅就展现出中式家居的层次之美。

第二节　家居陈列与摆放

一、家居陈列与摆放的原则

家具是现代家庭装饰在房间布置的主体部分，对居室的美化装饰影响极大。如果家具摆设不合理不仅不美观而且又不实用，甚至给生活带来种种不便。所以，掌握家居陈列与摆放的原则非常有必要。

（一）家居摆放的区域类型

在家庭中，人们一般习惯把一间住房分为三区：一是安静区，这个区域的特点是离窗户较远，光线比较弱，噪声也比较小，以安放床铺、衣柜等较为适宜；二是明亮区，靠近窗户，光线明亮，适合于看书写字，以放写字台、书架为好；三是行动区，为进门室的过道，除留一定的行走活动空间外，可在这一区域放置沙发、桌椅等。

根据这些区域不同的特点，家居摆放可以呈现不同的图形方式，有一字形、L 字形、U 字形等。

一字形：如果室内形状大致成方，室内较长的墙壁一侧，顺行摆放家具，如组合柜、床等，门开于宽向墙的三分之一部位，那么室内宽向墙的三分之二部位，可放置写字台或梳妆台之类家具，或在墙壁上挂镜子以提高室内亮度或宽度。

L 字形：室内形状为矩形，门稍微居中，若稍长的墙对着窗，可放置矮式组合柜或写字台于窗下，宽向墙的门侧放置沙发、桌子之类家具，让室内保留面积较大的空间。若另一侧长向墙放置家具，最好放置折叠式桌椅。

U 字形：卧室、客厅都可采用这种摆法，如平面床置窗前居中，两侧墙置橱柜，这样摆放家具有一定观赏性，只是室内地面空间相对少了些。客厅中的书柜、古玩柜等，都可以按照这种形式布置。这种总体设计，最好不求人为家具摆放的模式，需匠心独具，自成风格。

（二）家居沙发摆放的原则

客厅是家的中心，是家人及朋友相聚谈心的地方，也是让一家人茶余饭后围聚在一起展现家庭的温馨美好与其乐融融之处。通过沙发各种形式的摆放布置，可充分体现亲情的温暖和生活的舒适，让人们在有限空间里享受无限亲密。甚至可以说，沙发怎么摆放，看似简单，却大有讲究，因为它关乎着客厅的灵魂。沙发区是客厅布置的重点，不同类型的家庭有不同的使用需求，沙发自然也有不同的摆放法则：

（1）一字形布局的中规中矩　客厅里，一字形沙发区用得十分普遍，它给人以温馨紧凑的感觉，适合营造亲密的氛围。只要将客厅里的沙发简单地呈一字形摆放，即将沙发沿着一侧墙面一字排开，对面放置茶几、电视。这样的布局能节省空间，增加客厅活动范围，适合狭长型小客厅。

（2）L 形转角式的多变　转角形沙发区一般适合较为时尚的家居设计，而且也可以让空间得到充分利用。多个或单个沙发组合成的转角式具有可移动、可变更性，可根据需要变换布局，让客厅永远充满新鲜感。

（3）沙发与背景墙融为一体　沙发的摆放除了形式布局之外，还有一个因素必须结合起来考虑，那就是沙发背后的墙面。好的设计可使两者或融为一体或互为补充。

（4）U 形组合式的灵动空间　U 形格局摆放的沙发，往往占用的空间比较大，所以使用的舒适度也相对较高，特别适合人口比较多的家庭。一家人围坐在一起享受天伦之乐，交流起来十分方便。因为 U 形格局围合出一定的空间，所以沙发自身具有隐形隔断的作用，无形之中将客厅的边界划分出来。

（5）围合形的多功能体现　沙发围合形的布局越来越受到追捧，这种布置不仅让空间中心更为突出，而且使功能性更为丰富。沿三面相邻的墙面布置沙发，中间放一张茶几，客人入座方便，交谈容易，视线能环顾周围，对于热衷社交的家庭来说是再合适不过了。

（6）两个中心的沙发区　虽然一般客厅沙发区都只有一个中心，但针对大面积客厅及主人有特殊需求的，沙发区也可以设置有一主一次两个中心。即在客厅中间摆放转角 L 形沙发，形成一个适合交流的外敞式空间，另外选择两个单人沙发，放置在靠墙的位置，将客厅交流空间丰满起来，为了保持相对的私密性，转角沙发与单人沙发之间采用线帘等软性隔断，两个中心既独立又相互联系。

二、家居陈列与摆放的方法

家庭装饰和家居陈列与摆放都是为了家庭成员的生理和心理舒适与生活方便而设计的，所以现代家庭装饰要根据人体工程学中的有关计测数据，从人的尺度、动作域、心理空间以及人际交往的空间等，以确定空间范围。家具设施为人所使用，因此它们的形体、尺度必须以人体尺度为主要依据；同时，人们为了使用这些家具和设施，其周围必须留有活动和使用的最小余地，这些要求都要根据人体工程科学地予以解决。

中式家具沉稳而不失情趣，线条硬朗而不失柔美细节，韵味十足。即便是那些采用了欧式家装风格的消费者，也都喜欢购置几件中式家具放在家中，既符合现代人的生活习惯，又为房间增添了几分古色古香。如果那些造型和功能设计特别古典的中式家具不适应现代的家居生活，那么新中式家具则在尺寸上大都可以进行改良，购买时可以根据用户的身高和生活习惯进行改动。

明清的客厅典雅大气，现代居室因格局和面积所限，只能追求神似。在中式与西式之间取得平衡，目前家具市场中的绝大多数"古典家具"已经不再是完全明清风格的家具了，比如把玻璃搭在榆木架子上制成中式餐桌就很受年轻消费者的欢迎，这需要创新的精神。

许多品牌的新中式卧室家具基本上已经舍弃了复杂的雕花，只在局部进行一些镂刻，甚至只运用一些传统家具的色彩和基本造型，整体上给人一种淡雅的怀旧感，从而把复古的味道简化到极点，使古典韵味与现代实用相得益彰。

总结几个居家陈列的小技巧。

技巧一：在陈列家居小摆设的时候一定要注意错落有致，因为家居摆设高低，大小都不一样，因此，在摆放的时候摆设品之间的高度最好不要相差太多。

技巧二：家居陈列在放置的时候要与整体家居风格协调，因为每个家居在装修的时候都有偏重的风格，可能欧式些，也可能中式些，那么在摆放家居摆设的时候就要考虑到家居的风格，尽量挑选和家居风格相同的家居摆设，以免出现不协调的感觉。

技巧三：家居陈列要重质不重量，在选择家居摆设的时候，一定不要贪多，而且要考虑到家居的面积，少而精的摆放原则可以让家居看起来非常协调，如果摆放的饰品过杂，会给人一种杂而不实的感觉。

室内家具摆设的饰品如何保养呢？要注意以下几个方面：

1）不能处于阳光下曝晒或紧挨着火炉、空调等热源，不能紧贴着水池，更不能处于无遮掩的通风处，这样容易使木材发生局部干裂、变形及漆膜出现局部质变。

2）保持居室空气湿度的相对恒定。

3）不要让坚硬的金属制品或其他利器碰撞木家具，以致表面出现痕迹。

4）不要用酸、碱、盐溶液浸泡家具表面，不要让热茶杯、烟头、电熨斗接触家具表面。

5）经常用软棉布顺着木的纹理方向擦掉家具表面的灰尘，去尘之前，应在软布上蘸点清洁剂。

第三节　家庭插花装饰

插花作为一种高雅的生活艺术，在公共生活中越来越受欢迎，它在家庭生活的应用也越来越普遍。鲜花清新的气息，典雅的花艺布置，能使人感触景致，让人回归自然，悠闲自在；赏花后，用花抚慰心灵，传达人与自然朴素的情愫，让人心旷神怡。

家庭插花装饰是室内环境和室外环境共同作用下的一种艺术处理方式。因此，家居布置中花卉布置必须从建筑形式、卧室规模、自然与居室环境、家居形式与色彩等方面来考虑，使之与室内外环境和氛围协调、融合。同时，必须充分考虑个人品位和审美趣味。

一、插花艺术的特点和作用

插花艺术与服装艺术、建筑艺术、绘画艺术等艺术类型一样，在实际生活中广泛受到人们的喜爱，但作为一种有着悠久发展历史，并具有独特艺术魅力的一种艺术形式，又有着自己独特的特点。

（一）以花传情，充满诗情画意，有深邃的意境

插花艺术表现插花创作者强烈的创作激情，力图通过作品优美动人的外貌，传达创作者的心声，使欣赏者深入到诗情画意的意境中去。即插花艺术作品不仅以优美的造型和色彩等给人视觉上以美感的享受，而且透过外在形态，去欣赏其内在的充满诗情画意的意境美，得到精神上的鼓舞、启迪和快慰，丰富生活、陶冶情操。

插花艺术造型一般有直立、倾斜、水平和下垂四种基本构图形式，其变化不拘一格，形成自然多变的构图，这多变的构图，可以描绘大自然的风雨雷电、千姿百态；能够反

映人间社会的喜怒哀乐、酸甜苦辣。根据作品的主题和应用要求，选用插花的形式和花材，可不受基本构图形式的限制，插花创作者根据怎样更利于表达主题和应用要求，就采用怎样的形式。

（二）讲究时间和时令性

插花艺术用到的花材是鲜切花，鲜切花由于花材不带根，吸收水分养分受到限制，水养时间短暂，少则 1～2 天，多则 10 天或半个月，要保持其新鲜度。因此，插花作品供创作和欣赏的时间较短，要求创作者与欣赏者都要有时间观念，创作者要把花材开放的最佳状态展示给观众，而欣赏者最好在展览的前三天去参观欣赏。

自然界的花材具有时令性的特点，在自然条件下开花的花卉称为时令花卉，符合季节和气候的特点。而温室中的一些反季节花卉是通过室内温度调节模仿环境生长的。时令花卉指的不是一朵花，而是不同的季节和不同的花代表。例如，一月份的时令花卉有天竺葵、梅花、君子兰和蟹爪。一般春天开花的时令花卉是比较多的，比如春兰、小苍兰、仙客来、君子兰、连翘、马蹄莲、山茶花、报春花、郁金香、桃花等都是春季的时令花卉。

夏天，温度越来越高，时令花卉也有很多。比如马蹄莲、牡丹、勿忘我、金银花等。除了观赏价值之外，其中一些时令花卉还可以应用到医学领域，具有一定的用药价值。

时令花卉最大的特点是它适应自然环境生长，而且容易种植。对于想在家庭中用花卉来装饰居家环境的人来说，根据季节选择自己喜欢的时令花卉尤其重要。

（三）花材和容器的选择随意

插花作品在选用花材和容器方面非常随意和广泛，可随陈设场合及创作需要灵活选用；作品的构思、造型可简可繁，可任由作者发挥；作品的陈设及更换也都较灵活随意。具体到花材方面，有罕见的名贵花材，也有随处生长的自然界野趣花材；插花容器的选择也是如此，随着材质、造型、贵重程度等不同，自由选择。

对于家庭插花来说，通常具有插花体量稍小，造型较简单，使用花材较少的特点。日常生活中，人们可以利用大自然中一切花草树木，随意插作出一件件令人赏心悦目的居家插花作品，比如野趣插花。凡是不用商品花材插制的富有野趣的插花，都可称为野趣插花。它是插花的最早形式。野趣插花的特色十分鲜明，具有浓郁的大自然气息，再现了大自然的优美风貌。野趣插花用材十分广泛，花草树木都可应用，不同的季节采用不同的应时花材，插花的容器更是随意，家中凡是能盛水的器具都可使用。在居室中摆放一件野趣插花作品，就把大自然的美景引入到人们的生活环境中，大自然浓浓的清新气息，在室内扩展、充盈，人们宛若置身于大自然的怀抱。居室插花，贵精不贵多，一室之内不宜摆放过多的插花作品，否则就像到了花店一样，五色杂陈，互相干扰，反而降低了观赏效果。

以蔬菜、水果为花材的插花形式，具有浓厚的居家特色。用蔬菜、水果为花材插制的插花作品，带有家庭的亲切韵味，布置在相宜的部位，使人感到温馨。

（四）插花作品的装饰性强

插花作品艺术感染力非常强，美化效果最快，具有立竿见影的效果和强烈烘托气氛的作用，用来装饰家庭，无论是客厅还是居室，陈设一瓶造型优美、色调相宜的插花，会顿觉室内生机勃勃、春意盎然，真可谓"插花一瓶，满室生辉"。插花创作者集众花之美而造型，随环境而陈设的插花作品，具有画龙点睛和立竿见影的效果。这是盆景、雕塑等艺术无法与之相比的。

（五）充满生命活力

插花所用的花材无论是春花、夏草、秋实、冬枝都是大自然的产物，展示着自然独特的特征，插花以鲜活的植物材料为素材，将大自然的美景和生活中的美，艺术地再现于人们面前，作品充满了生命的活力，给人以高雅、优美的享受。尽管近代新潮插花允许使用一些非植物材料，但其只能作附属物。

插花在家装美化装饰中的作用广泛，插花的好处多多也是人们热衷选择插花的原因。

1. 调节家庭环境，美化环境，陶冶情操

家庭插花是浓缩大自然的美丽景色在其中，能够渲染家庭环境并创造温馨而优雅的家庭环境。它将成为一幅美丽的风景画，带给人们一个好心情，放松身心，释放生活压力，陶冶情操。

2. 增加家庭空间色彩，改善空间结构

家庭插花不仅可以给居室空间增添不同色彩、创造视觉美享受，而且还可以利用花卉美容装饰一些难以使用的角落，达到改善分离空间、让人看得一清二楚的目的。

3. 丰富闲暇时光

布置家花不仅令人赏心悦目，而且能调节好生活。在紧张的工作中，你可以选择几种鲜花，带回家做漂亮的插花作品，不仅美化家居，调节生活，而且丰富休闲时间，丰富自己。

二、创作家居插花艺作品的花材

插花是指将剪切下来的植物的根、茎、叶、花、果等作为素材，经过一定的技术（修剪、整枝、弯曲）和艺术（构思、造型、设色）加工，重新配置成一件精致美丽、富有诗情画意、能再现大自然美和人工美的花卉艺术品。插花艺术不是单纯的各种花材的组合，也不是简单的造型，是融生活情趣、文化知识、艺术修养为一体的一种艺术创作活动。

在生活中，适于用来做插花素材的材料很多。根据不同的花材性质可分为鲜花、干花及通过工艺流程制作成的仿真花三种。不同性质的花材适用于不同的场所。通常在家庭生活中，可以把这三种花材灵活地加以运用。

此外，根据不同花材的价值可将其分为普通花材与高档花材，充分满足了不同阶层、不同群体的需要。一般说来，普通花材是指在市场上人们见得非常多的为大众所熟悉的花材，并不是依其市场价格来决定，如小菊、天门冬、一枝黄花等。所有特殊形状的花材均是高档花材，属于高档花材的通常市场价格比较贵，如红掌系列、马蹄莲、天堂鸟、跳舞兰、蝴蝶兰等，但并不是所有特殊形状的花材均是高档花材，如非洲菊和向日葵，这两种花材花型规整，为普通的圆形，但是因为其花的中心在盛开后为黑色，而黑色的花在自然状态下是不能形成的，有了这类黑心的花，就多少弥补了自然界中黑色的花没有的缺陷。家庭插花作品一般没必要选择非常高档的花材，通常以搭配自然为好。

当然，也可按不同的花材形态将其分为线状花材、团（块）状花材、特殊形状花材、散状花材四大类。线状花材即形状呈线条状的花材，是构成花型轮廓和基本骨架的主要花材。东方式插花中非常注重线状花材的运用，如剑兰、银芽柳、金鱼草、蛇鞭菊、各种植物的枝条、茎等均是非常良好的线状花材。在插花作品中，通常用这类花材来确定整个作品的高度。各种不同的线形其表现力均不相同，直线刚毅、富有生命力；曲线优雅，潇洒飘逸；粗线条表现阳刚之美；细线条呈现清丽典雅之姿。团状花材一般花朵呈圆形或块状，花容美丽，色彩艳丽，可单独插，也可与其他形状的花材配合插制作为焦点花，故又称为焦点花。西方式插花尤其注重这类花材的运用，作品体量大，花大色艳，表现力强，常常是环境中视线的焦点所在。如月季、牡丹、荷花、大丽花、向日葵等。散状花材花形细小，一枝多花，通常在作品中作为配花，用来填补空间，增加层次感，故又称为填充花材。三大填充花材是指满天星、情人草和勿忘我，其中又以满天星独占上风，白色轻盈的花枝给人以梦幻朦胧的感觉。特殊形状花材花形奇特、形体较大，1～2朵便可引人注目，通常这类花材为高档花材，如卡特兰、鹤望兰、百合等。

三、家居装饰中的插花作品布置

在生活中，家居插花更多的是讲究自由和随意，不受时间、地点、主题等的限制，可以充分地表现主人的审美情趣。也可随意选择花材，除了平时可利用的一些大众花卉（如玫瑰、百合等）外，也可选择一些水果、蔬菜来搭配，有时从野外采集到的一些不起眼的野花野草，如狗尾巴花、芦苇花、小麦、水稻等，均是非常好的家居插花材料，能毫不掩饰地表现大自然的原野气息。

6-2 家庭植物
养护

（一）客厅插花的布置

在居室中，客厅占了一个重要的位置，所占空间面积大，通常也是主人会客和来宾最先注意的地方，所以客厅用花首先应突出体量，同时应营造出一种热情、友好、温暖的气氛，让来宾感觉宾至如归。一般来说，客厅插花布置宜选择西方式插花，一般以草本花卉为主，用花数量多，色彩鲜艳，如香石竹、非洲菊、百合、玫瑰等，常用款式有圆形、半圆形、扇形或三角形等。由于客厅是多功能的，室内家具由沙发、茶几、椅、电视柜等组成，是插花创作及摆设的依据。沙发前的茶几宜放置较矮的插花，以团状花材为主，色彩宜丰富明快。另外也可利用果盆和鲜花来搭配，花香、果香为客厅创造出一种优雅的气氛。电视柜、组合装饰柜等处可利用瓶花来装饰，多采用直立型或单一品种的花，如一束玫瑰、一束百合等随意插制，也能充分展现自然的姿态。墙角处可放置大型的盆花或花篮，修饰转角的空白。但在布置时，应考虑墙面装饰颜色，色彩搭配应统一协调。在客厅插花布置时，通常会忽略掉顶棚的位置。由于顶棚所处位置较高，所以在插花布置时以工艺仿真花为主，观赏时间较强。常常是配合顶棚灯饰的布置，无论是色彩或造型均应与灯饰相烘托，以下垂型插花作品为主，吊挂在顶棚上，可适量搭配常春藤等叶材表现飘逸的姿态。顶棚的布置有别于传统家居装饰，能给人眼前一亮、耳目一新的感觉，同时也可体现主人的品位，让清新的自然气息融入进居室的每一寸空间。

（二）卧室插花的布置

卧室是人们休息、放松、睡眠的场所。优雅的卧室环境，对于提高人们的生活、工作质量有着重要的影响。所以卧室插花作品布置应以营造一个宁静、休闲、温馨、惬意的环境为目标，结合床、床头柜、挂衣柜、梳妆台等家具来布置插花作品。

由于卧室的空间相对较小，所以插花作品不宜过大，数量不宜过多，以免造成拥挤、沉闷的感觉。作品通常以东方式插花或自由式插花造型为主，充分体现主人的个性和居室的风格。卧室插花应特别注意色彩的营造，作品色彩应与环境相协调，一般不宜选择色彩过于鲜艳或过于素雅的花材，太过亮丽的颜色能刺激人们的神经系统，如大红色、深紫色，让人们很难安静放松下来，而用粉红色或淡黄色则能创造一个温馨、舒适的环境效果。而太过素雅的色彩又能让人产生忧郁、忧伤的情绪。同时，在对色彩的处理上，还应考虑到季节的变化和窗帘的颜色。火热的夏季宜用给人以清凉的冷色调花材，通常可搭配较多的叶材或是以水生植物花材为主，如荷叶、水葱等；也可在窗户上悬挂绿色室内观叶植物，如绿萝花、情人泪、一串钱等。而在银装素裹的冬天宜选择给人以温暖的暖色调花材，如红色、黄色、橙色等，玫瑰、粉掌等均可以。如果卧室的墙体用的是壁纸装饰，则插花作品切不可花哨，应结合墙面的颜色、卧室的整体风格综合考虑。

（三）书房插花的布置

书房的环境较特殊，通常被认为是最能体现主人个性风格、内涵修养、专业爱好的地方，所以书房的插花布置应以突出主人的职业特征和个性特点为主，达到雅中求静、简洁大方、清新明快的特点。书房的书桌、书架、椅子等配以书画工艺品，具有浓郁的书香气息。插花作品可结合古玩、字画等，表现某一主题，通过作品寄托主人的情怀和抱负等，融知识性和趣味性于一体，形成独特的文雅气氛。如用"花中四君子"——梅、兰、竹、菊等表现一年四季的景观，同时体现出主人谦谦如君子的风范；利用"岁寒三友"——松、竹、梅的铮铮风骨来表现主人奋发向上的精神风貌。书房插花通常以东方式插花为主，所用花材不多，可充分利用自然界中的木本枝条表现作品，通过不同质感的枝条体现主人不同的心境和追求，托物言志，借景抒怀。

同时，书房插花布置也可结合悬挂的字画对墙体进行装饰，但一般用干花，体现古朴典雅的感觉，造型可根据个人爱好进行。

（四）厨房插花的布置

厨房的环境较特殊。厨房是家庭中油烟味最浓的地方，所以在插花的选择上，应以工艺仿真花为主，避免油烟对鲜花产生过敏性伤害；而且，工艺仿真花能够以假乱真，同时便于清洗，取得良好的效果。

厨房插花布置应以突出厨房特征为出发点，可结合工艺仿真花搭配一些水果、蔬菜，如可以在一个菜篮中放置黄色的香蕉、紫色的茄子、青色的辣椒、绿色的芹菜、红色的西红柿，中间用几支白色的百合高挑出来，便是一个非常有趣味的生活插花作品。

厨房中，餐桌是使用频率最高的地方，由于空间的限制，插花作品应以小型为宜，造型方面以突出生活的趣味性和情调为宜。如选用一两朵花再配以些许绿叶，用瓶插或碗插均可。也可用形状各异的高脚酒杯点缀一些亮丽的水果如葡萄、柠檬等，为餐桌增添一抹亮丽的颜色。如果放在餐桌正中央，则高度不宜过高，以不阻挡面对面的视线为宜，通常不超过 25cm。在厨房及餐桌的作品布置上，可以充分利用一些生活中的饮料瓶、碗、盘、碟等作为花器，体现轻松与自然的生活情趣。

总体来说，家居插花已成为人们提高生活品质的重要组成部分，它将自然融入生活，带给人们赏心悦目的美感、愉悦的心情，充分体现了主人的个性与品位，是非常值得现代人们去追求的一件美好的事情。

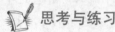 思考与练习

1. 现代家庭装饰中，古典欧式风格又分为哪几种类型？
2. 请按以下要求制作一个扇形插花花篮。
（1）插前处理程序完善。
（2）单面观赏，总高度不低于 60cm。
（3）造型明确，花体和篮体比例适中，立体感强，稳定性好，装饰效果明显。
（4）花篮背部简单修饰与花泥遮盖处理。
（5）色彩搭配和谐、美观大方。
（6）花篮制作完成后清理场地，做到无污物，无水渍。
3. 请根据以下要求完成家庭插花任务：李先生，职业是基层公务员，退休。太太王女士，职业是中学老师，退休。子女不在身边，家庭装修为中式风格，请为李先生家庭客厅制作中式插花作品。插花主题背景：重阳节插花。

家政精神篇

第 **7** 章　现代家庭礼仪

本章学习目标

理解礼仪内涵。

理解礼仪的本质与特征。

掌握礼仪的种类。

掌握家庭礼仪的意义与特点。

【案例导入】

家庭礼仪教育的重要性

涛涛今年 8 岁，学习成绩挺好，只是有些不懂礼貌。例如，家里来客人从不主动打招呼，从不会说"谢谢"。父母有时也想批评孩子，但觉得孩子只要学习好，其他的不过是小事，不想"委屈"孩子，仍然对涛涛宠爱有加。

一天，父亲带涛涛去参加一个比较正式的晚宴，才发现孩子站没站相，坐没坐相。别人还没入席，涛涛先一屁股坐在正中位，旁若无人地吆喝服务员要可乐。菜一上桌就伸筷子去夹，等到上龙虾这道菜时，因为是涛涛最爱吃的，他竟然整盘端到自己面前，就像在家里一样。虽然来客们都说"没关系，没关系"，但父亲还是看到了鄙夷的目光，觉得如坐针毡，难堪得要命，觉得很丢脸。

"养不教，父之过。"父母如果不想"委屈"孩子，那么孩子就会让父母委屈。

第一节　礼仪概述

礼仪是人们在社会活动中的言行规范和待人接物的标志，是人类为维系社会正常生活而要求人们共同遵守的最起码的道德规范、行为规范的总称。

家庭礼仪是整个社会礼仪的基础元素，在现代社会生活中发挥着重要的作用：一方面能使家庭成员之间建立和谐的关系，是家庭生存和实现幸福的前提；另一方面重视家庭礼仪对整个社会良好风气的形成有着积极的作用，能有力推动和谐社会建设的进程。

一、礼仪的涵义

汉字中的"礼"，"礼，履也，所以事神致福也。"（许慎《说文解字》）最初的意思是敬神，随着人类文明的发展，"礼"逐渐被引申为表达对他人的尊重与敬爱之意。

礼仪是表示礼节和仪式。而"礼仪"中"礼"字就是表示敬意、尊敬、崇敬之意，多用于对他人的尊重。"礼"，多是指个人性的，像鞠躬、欠身等，就是礼节。"仪"是"礼"的形式，它包括礼节、仪式。"仪"是指仪容、仪表和举止，是体现出来的思想、道德和情操。

"仪者，度也"。也就是要符合法度、规则。在仪式进行过程中要严肃认真、循规蹈矩。同时更要注意把握好分寸。

"仪"，通"宜"，即适宜、合适之意，一个人合适得体的举止称为宜，体现在恰当端庄的仪表、仪容和形式方面。"仪"，则多是指集体性的，像开幕式、阅兵式等，就是仪式。

"礼"和"仪"合在一起，就是以审美的方式表达崇敬之意。

所谓礼仪是指人们在社会交往活动过程中形成的应共同遵守的行为规范和准则，涉及穿着、交往、沟通、情商等内容，具体表现为礼节、礼貌、仪表、仪俗、仪式等。

礼节：礼节是人们表示尊敬、祝颂、哀悼之类的各种惯用形式。如介绍、握手、鞠躬、亲吻、脱帽、名片、通联、宴会、舞会等礼节。

礼貌：言谈、举止行为的礼貌。主要是指个人的仪表、言语、行为，更带有约定俗成的性质。

仪表：仪容、仪态、服饰、化妆等。

仪俗：民俗礼仪、外国礼仪、风俗习惯等。

仪式：是指在定场合举行的、具有专门程序、规范化的活动。如成人仪式、结婚仪式、开业仪式、签字仪式、剪彩仪式、奠基仪式、洗礼仪式、捐赠仪式等。

二、礼仪的起源

礼仪作为人际交往的重要的行为规范，它不是随意凭空臆造的，也不是可有可无的。了解礼仪的起源，有利于认识礼仪的本质，自觉地按照礼仪规范的要求进行社交活动。对于礼仪的起源，研究者们有各种观点，可大致归纳为以下几种。

有一种观点认为，礼仪起源于祭祀。东汉许慎的《说文解字》对"礼"字的解释是这样的："履也，所以事神致福也从示从豊豊亦声。"意思是实践约定的事情，用来给神灵看，以求得赐福。"礼"字是会意字，"示"是指神从中可以分析出，"礼"字与古代祭祀神灵的仪式有关。古时祭祀活动不是随意地进行的，它是严格地按照一定的程序、一定的方式进行的。

有一种观点认为，礼仪起源于法庭的规定。在西方，"礼仪"一词源于法语的

"Etiguette",原意是"法庭上的通行证"。古代法国为了保证法庭中活动的秩序,将印有法庭纪律的通告证发给进入法庭的每个人,作为遵守的规矩和行为准则。后来"Etiguette"一词进入英文,演变为"礼仪"的含义,成为人们交往中应遵循的规矩和准则。

另外还有一种观点认为,礼仪起源于风俗习惯。人是不能离开社会和群体的,人与人在长期的交往活动中,渐渐地产生了一些约定俗成的习惯,久而久之这些习惯成为了人与人交际的规范,当这些交往习惯以文字的形式被记录并同时被人们自觉地遵守后,就逐渐成为了人们交际交往固定的礼仪。遵守礼仪,不仅使人们的社会交往活动变得有序、有章可循,同时也能使人与人在交往中更具有亲和力。

三、礼制和礼俗

中华礼仪按性质和作用来分,由两部分组成,一为礼制,二为礼俗,这种划分大致从春秋战国开始,《管子·牧民》篇的注疏有"大礼""小礼"之说,即"礼之大者在国家典章制度,其小者在平民日用居处行习之间"。显然,所谓"大礼"就是礼制,是国家制定的礼仪制度,现代礼仪中的政府礼仪、外交礼仪等当属此列;所谓"小礼",可理解为礼俗,是民间人际交往习惯形成的礼仪习俗,现代礼仪中的人生礼仪、交际礼仪等当属此类。

周礼中的"五礼":

吉礼:"以吉礼事邦国之鬼神祇",即祭祀之礼,祈神赐福,求吉祥如意。

宾礼:"以宾礼亲邦国",即接待宾客之礼。

嘉礼:"以嘉礼亲万民",即与百姓日常生活、人际交往息息相关的互相沟通,联络感情的礼仪。

军礼:"以军礼同邦国",即军队的操演、检阅、征伐之礼,以威慑各邦国,并使之服从规矩。

凶礼:"以凶礼哀邦国之忧",即对他人遭遇不幸的慰问、吊唁、抚恤之礼。

四、礼仪的本质

近现代著名学者辜鸿铭认为:礼貌的本质是什么呢?这就是体谅、照顾他人的感情。中国人有礼貌是因为他们过着一种心灵的生活,他们完全了解自己这份情感,很容易将心比心,推己及人,显示出体谅照顾他人情感的特性。中国人的礼貌是令人愉快的,是一种发自内心的礼貌。

(1)得体　要使大家都感到舒适,不是拘谨,更不是难堪。

在施礼、讲礼时要把握好"度",要求适中,不能过分,过犹不及。古语道:"礼过盛者,情必疏",耐人寻味。

要看场合,要求言谈举止符合自己的身份、地位;要看对象,对上级、长辈、宾客应尊敬些,对下级、晚辈应稳重点,对同事、同辈、朋友应随和点。

《礼记·乐记》:"礼者,天地之序也……中正无邪,礼之质也。"礼体现了符合自然规律的秩序，引申为人际关系中的"人"的定位，以防"过制则乱，过作则暴"的后果。

每个人都要明确自己的身份、地位，都要守本分，遵守规章制度，不可做出越轨之事。不偏不倚，怀着正直之心，做正事，走正道，才是礼的本质要求。

（2）真诚　苏格拉底曾言："不要靠馈赠来获得一个朋友，你须贡献你诚挚的爱，学习怎样用正当的方法来赢得一个人的心。"可见在与人交往时，真诚尊重是礼仪的首要原则，只有真诚待人才是尊重他人，只有真诚，方能创造和谐愉快的人际关系。

对人不说谎、不虚伪、不骗人、不侮辱人，所谓"骗人一次，终身无友"。

礼仪应是习惯而又自然地流露，是待人真心实意的友善表现。

"著诚去伪，礼之经也"，真诚才是礼仪的真谛。

"诚于中，形于外"，真正的礼仪应是发自内心对人真诚的尊重关心、爱护，并用自然得体的言行表达出来的行为。

（3）尊重　首先你必须自尊，更应懂得尊重他人。

一切礼仪的规则都是围绕着自尊和尊人这个核心而制定的；自尊是赢得他人尊敬的前提，一个不懂自尊的人必然被人鄙视；尊重他人是传统美德，更是礼仪的基本要求；注意"上交不谄，下交不骄"，既要锦上添花，更应雪中送炭。

（4）敬爱　"治礼，敬为大""守礼莫若敬"。这是中国古训，也说明礼的核心就是尊敬。

爱人者，人恒爱之；敬人者，人恒敬之。——《孟子·离娄下》

《礼记·曲礼》开宗明义就是"毋不敬"。把"敬"作为礼的不容忽视的本质内涵予以强调。"君子之于礼也，有所竭情尽慎，致其敬而诚若，有美而文而诚若"。

（5）宽容　礼之用，和为贵。各人生活的环境不同、性格有异、见解有别，就需要互相讲礼，理解、宽容以期达到和谐相处的境界；一个注重礼仪修养的人应具有宽阔的心胸、坦荡的襟怀和善解人意的心灵；"己所不欲，勿施于人""推己及人""严以律己、宽以待人"。

五、礼仪的特点

（一）民族性

由于长期共同生活而形成的民族，自然有自己特色的民族文化及其习俗。礼仪作为民族文化的重要组成部分，必然对自己的民族产生深远的影响。

从某种意义讲，礼仪是一个民族、国家的象征。春节时的拜年，清明节的祭扫祖墓，拱手作揖也是世界上龙的传人所独特的行礼动作。礼仪融进了民族传统精神。

（二）时代性

不同的时代具有相应不同的礼仪。社会的进步，文明的发展及其政治的变革，经济的发展，思想观念的变化，科技的应用必然导致礼仪在民族传统的基础上注入新的内容。扬弃那些不合时宜的部分，礼仪文化也就具有了时代的特征。

原始社会：祭天、敬神（即"图腾"）为主要内容的"礼"。

奴隶社会：礼成为阶级统治的工具，成为社会等级制度的表征，成为区分贵贱、尊卑、顺逆、贤愚的准则——阅兵、出师的"军礼"（傩舞）、成人仪式"冠礼"、婚礼、饮酒礼、祭祀礼等。

封建社会：形成"礼制"——"君君，臣臣，父父，子子"及"三纲五常"、忠孝节义、清朝的三跪九叩等。

中华民国：现代礼仪的逐渐兴起——"握手礼"由西方传入并流行。

（三）差异性

礼仪的差异性体现在群体的差异（包括不同的亚文化群体）及地域的差异（包括不同的国家和地区）。

"十里不同风，百里不同俗"。由于人们的生活环境不同，传统习惯有异，因此某些礼仪，尤其是习俗礼仪、团体礼仪、宗教礼仪就有地域、群体的局限性和差异性，只能在有限范围内通行。礼仪这种局部共通的差异性，使它在内容方面博大精深，形式上多姿多彩。

（四）共通性

礼仪是基于人类共同生存、生活、相处、交往的需要而产生、发展、完善的，因此，礼仪必然带有共通性。

特别随着现代科技的进步，地球变得越来越小，国际之间、人际之间交往越来越频繁，为适应这些交往的需要，人们就必须共同遵行某些交际的行为规范，这就形成了现代礼仪的共通性。比如，表达关怀与尊重是世界通行的礼仪的真谛。微笑表达友善、接纳。

共通的国际性礼制，比如，在国际性运动会上，只能为竞赛成绩名列前茅的运动员举行升国旗仪式，只能为获得冠军的运动员奏国歌，这也是无可争辩的世界通行礼仪。

（五）对等性

礼仪不能"人人平等"，那就不是有序，而是混乱，也不是公正公平，而是无情无理。门口过道总是较狭小的，应该有秩序地依次进出而不能蜂拥般地挤进挤出。主席台的位子有限，必须按身份地位有次序地安排就坐，而不能讲平等谁想坐就坐上主席台正中。

《荀子·礼论》："礼者……贵贱有等，长幼有差，贫富轻重，皆有称也。"

礼仪讲究对等性，应注意以下三点：应承认礼仪有等级，礼仪强调"尊者优先""长幼有别"，毫不讳言人的等级性；要讲究礼仪的对应，"礼尚往来"；应注意"自我定位"。人贵有自知之明，在人际交往中更应如此，要有角色意识，自我定位。

无论是家庭生活，还是职业活动的人际交往，都必须有主客、长幼、上下、主从的身份、地位、职责意识。不能反客为主、没大没小、上下混淆、主从不分而贻笑大方。

六、礼仪的功能

中国自古以来就一直有"礼仪之邦"的美称，荀子的"不学礼无以立，人无礼则不生，事无礼则不成，国无礼则不宁"。彰显了"礼"的重要性。礼仪是在人际交往中以约定俗成的程序方式来表现的律己敬人的手段和过程，涉及仪容、仪表、穿着、言谈、交往、沟通、情商等内容。从个人修养的角度来看，礼仪可以说是一个人内在修养和素质的外在表现。从交际的角度来看，礼仪可以说是人际交往中适用的一种艺术、一种交际方式或交际方法，是人际交往中约定俗成的示人以尊重、友好的习惯做法。从传播的角度来看，礼仪可以说是在人际交往中进行相互沟通的技巧。

（一）个人层面

（1）礼仪是为人处世基本规矩　《礼记·冠义》谓："凡人之所以为人者，礼义也。"古人把是否有礼视为人与禽兽的本质区别。洛克指出"礼仪是儿童与青年所应该特别小心养成习惯的第一件大事。"礼仪是为人处世基本规矩，是一个人起码品格教养的直观表现。在某些关键场合"不矜细行，终累大德"，会引起无谓的麻烦，导致社交及事业的失败。礼仪是文明的重要标志，礼貌是人品教养的外在表现，也是形成"第一印象效应"的关键。

（2）礼仪可以帮助人们塑造美化的形象　一个人的总体形象包括外在的形象和内在的形象。外在的形象是表现出来的言谈举止、行为服饰等视觉形象，内在的形象则是人品、格调、气质、风度等人格形象。讲究礼仪可以有效地展现一个人的教养、风度和魅力，讲究礼仪，遵从礼仪规范，更好地体现一个人对他人和社会的认知水平和尊重程度。在人际交往中，恰如其分的礼貌、优雅的行为举止、和蔼可亲的态度以及高雅的谈吐是最好的介绍信。礼仪可以有效地展示一个人的教养、风度和魅力；礼仪体现出一个人对社会的认知水准、个人学识、修养和价值。可见，一个人良好的形象包含了丰富的礼仪内容。

（二）社会层面

礼仪是构成社会精神文明的基本要素。它在维护社会秩序、美化社会环境、净化社会风气、协调社会交往、增强社会活力等方面发挥着不可替代的作用。

"礼者，天地之序也。"说明礼仪有序化社会的功能。礼仪犹如社会润滑剂，可以帮助人们妥善处理各种关系，避免许多矛盾摩擦，促进社会秩序的稳定。"礼之所兴，众之所治也。礼之所废，众之所乱也。"

礼仪是古代和谐社会秩序的基本手段，也是现代稳定社会秩序的有效方式。

"礼貌是文明社会的一部分，礼貌是第一美德。"

具体来说，礼仪的社会功能表现在以下几个方面：

（1）有利于人与人之间的积极有效沟通　几乎每一种礼仪行为都表达一种甚至多种积极友善的信息。在人际交往中，交往双方都能按照礼仪的要求，有效地向交往对象表达自己的敬意、善意和友好，人际交往才可以顺利进行和延续。热情的问候、友善的目光、亲切的微笑、文雅的谈吐、得体的举止，不仅能唤起人们的沟通欲望，彼此建立起好感和信任，而且可以扩大沟通交流的广度与深度，获得意想不到的效果。

（2）有利于维护社会的和谐稳定　礼仪作为社会行为规范，对人们的行为有很强的约束力。社会的发展与稳定、家庭的和谐与安宁、邻里的和谐、同事之间的信任与合作，在很大程度上依赖于人们共同遵守礼仪的规范与要求。遵守礼仪的原则和规范，有助于建立和加强人与人之间相互尊重、友好合作的人际关系，有助于社会和谐稳定。

（3）有利于提升社会的道德水平　本质上，礼仪属于道德范畴，是社会主义精神文明及公共道德中重要的组成部分。社会交往活动中的礼仪、礼节，是人们互相联络感情、增进友谊、调整人际关系的一种手段，是一种社会道德，也是一个人公共道德修养的外在表现，诸如"女士优先""尊老爱幼""宽容互尊"等礼仪礼节都具有社会公德的内涵。从这个意义上说，礼仪、礼节对于整个社会的精神文明建设起着重要的作用，对提升整个社会的道德水平起着重要的作用。

礼仪关乎人格，关乎国格。人们要注重树立礼仪之邦的良好形象，重视对国家重要礼仪的教育与宣传，注重通过礼仪制度褒奖先进，彰显礼仪文化的时代价值。

七、礼仪的种类

（一）人生礼仪

1. 成年礼仪

成年礼又称为成丁礼。它是一种古老习俗的传承，在人的一生中具有重要的意义。在世界上许多原始民族中，成年礼是一个人由个体走向社会的一道必不可少的程序，有的过程十分隆重而且带有考验的性质，一个青年男女只有通过成年礼仪，才能取得一定的社会地位和权利，才能被社会成员认同，同时也应当履行一定的义务。我国古代，男子二十岁行冠礼即成年礼，男子二十岁时，由主持仪式者为男子戴三次帽子，称为"三加"，分别为"缁布冠"（布做的帽子）、"皮弁"（皮做的帽子）、"爵弁"（据说是没有上縆的冕，色似雀头赤而微黑，用于祭祀），象征冠者从此有了治人的权利、服兵役的义务和参加祭祀活动的资格；女子在十五岁时要行笄礼，但是规模比冠礼小，主要是由女性家长为行笄礼者改变发式，表示从此结束少女时代，可以嫁人。

2. 婚姻礼仪

婚礼是人生礼仪中的又一大礼，历来都受到个人、家庭和社会的高度重视。人们之所以重视成人礼仪，一个重要的功利目的，是与婚姻联系在一起的。人类自身要发展，社会要进步，都少不了人类的延续，从这一点来说，婚姻礼仪受到人、社会的重视就一点也不奇怪了。在我国古代，婚礼礼仪一般沿用"周公六礼"，即纳采、问名、纳吉、纳征、请期、亲迎等，现在很多地方还有议婚、行聘、过庚、迎娶、合卺等婚礼礼仪。

3. 丧葬礼仪

丧葬礼仪是人的一生当中最后一项"脱离仪式"。它是指人死后，亲属、友人、邻里为之举行殓殡、祭奠、哀悼的习俗惯制。丧葬习俗往往被视为将死者的灵魂送往死者世界必经的手续，既要寄托对死者的哀思，又要让死者的灵魂安居于另一个世界，不要在家中作祟，因此丧礼在我国历来是繁文缛节、诚惶诚恐，它涉及的范围非常广泛，内涵也极其复杂。

丧葬礼仪是中国传统文化的重要组成部分，历史悠久，构成复杂，凝聚了千百年来各地区、各民族、各层级的文化智慧。"慎终，追远，民德归厚"（《论语·学而》）是儒家对待丧祭的基本态度，丧葬礼仪着力于情感，初衷是要让猝不及防的亲人离世所带来的忧伤、痛苦、失落得以妥当地安放。慎终追远是对亡者一生的真切哀思与深情追忆，也是对"孝"的深化，稳固一种由家及国的道德基础。

（二）个人礼仪

1. 个人礼仪的内涵

人是礼仪的行为主体，所以讲礼仪首先应该从个人礼仪开始。个人礼仪主要包括言谈举止、仪表服饰等各方面的礼仪要求。包括个人仪表仪容仪态的恰当体现，言谈举止的得体表达以及一般礼节的正确运用等基本功，是个人素质教养、待人处事态度的反映。

个人礼仪是社会个体的生活行为规范与待人处事的准则，是个人仪表、仪容、言谈、举止、待人、接物等方面的个体规定，是个人道德品质、文化素养、教养良知等精神内涵的外在表现。其核心是尊重他人，与人友善，表里如一，内外一致。

个人礼仪是一种文明行为标准，其在个人行为方面的具体规定，无一不带有社会主义精神文明高尚而诚挚的特点。讲究个人礼仪是社会成员之间相互尊重、彼此友好的表示，是一个人的公共道德修养在社会活动中的体现。

自觉遵守、自愿践行社会主义公德，自觉加强个人品格修养、文化素养，才能由衷地表现出对他人的尊敬之心、友好之情，才能真正地打动对方、感染对方，"敬人者，人恒敬之"，增进彼此间的友谊，融洽彼此间的关系。

那些故作姿态、附庸风雅而内心不懂礼、不知礼的行为，或人前人后两副面孔的假文明、假斯文行径均属"金玉其外，败絮其中"者所为，众人将对此嗤之以鼻。"诚于中则形于外"，只有内心具备了高尚的道德情操，才能有风流儒雅的风度；只有有道德、有修养、有文化、有学识的人才能"知书达礼"，才能严于律己、宽以待人；自觉按社会公德行事，才能懂得尊重别人，就是等于尊重自己；懂得遵守并维护社会公德，就是为自己创造一个文明知礼、轻松愉快的生活环境的道理，才能真正成为明辨礼与非礼的界限的社会主义文明之人。

2. 个人礼仪的基本要求

个人礼仪包括仪容礼仪、仪表礼仪、仪态礼仪等内容。

仪容礼仪是指人们在社交场合应注意自己的仪容，给人以端庄、大方、整洁的良好形象。仪容是指容貌，包括头发、面部、手部等方面。仪表礼仪是指着装要整洁、美观、得体，并与自身形象、出入场合以及穿着搭配相协调。仪态礼仪是指人们的站姿、坐姿、行姿等方面要优雅合适、自然得体、端庄稳重。

3. 个人仪容的基本要求

（1）发型得体　注意保持清洁，发型修饰得体。男士头发应前不盖眉，侧不掩耳，后不及领。女士根据年龄、职业、场合的不同，梳理得当。

（2）面部清爽　男士应每天修面剃须，女士宜淡妆修饰，在公众、异性面前不要化妆、补妆。

（3）表情自然　应保持面部自然从容，目光温顺平和，嘴角略带微笑，让人感到真诚可信、和蔼可亲。

（4）手部清洁　要养成勤洗手、勤剪指甲的习惯。女士在正式场合不宜涂抹鲜艳的指甲油。

（三）家庭礼仪

家庭礼仪是指人们在长期的家庭生活中，用以沟通思想、交流信息、联络感情而逐渐形成的约定俗成的行为准则和礼节、仪式的总称。"不幸的家庭有各自的不幸，幸福的家庭却一样幸福"。一般来说，幸福的家庭就是建立在礼仪基础上的家庭。譬如，"相敬如宾、白头偕老"告诉我们，夫妻间以礼相待、相互尊重，才能携手幸福到老；"父子和而家不败，兄弟和而家不分，乡党和而争讼息，夫妇和而家道兴"，告诉我们家庭要兴旺，父子、兄弟、邻里、夫妇之间相互谦恭有礼是关键。家庭礼仪反映了民族传统和地方习俗以及家庭教养、家风家规，主要包括家庭成员、亲戚亲族之间的称谓的礼仪，以及相互问候、贺庆、拜访、待客、家庭应酬等方面的礼仪。

（四）社交礼仪

社交礼仪是指社会成员之间交往时的规范与准则，包含生活中的方方面面，致意、问候、介绍、交谈、拜访、接待、宴会、舞会、聚会、馈赠、探病等社会活动的礼仪。社交礼仪是一种道德行为规范。规范就是规矩、章法、条条框框，也就是说社交礼仪是对人的行为进行约束的条条框框，告诉你要怎么做，不要怎么做。如你到老师办公室办事，进门前要先敲门，若不敲门就直接闯进去是失礼的。社交礼仪比起法律、纪律，其约束力要弱得多，违反社交礼仪规范，只能让别人产生厌恶，别人不能对你进行制裁，为此，社交礼仪的约束要靠道德修养的自律。

（五）公共礼仪

公共礼仪是人们在社会活动尤其在公共场所中所应遵行的言语和行为规范，与活动内容及场所相适应的仪表仪容、言谈举止和饮食、居住、旅行、观光、娱乐、通信等活动及在公共场所的礼仪。一个人在公共礼仪方面的表现在很大程度上反映其人格与教养。公共礼仪体现社会公德。在社会交往中，良好的公共礼仪可以使人际之间的交往更加和谐，使人们的生活环境更加美好。公共礼仪总的原则是：遵守秩序、仪表整洁、讲究卫生、尊老爱幼。

（六）职业礼仪

职业礼仪是指从事一定职业的人在职业活动中应遵循的行为规范、准则以及行业的规范动作及仪式，如商业礼仪、教师礼仪、医生礼仪、演员礼仪、公务员礼仪、军队礼仪、体育礼仪。职业礼仪在维持社会秩序，纯正社会风气，促进社会进步方面具有无可替代的作用。

7-1 家政服务员
职业礼仪

（七）政务礼仪

从广义角度讲，政务礼仪是指国家公务机关及相关事业单位在内部沟通交流及对外服务时的礼仪标准及原则，具体表现为国家政府为维护自身尊严，协调各方面关系而推行的某些方式、措施，如升国旗仪式、节日及重大事件庆典、纪念大会、重要的追悼大会、公务接待、对灾荒事故等的救济、慰问、抚恤等。

从狭义角度讲，政务礼仪从属于社会礼仪，主要适用于从事公务活动、执行国家公务的公务员。政务礼仪具有鲜明的强制性特点，它要求公务员在执行国家公务时必须严格遵守。政务礼仪的核心是要求公务员真正自觉地恪守职责，勤于政务，廉洁奉公，忠于国家，忠于人民，严格要求自己，规范自己在公务活动中的行为。其根本目的是提高整个国家行政机关的工作效率，维护国家行政机关的形象和个人形象。

（八）习俗礼仪

习俗礼仪是与各民族传统风俗习惯有关的礼仪，如节日庆贺、婚丧嫁娶、祭祖扫墓、敬神娱乐、迎来送往等礼仪，及各种生活禁忌等。习俗礼仪是一个民族、一个地域历史传统的重要内容。我国有春节、元宵节、清明节、端午节、乞巧节、中秋节、重阳节等传统节日，这些节日中蕴含着丰富的习俗礼仪内容，是中华文明重要的组成部分。

第二节　现代家庭礼仪概述

家庭礼仪是整个社会礼仪的基础元素，在现代社会生活中发挥着重要的作用：一方面能使家庭成员之间建立和谐的关系，是家庭生存和实现幸福的前提；另一方面重视家庭礼仪对整个社会良好风气的形成有着积极的作用，能有力推动和谐社会建设的进程。

一、家庭礼仪的作用与特点

（一）家庭礼仪在现代社会生活中发挥着重要的作用

家庭是社会生活中最基本的单位，不仅是个人终身的生活基地，也是接受教育的第一场所。在个人社会化的过程中，尤其在个人成长的最初几个阶段，家庭对个人人格特征的形成，心理品质、价值取向等都会造成非常明显的影响。父母作为个人人生开始最直接、最亲密的接触者，对子女的影响尤为重要。

家庭礼仪是整个社会礼仪的基础元素。它在现代社会生活中发挥着重要的作用，是维持家庭生存和实现幸福的基础，能使家庭成员之间达成和谐的关系。在家庭中提倡讲究文明礼貌对整个社会形成良好的风气有着积极的推动作用，也能为家庭生活带来更多的幸福和欢乐。

家庭礼仪在现代社会生活中发挥着重要的作用：

（1）家庭礼仪是维持家庭生存和实现幸福的基础 良好的家庭礼仪可以使家庭成员和谐相处，为家庭的幸福和美满奠定了稳定的基础。特别是夫妻之间遵守一定的礼仪规范，可以减少双方的摩擦，增进夫妻之间的感情，其行为举止也会影响家庭其他成员的行为和情感。俗语中"相敬如宾，白头偕老"阐述的就是这个道理。所以，家庭礼仪是创造和谐的家庭氛围，维系家庭幸福的基础。

（2）家庭礼仪是促进家庭成员健康成长的重要途径 家庭礼仪是提高个人素质，提高家庭成员人生质量的保障。良好的个人素质受到家庭环境的影响和熏陶，对个人的品质和思想的形成起着重要的作用。同时每个人的一生都离不开家庭，人生质量的高低、好坏都与家庭环境密切相关。个人素质的提高，也有利于家庭成员对人生观、价值观有较高程度的认识，也有利于家庭成员对未来生活的选择更加趋于合理、科学。

（3）家庭礼仪有利于社会的安定和谐 家庭是社会的细胞，和睦幸福的家庭，其成员都会有健康、进取、积极的生活态度。带着这样的人生观和价值观投入到社会工作中，必然带来积极、向上的良好社会风气，促进社会的文明进步，保证社会的安定和谐。家庭礼仪也有助于社会的安定、国家的发展。

（二）家庭礼仪的特点

家庭礼仪的基本特点主要表现在以血缘关系为基础，以感情联络为目的，以相互关心为原则、以社会效益为标准等几个方面。

1. 以血缘关系为基础

家庭礼仪主要体现在家庭成员之间，而家庭成员之间的关系是人类社会中最为普遍的关系，以血缘关系、感情关系为核心。因此，在家庭礼仪的形成、建立和运用过程中，必须从血缘关系这一基本点出发的。

2. 以感情联络为目的

家庭礼仪的主要职能并非以个人形象的塑造为侧重点，而是通过种种习惯形成的礼节、仪式来进一步沟通感情。俗话说"亲戚亲戚，不走不亲"，就是强调亲友间的感情有了血缘关系的基础，还得需要通过一定的礼仪手段来维持、强化和巩固。婚嫁喜庆、乔迁新居、寿诞生日等种种快乐，通过礼仪的传播，可以使更多的人体会和享受，这一传播过程的最终目的就是加强感情联系。

3. 以相互关心为原则

之所以说"母爱是最伟大、最神圣的爱"是因为母爱的主要内涵是无私的奉献、无微不至的关怀。要衡量一件事或某一行为是否符合家庭礼仪要求，只要分析一下双方之间是否存在相互关心的成分，真诚的祝贺、耐心的劝导、热情的帮助本身就是合乎礼仪的。

4．以社会效益为标准

不同的时代环境、不同的区域、风俗，礼仪存在着很大的差异性，家庭礼仪也一样。因为它受多种因素的影响，家庭活动中的许多礼节、仪节始终也是变化发展的，如封建社会的婚礼有拜堂入洞房等繁文缛节，而当今出现了许多集体婚礼、旅游结婚等新的婚礼程序。但有一点却是可以肯定的，那就是要评判某一种家庭礼节、仪式是否是进步的、合乎礼仪规范的，只要看它是否能产生很好的社会效益这一标准。

（三）家庭礼仪的内容

1．成员礼仪

家庭成员是家庭活动的主体，也是家庭礼仪的具体操作者，其地位相当重要，可以说，家庭礼仪在某种程度上即成员礼仪。成员礼仪主要是指成员之间的礼仪规范，如夫妻之间的礼仪、父母子女之间的礼仪、兄弟姐妹之间的礼仪等。

2．称谓礼仪

一个人的姓名称谓其实是一种约定俗成，并得到了大家公认的符号，所以称谓存在着很强的适应性和广泛性。它紧紧伴随着家庭成员之间的人际交往。对于称谓礼仪主要着重研究两点：一是礼貌性，二是规范性。

人们常说的祖宗十八代是指自己上下九代的宗族成员。上序依次为：父母，祖父母，曾祖父母，高祖父母，天祖父母，烈祖父母，太祖父母，远祖父母，鼻祖父母。下序依次为：子，孙，曾孙，玄孙，来孙，晜孙，仍孙，云孙，耳孙。

3．仪式礼仪

家庭活动中离不开某些仪式，如婚礼、葬礼等，这一些仪式都有各自不同的一套行为准则与活动规范，举办者与参加者由于所处的地位、立场不同，其行为都应遵从或符合一定的礼仪规范和要求，如庆贺和祝贺礼仪、馈赠礼仪等。

4．待客与应酬礼仪

礼仪作为行为准则，不仅制约实施者一方，同时也要求另一方遵守规则和规范。在家庭礼仪中就涉及主人的待客与客人的应酬的问题，这一问题从其内容来说，因为涉及的大多是家庭生活，故属于家庭礼仪的研究范畴；从其形式来看，它也是与个人礼仪、社交礼节密切相关的。

二、家庭成员的个人礼仪

一个人的仪表、仪态，是其修养、文明程度的表现。古人认为，举止庄重，进退有礼，执事谨敬，文质彬彬，不仅能够保持个人的尊严，还有助于进德修业。古代思想家曾经拿禽兽的皮毛与人的仪表仪态相比较，禽兽没有了皮毛，就不能为禽兽；人失去仪礼，也就是不成为人了。在与他人的交往中，30s 第一印象的构成 =7% 的谈话内容 +38% 的举止 +55% 的外貌，由此可见举止外貌在交往中是多么重要。

（一）服饰礼仪

服饰礼仪是人们在交往过程中为了相互表示尊重与友好，达到交往的和谐而体现在服饰上的一种行为规范。

　　服饰是一种文化，它反映着一个民族的文化水平和物质文明发展的程度。服饰具有极强的表现功能，在社交活动中，人们可以通过服饰来判断一个人的身份地位、涵养；通过服饰可展示个体内心对美的追求、体现自我的审美感受；通过服饰可以增进一个人的仪表、气质；通过服饰也能表现出一个人对自己、对他人乃至对生活的态度。所以，服饰是人类的一种内在美和外在美的统一。

7-2 西装礼仪

　　（二）言语礼仪

　　言语礼仪分为有声语言和无声语言。

　　有声语言表达的基本元素有语音、语调；语气、语速；停顿的技巧；重音的表达；节奏的把握。

　　无声语言是借助非有声语言来传递信息、表达感情、参与交际活动的一种不出声的伴随语言。主要以体语为主，如用眼睛传情、用身体姿势表意等。美国心理学家阿伯特·梅哈拉说：“在感情交流上，无言的举止往往比语言更传情。”

　　常见的无声语言包括表情语、目光语和界域语。

　　（1）表情语　通过面部肌肉的运动来传递喜、怒、哀、乐等。在人际交往中，微笑被认为是人类最美好的语言。

　　（2）目光语　目光微妙的变化，准确、迅速地反映着人深层心理情感的变化。如仰视，有尊敬或崇拜之感；俯视，一般表示爱护、宽容与傲慢、轻视之意；而正视则体现平等、公正或自信、坦率。言谈中目光应以温和、大方、亲切为宜，多用平视的目光语；礼貌的做法是：用自然、柔和的眼光看着对方双眼和嘴部之间的区域；注视时间占交谈时间 30% ～ 60%；凝视的时间不能超过 4 ～ 5s。

　　（3）界域语　是交际者之间以空间距离所传递的信息。交往中注意与人保持一定的距离。如夫妻、情侣距离是 0 ～ 0.45m；朋友、熟人是 0.45 ～ 1.22m；社交和谈判则在 1.22 ～ 3.17m 最好。

　　“良言一句三冬暖，恶语伤人六月寒”，在家庭日常生活以及社交活动中，应该注重言语的礼仪，比如，言语真诚、得体、委婉、文雅；自谦和敬人，是不可分割的整体，多用敬辞与谦语；言语要与自身角色与身份一致。

　　（三）站坐仪态的礼仪

　　培根说：“标准而适度的仪态使人放松和信任，相貌的美高于色泽的美，而秀雅合适的动作美高于相貌的美，这是美的精华。”在日常生活中，要修养仪态礼仪。

　　1. 坐姿——坐如钟

　　坐姿的基本要求是“坐如钟”。入座时，应以轻盈和缓的步履，从容自如地走到座位前，然后转身轻而稳地落座，并将右脚与左脚并排自然摆放。

　　（1）基本要求　端正、稳重、温文尔雅、自然亲切。

（2）基本要领　入座时，应轻、缓、稳，动作协调、柔如、神态自如。从椅侧入座走到椅前转身，右脚后退半步，然后轻稳坐下。女性入座时，要用手把裙子向前拢一下，坐下后上身要伸直，胸微挺，头正目平嘴微闭，臀部坐在椅子中央，两腿自然弯曲，小腿与地面基本垂直，两脚平落地面。起立时，右脚先向后收半步，然后起立。

女性不良坐姿：脚尖相对成"内八字"——不优雅；两脚张开摆成"人字"形式——不斯文；两脚交叉，给人印象不良；足尖翘起，易招人非议。

男性坐姿要求上半身挺起，背部和臀部呈直角，双膝稍分开一个拳头距离，两腿自然弯曲，双脚平落地上，双手自然放在双膝上。禁忌：半躺半坐，前仰后倾，歪之斜之，两腿过于分开，颤脚，摇腿等。

2．站姿——站如松

站立是人们生活交往中的一种最基本的举止。站姿是人静态的造型动作，优美、典雅的站姿是发展人的不同动态美的基础和起点。优美的站姿能显示个人的自信，衬托出美好的气质和风度，并给他人留下美好的印象。

（1）基本要求　端正、自然稳重、亲切、精神饱满。

（2）基本要领　头正颈直，双眼平视，嘴唇微闭，面带微笑，下颌微收，挺胸直腰收腹，两臂自然下垂，腿膝伸直，重心在两脚中心，肌肉略有收缩感。

（3）禁忌　探脖、弓背、斜肩、撅臀等。

（四）表情礼仪

表情是人的思想感情和内在情绪的外露。脸部则是人体中最能传情达意的部位，可以表现出喜、怒、哀、乐、忧、思等各种复杂的思想感情。在交际活动中表情倍受人们的注意。在人的千变万化的表情中，眼神和微笑最具礼仪功能和表现力。

眼睛是心灵之窗，它能如实地反映出人的喜怒哀乐。有的人在与陌生人交往时，不知把目光怎样安置，不敢对视或死盯着对方，这都是不礼貌的。良好的交际目光应是坦然、亲切、和蔼有神的。做到这一点的要领是：放松精神，把自己的目光放虚一点，不要聚集在对方脸上的某个部位。

五官中，嘴的表现力仅次于眼睛。笑主要是由嘴部来完成的。嘴部是一个人全部表情中比较显露的突出的部位，它是生动的、多变的感情表达语。笑是眼、眉、嘴和颜面的动作集合，它能够有效地表达人的内心感情。在人的各种笑颜中，微笑是最常见的、用途最广、损失最小而效益最大的。

（五）手势礼仪

说话做事时，为了加强语气，强调内容，通常用富有表现力的手势配合语言，以加强效果。所谓手势是指表示某种意思时用手所做的动作。手势可以表达丰富的信息内涵。不同的手势传递不同的信息，人们的内心思想活动和对待他人的态度都可以在手势上明显反映。

因此，做手势的同时要讲究动作的准确与否，幅度的大小、力度的强弱、速度的快慢、时间的长短。否则，个人形象会因为小小的手势而大打折扣。

使用手势的禁忌：一忌用手指指向别人，这是失礼的行为。如需指示什么，应用手掌。二忌头枕双手，这是自我放松的手势，会给人暗示我已疲倦，不想再谈的意思。三忌手插口袋，尤其是服务或管理人员，会给人以管理松散之感。四忌摆弄手指，反复摆弄自己的手指，显得很无聊，这是对对方的一种轻视。五忌抓耳挠腮，抚弄身体。如摸下巴、揉眼睛、抓痒、抠脚等。六忌在公众场合频打响指，显得很幼稚，不严肃、稳重。

三、家庭成员的社交礼仪

（一）见面握手的礼仪

（1）握手的姿势 右手掌略向前下方伸直，四指并拢，上身稍向前倾，头略低，面带微笑，并伴有问候性语言。

（2）握手的时间 一般以 3 ～ 5s 为好。

（3）握手的力度 握手用力要均匀，也不要完全无力。男人同女人握手，一般只轻握对方的手指部分。

（4）握手时应注意的问题 伸手的先后顺序：男士女士间，女士先伸手；晚辈长辈间，长辈先伸手；上司下属间，上司先伸手；老师学生间，老师先伸手；迎接客人时，主人先伸手；送别客人时，客人先伸手。

握手时一定要注意对方眼睛且一定要寒暄。握手的同时要看着对方的眼睛，有力但不能握痛，大约持续两三秒，只晃两三下，开始和结束要干净利索，不要在整个介绍过程中一直握着对方的手。

握手是一项基本的社交礼仪，要注意以下八大禁忌：

禁忌一：握手时心不在焉。

禁忌二：用左手和别人握手。

禁忌三：带手套和他人握手。

禁忌四：戴墨镜和他人握手。

禁忌五：用双手和女士握手。

禁忌六：两手交叉和别人握手。

禁忌七：握手时左手拿东西或插兜里。

禁忌八：手上又脏又湿，当场搓揩后握手。

在社交礼仪中，握手的时机也是需要把握的，当对方将手伸向你时，初次见面时，与客人 / 主人打招呼时，与熟人重逢时，告别时，需要与他人握手。

（二）电话礼仪

打电话是现代人交往中必不可少的一项基本礼仪。

1. 打电话时间的选择

一般来说，晚上 10:00—早上 8:00，中午 12:30—14:30 属于休息时间，这个时间段除非有特别紧急事情，不要给他人打电话；节假日期间，打电话可以用其他方式替代，如发信息或者留言；尽量避开对方通话高峰时间、业务繁忙时间、生理厌倦时间，具体而言为周一上午、周五下午及工作日上班的前两个小时；他人私人时间、节假日及休息日尽量避免拨打电话，如有需要可考虑以短信形式替代；给国外人士打电话，先要了解一下时差；社交电话最好在工作之余拨打。

2. 打电话空间的选择

打电话最好选择相对私密的空间，安静不喧闹，而公众空间（影剧院、餐厅、商场、会议中心等）打电话是不礼貌的。

3. 通话长度的控制

打电话适宜长话短说，有一项基本原则是"电话三分钟原则"，标准化做法是在打电话之前，列提纲，做到言简意赅，不浪费对方时间，不说少说废话，这是对他人的尊重。

4. 挂电话的原则

打电话时，通常会遇到谁先挂电话的难题。一般来说，地位高者先挂电话；长辈先挂电话；同等地位时，被求的人先挂。

5. 做电话记录的技巧

当在工作接到别人的电话，需要记录并转述内容时，应当遵循 5W1H 的原则与技巧。也就是，何时（When）、何人（Who）、何地（Where）、何事（What）、为什么（Why）、如何进行（How）。

（三）餐饮礼仪

1. 座次的安排

餐饮礼仪中座次的安排总体原则是："以右为尊""以远为上""面朝大门为尊"。

2. 点菜的技巧和禁忌

如果时间允许，应该等大多数客人到齐之后，将菜单供客人传阅，并请他们来点菜。在点菜前，询问客人的饮食禁忌：宗教的饮食禁忌；出于健康原因的饮食禁忌；不同地区，人们的饮食偏好往往不同；有些职业的特殊饮食禁忌。

3. "吃相"的讲究

在餐桌上很能反映出一个人的礼仪文明，俗称吃要有"吃相"。好的"吃相"要做到夹菜文明，适量取菜；细嚼慢咽；顺时针方向旋转取菜；用餐的动作要文雅，安静就餐；嘴里有东西的时候，不要和别人聊天；进餐时尽量不要发出声音，不口含食物讲话；夹菜时不要用筷子在盘中挑拣，尽量不要起身；如有公筷或者公勺，要尽量使用公筷和公勺。

4. 喝酒的礼仪

在现代人的交往中，餐桌上喝酒与敬酒已然成为并不可少的一道环节，因此，掌握一些必备的喝酒礼仪是必要的。敬酒一定要站起来，双手举杯；可以多人敬一人，决不可一人敬多人；端起酒杯，右手扼杯，左手垫杯底，记着自己的杯子永远低于别人；如果没有特殊人物在场，碰酒最好按时针顺序，不要厚此薄彼；碰杯，敬酒，要有说词等。

四、家庭礼仪教育

礼仪教育的过程就是礼仪习惯的养成过程，也就是社会的个体化再到个体的社会化的过程。其实质是要把一个具有自然属性的个体的人培养成为适应时代要求的社会的人。

家庭是孩子的第一所学校，孩子从小生活在家庭里，受到最初的、往往也是最有影响的启蒙教育。他们在家庭中生活和活动，经过耳濡目染、潜移默化，逐渐形成各种思想意识、行为习惯。

父母是孩子的第一任老师。家庭教育中最重要的内容，不只是给孩子多灌输知识，而是帮助孩子养成礼仪习惯，能够与人友好相处，在共同的进步中、发展中更进一步地充实、发展、完善自己。在这方面，家庭礼仪教育以其独特的既是首发站又是终点站的家庭的地位，无疑是起到了桥梁与纽带的作用。

如何进行家庭礼仪教育呢？

一方面，发挥家庭作为礼仪教育第一课堂的作用，讲好家风故事，把礼仪传家、勤俭持家的优良传统发扬光大，将中华的传统家庭美德，通过言传身教、耳濡目染，促进少年儿童学礼尚礼。

1. 家长表率

古人云："其身正，不令而行；其身不正，虽令而不从。"苏联大文豪托尔斯泰也有句名言："全部教育，或者说千分之九百九十九的教育都归结到榜样上，归结到父母自己生活的端正和完善上。"家庭礼仪教育的实施，应该加强教育者（主要是父母）自身的礼仪修养。

"孩子是父母言行的一面镜"，"父母是对孩子影响最先、最深的人，是孩子模仿最早、最多的形象"。孩子常常把自己的行为与父母相对照，孩子既可以从父母身上学到优点，又可学到缺点。

为人父母者要教育好自己的孩子，必须从自己日常生活的一言一行做起。作为家长，应该切实提高自己的礼仪修养，认真负责地扮演好孩子人生道路的引路人的角色，努力践行规范的文明礼仪，让孩子看得见、摸得着，从而自然地接受影响、教育，自觉地付诸实践。

2. 注重日常生活规范

俗话说："坐有坐相，站有站相，吃饭有吃饭的相。"家庭礼仪教育的实施，应该从身边细小的事情做起。比如早晨离开家时，要和家里人说"再见"；到托儿所要问"阿姨好"，"小朋友好"等。在街上，吃剩的果皮和冰棍杆，让孩子亲手送到垃圾箱里，不随意往地上乱扔。乘公共汽车，当别人让座时，总要说声谢谢。

教育过程本身就是一个由浅入深，从低到高，循序渐进，不断发展的动态过程。父母对子女的示范应该体现在日常生活中的时时处处，点点滴滴。

3. 优化环境

"与善人居，如入芝兰之室，久而不闻其香，则与之化矣；与恶人居，如入鲍鱼之肆，久而不闻其臭，则与之化矣。"孔子的话其实说的

7-3 孩子良好生活习惯的建立

是环境熏陶及良好的心理环境形成对人的深远影响问题。家庭礼仪教育的实施，应该营造一定的氛围，制造一定的舆论，以感情的变化促进礼仪活动的开展。

许多家教成功的父母都十分留心在每日的生活，在欢愉的气氛中，对孩子进行启蒙。现代人本主义教育思想也认为，创设彬彬有礼，愉快活泼，和谐协调，相互尊重关心、理解和信任的教育氛围是搞好教育的主要条件。作为家长，应该努力建设一个充满理解、信任和亲情的幸福家庭，这正是孕育良好礼仪素养的摇篮。

另一方面，发挥国家与社会的力量，积极推进全社会的礼仪教育，以宣示社会主流价值观，教化社会大众。

（1）完善礼仪制度，营造礼仪文化氛围　礼仪制度是调节各种社会关系、加强礼仪教育的重要基础。为此，以社会主义核心价值观为标杆，完善各类社会规范和道德公约守则，如市民公约、乡规民约、学生守则、行业规章、团体章程等，以此作为规范、调节社会大众的行为准则；营造浓厚的礼仪文化氛围，国家通过重大纪念庆典活动，如国庆节，彰显中华民族优秀的礼仪文化；通过专题栏目、公益广告等形式，大力宣传日常生活中的礼仪活动和礼仪规范，普及礼仪知识，讲好礼仪故事；围绕培育和弘扬现代礼仪文化，广泛开展群众性活动，礼仪文化进社区、进家庭，通过评选、表彰文明礼仪模范个人和先进单位，发挥的榜样力量。推动全社会形成适应新时代要求的思想观念、精神面貌、文明风尚、行为规范。

（2）优化礼仪教育模式　构建家庭、学校、社会协同发力的礼仪教育体系，让人们在实践中自觉感知礼仪、尊崇礼仪、践行礼仪，推动现代文明礼仪内化于心、外化于行。充分发挥学校的作用，开设礼仪课程，强化礼仪训练，组织开展升国旗仪式、入党入团入队仪式等礼仪实践活动，把礼仪教育贯穿教育教学全过程；各种相关社会组织通过举办礼仪培训班、礼仪文化节等，提高社会公共礼仪水平。倡导建立网络礼仪，形成一套体现现代文明精神的网络公共空间礼仪规范。

 思考与练习

1. 握手礼节应注意哪些问题？
2. 请说明体态语言的重要作用。
3. 有人说：家庭成员之间是最亲密的关系，因此无须讲究礼仪。请就此观点进行讨论。
4. 以小组为单位，编排一个反映家庭礼仪的情景剧。
5. 案例分析：一个研究生想出国深造，各方面都考查论证后，他到大使馆去办理签证。使馆人员和他谈话时，发觉他一边谈话一边乱翻人家办公桌上的东西，而且常常随意打断他人的谈话，一边谈话一边嚼泡泡糖，使使馆工作人员感到很不舒畅。最后，使馆人员的意见是拒绝出境，理由是这位研究生缺乏学者风度和应有的礼貌。你觉得使馆人员的意见正确吗？你对此有什么看法？

第 **8** 章　现代家庭文化

本章学习目标

理解家庭文化内涵。

理解家庭文化建设在现代文明建设中的重要作用。

掌握如何构建良好的家庭文化的策略和方法。

【案例导入】

陆游的家训

陆游的家训诗编入《放翁家训》，在宋代的家训中有一定的地位。此书结合陆游自己的切身经验写成，故在道德教育方面有独特发人深省之处，其中最突出的思想是教育子孙要继承清白家风，做清白人，专心耕读，做乡中君子。家训写道：

后生才锐者，最易坏事。若有之，父兄当以为忧，不可以为喜也。切须常加简束，令熟读经学，训以宽厚恭谨，勿令与浮薄者游处。自此十许年，志趣自成。不然，其可虑之事，盖非一端。吾此言，后生之药石也，各须谨之，毋贻后悔。

意思是：才思敏捷的孩子，最容易学坏。倘若有这样的情况，做长辈的应当把它看作忧虑的事，不能把它看作可喜的事。一定要经常加以约束和管教，让他们熟读儒家经典，训导他们做人必须宽容、厚道、恭敬、谨慎，不要让他们与轻浮浅薄之人来往。就这样十多年后，他们的志向和情趣会自然养成。不这样的话，那些可以担忧的事情就不会只有一个。我这些话，是年轻人治病的良药，都应该谨慎对待，不要留下遗憾。

你从中得到了什么启示？

第一节　现代家庭文化概述

一、家庭文化的含义

国以家为基，家以和为贵。家庭是做好人口工作的重要着力点，实施和谐幸福家庭工程，需要积极推进先进家庭文化建设。

什么是家庭文化？家庭文化是社会文化在家庭中的反映。从广义的角度讲，是指人们在家庭生活的过程中创造并孕育出来的人为环境、行为模式、伦理关系、物质文化生活及家庭生活方式等。这里既包括了家庭的物质文化（如住房格式、家具陈设、厨房器具、家用电器等），也包括了家庭的行为文化（如家庭伦理规范、行为规范、文化娱乐活动、学习文化知识等），还包括了家庭的精神文化（如家庭信仰、价值观念、家庭情趣、道德风尚等）。家庭文化水平的高低，反映了它所在的那个时代的物质生活和文化生活的水平。从狭义的角度讲，家庭文化是指家庭的文化生活，它包括家庭成员学习科学文化知识，从事文艺体育和娱乐活动，个人的情趣、爱好、道德、价值观念和精神追求。

综合以上内容，家庭文化指的是一个家庭世代承续过程中形成和发展起来的较为稳定的生活方式、生活作风、传统习惯、家庭道德规范以及为人处事之道等，是建立在家庭物质生活基础上的家庭精神生活和伦理生活的文化，既包括家庭的衣食住行等物质生活所体现的文化色彩，也包括文化生活、爱情生活、伦理道德等所体现的行为方式和价值规范。

二、家庭文化的内容

（1）家庭文化有明显的时代性　家庭受时代的影响，每个家庭都带有强烈的时代烙印。比如中国封建社会的家庭，就带有浓厚的封建主义色彩，在封建的宗法制度下的家庭，是由家长管制一切，而作为家长的，只能是男人。比如大家都很熟悉的，巴金先生的名著《家》描述的就是一个具有浓厚的封建主义色彩的家庭。这个家庭的一切，都是由其家长——高老太爷决定，在那个时代，女人连继承权都没有。在宗族方面，女子出嫁等于永远被开除出宗族。《礼记》上说，嫁女之家，三夜不熄烛，思相离也。意思是说，嫁女儿的家庭，三个晚上都点着蜡烛，让女儿和家人互相多看几眼，因为他们要永远分别了。《列女传》《女诫》成为封建社会规范女子行为的准则。

（2）家庭文化具有明显的社会性　东方社会和西方社会的家庭就有明显的民族、区域差别，从思想方式、行为方式、服饰、饮食到家居布置等，都明显地存在差异。比如西方社会比较注重对孩子个性和独立能力的培养，尊重孩子自己的意愿和选择。而东方社会更注重对孩子的关心，有些时候甚至是包办代替。

（3）家庭文化具有自发性和凝聚性的特点　家庭成员之间有着密切的联系，他们根据各自的爱好和不同的特点，自发地开展活动，如摄影、观赏戏剧、音乐、郊游等，自得其乐，有利于家庭成员之间融洽感情，增强家庭的凝聚力。家庭文化的形式多样、灵活，家庭成员的年龄、文化、职业、兴趣等，决定了家庭文化的形式，这种形式可以随着家庭成员年龄、兴趣的改变而改变。

概括来说，家庭文化的内容大致包括十一个方面：

（1）家庭的组建　不同的家庭、不同的家庭成员有不同的择偶条件。在过去，家庭主要成员的择偶观念对家庭成员的影响最大，甚至可以起决定性作用。随着时代的进步，自主择偶已经比较普遍。人们倡导把感情建立在平等、互助和共同的理想之上，把志同道合作为择偶的基本条件。

（2）家庭成员的关系　一个家庭，除配偶外，还有父母、子女、兄弟姐妹和亲属。如何处理好家庭成员之间的关系，是家庭文化的一项重要内容。

（3）家庭教育　在家庭教育、学校教育和社会教育这三大教育中，家庭教育是最先起步的，也是最基础的教育。父母是孩子的第一任老师，家庭教育对孩子的一生都将产生巨大影响。

（4）对老人的赡养　对自己和配偶父母的赡养是每个家庭成员的义务。

（5）邻里关系　我国老百姓中有一句俗话说"远亲不如近邻"，它说明邻里之间互帮互济，礼尚往来一直是我国的优良传统。现在，人们的居住环境改变了，邻里之间的交往接触相对比过去少了，但是邻里之间仍然应该保持互相体谅、互相谦让、和睦相处的优良传统，主动承担公共责任，营造宽松友善的邻里关系。

（6）家庭的饮食、环境卫生　饮食是人类维持生命的基本条件。随着人民物质生活水平的不断提高，家庭饮食正从吃得饱向吃得好、吃得科学、营养发展，这就需要人们掌握一些有关营养、烹饪、食物选购、储藏等方面的知识，以提高家庭饮食质量。家庭的环境卫生包括自然环境卫生和心理环境卫生两个方面，对家庭每个成员的健康影响都很大。创造一个良好的卫生环境，使家庭成员能在工作、学习之余得到调整，感受到家庭的温暖。

（7）家庭成员的服饰、家庭的设施、装潢　服饰包括衣服、鞋帽的穿戴及首饰、皮包、手表等小饰物的佩戴；家庭的设施和装潢，体现了家庭成员的文化修养和审美情趣、生活习惯等。家庭的设施、装潢要量力而行，以实用、美观、舒适为原则，切不可盲目地效仿别人。

（8）家庭气氛的营造　家庭气氛的营造是一门学问，也是一种艺术。人的一生有三分之二的时间是在家庭中度过的。实践证明，在一个宽松、和谐的家庭气氛中长大的孩子，一般都具有健康的心理和开朗随和的性格，相反，如果家庭气氛很紧张、不协调，孩子的性格容易变得孤僻、暴躁、多变。因此，营造和谐、宽松、健康的家庭气氛，对每个家庭成员都是很重要的。为了营造良好的家庭气氛，每个家庭成员都应该多动脑筋，比如适当地组织一些形式多样，内容丰富的家庭娱乐活动，这样不仅使家庭充满了生机，而且可以提高家庭的凝聚力，有利于家庭成员的身心健康。

（9）家庭的经济管理　勤俭节约是中国人的传统美德，善于理财才能丰衣足食。但是，家庭经济管理，也要具有时代特色。一方面要遵循量入为出的原则，减少不必要的浪费，不攀比。另一方面，要学会用科学知识指导消费。

（10）家庭的民主平等　家庭成员之间，应该平等相处，首先是男女平等。男女平等是我们国家的基本国策，在家庭中，要形成尊重女性、保护女性的风气，不搞大男子主义。还有家庭成员之间的平等，要互相尊重，不论大人还是孩子，都有权参与家庭事务的决策，不要搞一言堂、家长作风，要充分发扬民主，建立民主、平等的家庭人际关系。

（11）家庭的法律法规　没有规矩不成方圆。每个家庭都有自己的家规，比如，如何对待老人，如何教育子女，如何为人处世等。

三、现代家庭文化建设中存在的问题

家庭是社会的细胞，家是人生的港湾。人的一生，有大半时间是在家里度过的。可见，家在人的一生里是多么重要，家对于每一个人的人生影响又是多么重要。家庭文化则是家庭的"精神世界"，是传播文明、传播文化的"第一课堂"，无时无刻不在熏陶着、影响着、培育着、丰富着、充实着人们的精神世界，潜移默化着人们的精神道德、价值取向、文明素质和行为举止，乃至影响着人们的人生道路、人生价值。可以说，家庭文化对每个人，尤其是对青少年的人生有着至关重要的影响；良好的家庭文化氛围，又能有效地抗衡各种消极不良社会现象对人们的诱惑与腐蚀；同时，重视家庭文化建设，提高家庭精神文明水平，也是促进社会主义精神文明建设，提高国人文明水平和国民素质的重要环节与基础性工作。但不能不看到，随着改革开放的发展，社会的经济文明结构正在发生着深刻的变化，这种变化自然给家庭文化建设带来很多新矛盾、新问题。在诸多"环境文化"中，家庭文化是相对比较薄弱的，这种现象应该引起注意。

那么当今家庭文化建设面临着哪些新问题呢？

一是营造家庭文化建设氛围不浓。

随着信息技术的迅猛发展，信息网络化也给孩子带来一些负面影响，不健康的画面映入未成年人眼帘，误导着孩子的思想和价值取向。此现象引起一些家庭对家庭文化建设开始关心和重视起来，但也有部分人缺乏家庭文化建设的思想意识，甚至不懂得家庭文化是什么。建设怎么样的家庭文化，在家庭成员中没有共同目标，很少人专门去讨论家庭文化建设的问题。很多家庭忽视家庭文化建设，生活不讲文化，实际上成了"植物人"家庭。

二是社会开放和发展的加速，使家庭成员之间的生活、文化活动方式的差别进一步扩大。

过去一家人基本以一种方式生活，如今发生了很大的分化，使家庭成员可以以各种观念，多种方式生活。以消费为例，年轻人穿戴大都不求物美价廉，而只是追名牌，一件衣服一千多元，一双鞋就五六百元，老辈是绝不会舍得买的。面对两代人之间如此巨大的差异，谁该改变谁，谁又该向谁靠拢呢？所以一个家庭内必须得容忍"温饱型""小康型"和"向往富裕型"几种消费方式的共存。当然文化差异远不止消费这一个方面，只不过消费表现得更为突出罢了。目前看来，家庭文化走向多样化是不可改变的趋向，这就给家庭内的文化建设带来了新的难题。

三是家长教育理念偏颇。

在有些家庭中，家长没有从观念上做到家庭民主，特别是对未成年人的教育还是居高临下，少数人信奉"不打不成才""棍棒之下出孝子"等偏见，于是，对孩子非打即骂，使孩子身心备受摧残。把家庭文化建设简单地视同为家庭教育，只抓子女教育而忽略家庭成员共同来参与。父母粗暴的言行会影响孩子，造成孩子冷酷、暴躁等不良性格甚至人格畸形，助长孩子说谎、打架、偷窃等不良行为，导致孩子不明是非，走上歧途。不

同的家庭，不同的职业以及每个家庭成员不同文化素养，所构成的家庭文化也不尽相同。建设文明、进取、和睦、民主的家庭文化，营造健康、向上的家庭氛围，让每一个家庭成员都能感受到家庭的温暖，感受到家庭文化的营养和熏陶。良好的家庭环境，必将培育出优秀的有用之才。

家庭教育现状中的"望子成龙"，也是典型的中国特色的家庭教育。一些家长因为各种原因，常常把自身成长过程中的种种"遗憾"，"用最美好的希望"寄托在自己的孩子身上，因而对孩子成才的期望值较高。关心子女能否考高分上大学，而在家庭中应倡导什么，反对什么，引导子女怎么做人，怎样赋予爱心，赋予责任感则重视不够。在方法上重养育轻教育，物资充足，更多满足于子女吃饱穿暖而忽略心理需求。

四是家庭文化生活内容单调。

不能不看到，时下不少家庭，看重家庭物质文明建设，舍得投资，这当然没有错；但却轻视与忽视家庭精神文明建设，其中一个突出表现，便是不愿花钱买书。有社调资料显示，我国人均购书消费水平偏低，且又呈下降趋势。在一些家庭，"物质丰富，精神苍白"现象非常突出，有的家庭甚至看不到一本有价值的书籍。这种家庭建设"一手硬一手软"的现象亟待改变。应当重视培育家庭书香气息，让家人沐浴在书香气息中，沉浸其中，天长日久，不但会丰富知识学养，积淀文化素养，更会熏陶出一种美好的精神修养与精神气质，这是弥足珍贵的人生精神财富。

五是个别家长的嗜好成为反面教材。

个别家庭中存在的极端个人主义、享乐主义、拜金主义思想，有的家长抽烟酗酒、赌博、家庭暴力等现象，把不良的思想、行为直接传给了下一代。家庭是子女受教育的第一课堂，父母是子女的第一老师，父母的言行举止直接影响着子女的成长；父母的品质成为子女效仿的风范。建设什么样的家庭文化，家长起着极其重要的指导和带头作用，且有不可推卸的责任。家长应自觉检点自己的言行举止，要求孩子做到的，自己首先模范履行；要求孩子不能做的，自己坚决不能做。同时，根据孩子不同阶段的生理、心理特点，接受能力，以及乐于接受的方式，形式多样、生动活泼地进行。要寓教于环境，寓教于文化，寓教于娱乐之中，互相沟通，平等融洽。不断提高家庭教育中文化的含量，注意人文精神的影响，才能潜移默化，实现孩子思想品德以及行为习惯的内化，才能使家庭和谐，文化气氛增强，孩子受益匪浅。

四、重视现代家庭文化建设的意义

我国的家庭文化建设是有中国特色社会主义文化建设的重要组成部分，它是以马克思主义的家庭观和文化观为指导，以培育建设有中国特色社会主义事业的建设者和接班人为目标，发展面向现代化、面向世界、面向未来的、民族的科学的大众的社会主义家庭文化。面对科学技术的迅猛发展和综合国力的剧烈竞争，面对世界范围内各种思想文化的相互激荡，面对小康社会人民群众日益增长的文化需求，必须从社会主义事业兴旺发达和民族振兴的高度，充分认识建设家庭文化建设的重要意义。

（一）家庭文化建设有助于实施和谐幸福家庭工程

科学发展观的核心是以人为本，人口是影响经济社会发展的关键因素。实施和谐幸福家庭工程，是体现以人为本，提高人口素质，促进人口与经济、社会、资源、环境协调可持续发展的重要手段。家庭文化建设是实施和谐幸福家庭工程的其中之一，通过先进家庭文化建设，提升家庭成员的文化素养、文明程度、艺术造诣，以及精神面貌、道德风尚，使其振奋精神、凝聚人心、陶冶情操、增进交流，有助于倡导和营造家庭和美、邻里和气、社区和睦的良好氛围，是提高家庭发展能力、实施和谐幸福家庭工程的务实举措。

（二）家庭文化建设有助于传承民族优秀传统文化

民族优秀传统文化是我们中华民族的文化宝藏。民族传统文化的内涵非常丰富，积淀十分厚重。家庭则要珍重和传承民族优秀传统家庭文化。对于家庭而言，民族优秀传统文化最重要、最宝贵的，便是家庭伦理观念、伦理道德。毋庸置疑，在现代社会，仍然应该继承和发扬传统的家庭伦理观念、伦理道德，因为这是一种家庭美德。在现代社会、现代家庭，家庭伦理道德主要应该体现在家庭伦理道德观念、家庭责任意识、对家庭的忠诚、长幼有序、尊老爱幼、孝敬赡养老人、抚养培育孩子、家庭和气和睦和谐、家人之间宽容谦让、邻里之间谦和礼让互助、崇尚勤俭持家清明处世、戒除贪图享乐奢侈庸惰、知廉耻明是非、远离丑陋丑恶邪恶罪恶等。当然，在传承民族优秀传统家庭文化方面，要有所扬弃，注意摈弃一些封建愚昧消极的东西，如愚孝、男尊女卑、包办婚姻、家庭暴力等。

家庭文化建设，一个重要方面，就是树立现代文明理念，崇尚现代先进科学文化。概括地说，家庭要具有现代观念、现代意识、现代精神。具体说，家庭应该注意培育这样一些理念、精神、品质：与时俱进精神、科学精神、文明精神、时代精神、进取精神、奉献精神、法制意识、民主意识、平等意识、社会权利与社会责任义务意识、社会公德意识、社会主义荣辱观、现代社会家庭观等。

（三）家庭文化建设有助于提高家庭成员的文化素质

一方面，让先进文化进入广大家庭，提高广大家庭成员的文化素质，是先进家庭文化建设的一项根本任务和基础性工作，先进家庭文化建设就是要以人为本，致力于提高人的文化素质，促进人的全面发展；另一方面，家庭文化建设使家庭成员形成良好的文化意识，把家庭文化生活所需要的经费包括提高文化素质所需要的经费纳入家庭经济性的开支计划中，使家庭成员提高文化素质有必要的经费保证。

（四）家庭文化建设有助于优化人们的家庭生活方式

家庭生活方式是在一定的社会生活条件下，家庭群体在一定的生活价值观的指导下，为满足其整体和每个成员个体的需要而进行活动的方式。因此，先进家庭文化建设，有助于使广大家庭成员树立正确的世界观、人生观、价值观，指导广大家庭成员的生活观念、价值取向、行为准则、家庭美德、兴趣爱好、生活追求、生活情趣以及待人处事、亲朋往来、邻里交际等，从而使人们形成更加文明、健康、科学的家庭生活方式。

（五）家庭文化建设有助于更好地实现家庭的各项功能

家庭作为社会的基本细胞，对人类的生存和社会发展起着重要的作用，这就是家庭的功能，它主要有经济功能、生育功能、教育功能、抚养与赡养功能、满足家庭成员生理与心理需要的功能、休息与娱乐功能等。家庭功能的实现主要取决于一定历史条件下的社会需求和家庭特性。先进家庭文化建设，能够使家庭文化的形成和发展更好地适应文化的需求，坚持中国先进文化的前进方向；更好地影响和促进家庭成员的成长和发展，发挥家庭的作用，从而更好地实现家庭的各项功能。

第二节　构建现代家庭文化

家庭是构成人类社会的最小生活单位，对于国家、社会的建立、发展均有重要的影响。因此，从古至今中国社会非常注重家庭道德建设，讲求耕读为本、诗礼传家，形成了明理、孝亲、忠厚、诚信、勤俭等优良传统，并影响着整个中华民族的价值观和道德内涵。每一个家庭的家风、家训、家规是衡量每一个家庭文化的标准。家风、家训、家规是中国的传统文化，是深深刻在每个中国人心中的，家风是一个家庭在世代传承中形成的一种较为稳定的道德规范、传统习惯、为人之道、生活作风和生活方式的总和，它首先体现的是道德的力量。

一、家庭文化建设的内容

（一）制度性文化建设

主要是指建设家庭成员最基本的行为规范。

家庭文化制度包括国家有关法律在家庭中的落实和积淀，以及为了维护正常家庭生活、协调家庭与外部关系而形成的口头约定、正式家规、基本准则等内容。家庭文化制度是推动家庭建设和社会发展的最基本内生变量，是保障社会和谐运行的重要基石。从这个角度来分析，人类社会的发展过程实际上就是制度不断创新和发展的过程。和谐社会的发展需要和谐的家庭文化制度做支撑。

家庭文化制度建设的主要内容包括家庭礼仪、家庭调解、家庭生活教育、家庭养老扶幼的建设。

（1）家庭礼仪　礼仪是指人们在进行社会交往中相互交流情感信息时所借助的某种原则和方法的综合，它与一定的社会风俗、习惯相联系，反映着社会文明风尚的程度，既具有一种稳定社会秩序、协调人际关系的功能，又是人们表达情感的惯用形式。而家庭礼仪指的是人们在长期的家庭生活中，用以相互交流情感信息而逐渐形成的约定俗成的行为准则和礼节、仪式的总称。例如，在《广州市民礼仪手册》中，家庭礼仪被细分为夫妻礼仪、亲子礼仪、尊老礼仪等。夫妻礼仪尊重宽容始为爱，强调夫妻之间最重要的是人格的尊重，不论社会地位、职业类别、文化程度、经济收入等有何差异，都应该平等相待，互相尊重对方的人格和尊严；亲子礼仪强调与孩子一同成长；尊老礼仪强调寸草报得三春晖等内容。家庭礼仪应强调家庭中的每一个个体自身、夫妻之间、长辈与晚辈等之间的礼仪建设，调节家庭成员之间达成和谐的关系，强化维持家庭生存和实现幸福的基础。例如，要注重少年儿童的家庭礼仪教育。我国历代思想家、教育家都极为重视，将礼仪教育视为少年儿童的必修功课。孔子就曾谆谆告诫自己的儿子："不学礼，无以立"。朱熹曾在《童蒙须知》中从礼服冠履、言行步趋、洒扫涓洁、写字读书等方面对儿童礼仪做出过严格规定，明代王阳明也将学习礼仪列为儿童每日的必修课程。虽然当代对于青少年儿童的礼仪教化已不及古代社会烦琐和严格，但礼仪教育仍然是家庭启蒙教育的重要内容之一，并渗透入生活能力教育和文化知识教育之中。

（2）家庭调解　调解是指在第三方主持下，以国家法律、法规、规章和政策以及社会的公德为依据，对纠纷双方进行斡旋、劝说，促使他们互相谅解，进行协商，自愿达成协议，消除纷争的活动。家庭领域内的纠纷复杂却又琐碎，最大特性主要体现在家庭纠纷当事人之间的特殊人身关系，依靠法院并不能有效地采用对父母或孩子都有利的方式来处理家事纠纷，而调解的非对抗性使婚姻家庭纠纷当事人在互相理解的基础上，正面审视自己面临的问题。加拿大家庭调解协会首任会长岳云教授和迈克尔·本杰明博士认为家庭调解不处理过失，不进行指责，不提供法律忠告，不为当事人做决定。家庭调解的成功在于当事人谈判后得到最佳利益的协议，家庭调解制度的出现意味着提供了一条新的解决家庭纠纷的途径。

（3）家庭生活教育　"生活即教育"是陶行知生活教育理论的核心观念，"生活即教育，是生活便是教育；不是生活便不是教育"。从定义上说：生活教育是给生活以教育，用生活来教育，为生活向前向上的需要而教育。生活决定教育，家庭生活决定家庭教育，拥有较高质量的家庭生活更有利于实现好的家庭教育；家庭教育促进生活的变化，家庭教育随生活的变化而发展；家庭生活需要家庭教育，家庭教育也离不开家庭生活，两者是一个整体。家庭生活教育就是要帮助家庭成员使其社会化，培养每个人成长为具备情感、意志、品格、生活技能及家庭伦理等素质的合格的社会人。家庭生活教育的推进之所以重要，首先，具备情感、意志、品格、生活技能及家庭伦理等素质并非天赋的而是后天学习形成的，也就是说，是在接受教育的过程中逐渐具备家庭人际关系调适、生活管理等的知识和技能；其次，家庭生活的内容是一个动态更新的过程，在当今时代快速变革、信息海量爆炸、家庭生活内容不断更新的社会中，要在接受家庭生活的传统经验的同时，不断积累和消化新的特征。

（4）家庭养老扶幼　家庭养老扶幼是一个历史性范畴，它以家庭的存在为必要的社会历史条件。我国经历了长期的传统农业社会，家庭既是生活单位又是生产单位，具有多方面功能，在这种社会条件下，家庭养老扶幼是一种最主要、最普遍、最根本的生活方式。一方面，我国已进入老龄化社会，但目前社会养老保障体系仍不完善。因此，要提高对家庭式养老的认识，让每个公民都明白，养老不仅仅是亲情寄托，更是社会责任。另一方面，要扶助、爱护孩子的成长。要学会正确地疼爱孩子，不能溺爱孩子；正确引导孩子的思想，从小教育孩子要独立自强；要培养孩子的正确价值观等，给孩子的成长创造一个良好的环境。

（二）知识性家庭文化建设

知识是文化的核心，它包括家庭主要成员的文化程度、知识水平、思维能力、表达能力、组织能力、应变能力等，是决定家庭文化层次的主要因素。

进行家庭文化建设就必须努力改善家庭文化结构，提高家庭成员的知识水平。家庭教育是家庭文化建设的重要内容，不仅未成年人要接受家庭教育，中、老年人也要经常学习，使家庭成为经常的、终身学习的学校。

俗话说"行百里路读万卷书""读书破万卷，下笔如有神""书中自有颜如玉，书中自有黄金屋"。可见，书在生活中的重要性。作为父母，工作之余可以去图书馆借一些书籍，作为日常的读物。孩子在家庭这个大环境里会受到家庭气氛的熏陶，如果父母都以身作则，在日常多读书多看文章，孩子也会被父母的行为所影响，找到读书中的乐趣。积极的家庭文化是父母和孩子共同努力的结果，父母作为孩子的人生导师有义务引导孩子朝着更加正确方向努力和前进。

多读书，读好书。因为书是人类生活经验的积累，实践经验的总结，凯勒说："一本新书像一艘船，带领着我们从狭隘的地方驶向生活的无限广阔的海洋。"爱上读书是一件幸福的事，读书不仅使人增长知识、开阔胸怀、活跃思想、陶冶情趣，而且往往决定一个人的未来命运以及生活道路。正是如此，高尔基语重心长告诉我们："读一本好书，就像对生活打开了一扇窗户。"喜欢读书就等于把生命中寂寞的时间变成了巨大享乐的辰光。对于非常繁忙的人来说，读书是一种休息；对于十分闲暇的人来说，读书又是一种工作。读书对个人来说是一种生活乐趣，而对家庭来说，可以说是一种休闲教育。因此，现代社会任何一个文明家庭都应支持并带头做好"以读书为重点"的家庭文化建设工程，全社会都要把"重视家庭文化建设与弘扬家庭美德"紧密结合起来，并把它作为推进社会精神文明建设的基础工程来抓紧、抓好、抓出成效。

（三）情感性家庭文化建设

情感性家庭文化是家庭文化中具有决定意义的内容，也是维系家庭关系的纽带，情感是家庭成员对家庭人际关系和家庭事务的心理体验及心理反应。例如夫妻之间、父子之间、兄弟姐妹之间的感情等，家庭成员之间能够实现思想意识上的一致，理想信念的相投，性格气质的相容，再加上兴趣爱好的相近等。

情感性家庭文化建设的要求应当符合以下特征：

1）构筑了浓厚的家庭观念，家庭成员具有强烈的家庭责任感。

2）建立了民主、平等的家庭关系。

3）重视并加强了以"文化、道德、情商"为核心的家庭精神文明建设，家庭生活丰富，且富有品位。

4）具有和睦和谐健康的人际关系。

5）学习和工作成为了家庭生活内容，家庭成员学历层次高。

6）十分重视家庭教育，教子有方，效果好。

7）家政管理科学，具有良好的家规家风。

（四）自律性家庭文化建设

自律性家庭文化建设是做好家庭文化建设的基础，主要表现在严于律己、宽以待人、有奉献精神、遵守家庭基本原则、不自私自利、不贪图享受等，家庭成员之间要养成开展批评和自我批评的好风气。更重要的是家庭中的大人要言传身教，发挥典范和榜样的示范作用。

家庭中，父母是孩子的第一个老师。孩子从小到青少年阶段，都在模仿大人，从大人身上学习。如果大人对待孩子动不动就打或骂，孩子只要受委屈、有情绪或是生病了，情绪反应就是哭闹。大人不懂得用沟通方式说出个人需求，甚至拳头一下就挥出去。有些父母爱用威胁的口吻警告孩子："如果这件事没做好，或是你再哭闹，等下回到家你就知道！"如此，孩子感受到的不是受教，而是受威胁，这样不能真正教好孩子。

大人要成为典范。希望孩子以后成为什么人，自己就要成为怎么样的人。如果希望孩子整洁有美感，那也要成为典范。不能说回到家，以累为借口，把皮包、外套和雨伞随便一丢，这样孩子也会如此不好地去效仿。大人要做到的是，要教给孩子，不管在家中或学校，东西都要各就各位，雨伞、鞋子、外套、睡衣、玩具等，全都要有它们的位置。孩子回到家，家中每样东西都各就各位，孩子清楚那是个安定的家，情绪就不会被带起来。在混乱的家里，孩子会失去安定感，一旦如此，便容易吵吵闹闹。一旦孩子吵闹，父母的情绪便更易烦躁。最后，导致的恶果就是没有人会相信，不打不骂是可以带孩子的。

比如，在家中，孩子的玩具随地乱丢，是很让家长头痛的问题。父母可让孩子清楚每样玩具的位置，每个柜子放不同的玩具。孩子清楚知道玩具玩好要"回家"，也知道每样玩具的家在哪里，那么自然能减少很多混乱。但是，太多的家庭，大人并没有以身作则做到这个部分，客厅有厨房的东西、厨房有浴室的东西、浴室有寝室的东西，东西到处都是。现代双薪家庭多，好些家长很忙碌，也顾不上这些，心想乱就乱吧。但是，这样的环境对孩子的影响却不容小觑，孩子会生活在很多"混淆的价值观"里。不打不骂，是一念之间可以做到的，而整个家庭文化会跟着翻转，家庭文化会重建起来，你会发现所付出的努力是值得的。不打不骂不代表放任孩子，要原则坚定，态度温和。过规律的生活，节奏建立起来，将家及生活的环境照顾好，美学就自然而然地进入。而大人的典范，就是最好的家庭文化教育。

（五）器物性家庭文化建设

器物性家庭文化建设是通过衣、食、住、行及文化设施等物质材料所体现出来的精神追求、审美情趣、生活风格等。

（六）娱乐保健性家庭文化建设

娱乐保健性家庭文化建设是指人们在家庭中利用闲暇时间进行的以自我娱乐、强身健体为目标的各种文娱、体育、保健活动等。

二、和谐社会中家庭文化的构建

（一）家庭文化的构建要符合和谐社会的要求

构建社会主义和谐社会，贯彻落实科学发展观，必须大力推进和谐文化建设，弘扬民族优秀文化传统，借鉴人类有益的文明成果，倡导和谐理念，培育和谐精神，进一步形成全社会共同的理想信念和道德规范。同时，按照民主法治、公平正义、诚信友爱、充满活力、安定有序、人与自然和谐相处的总要求和共同建设、共同享有的原则，以改善民生为重点，解决好人民最关心、最直接、最现实的利益问题，努力形成全体人民各尽其能、各得其所而又和谐相处的局面。和谐社会的家庭文化构建必须是和谐的家庭文化。和谐的家庭文化必须是家庭价值观是积极向上的；家庭内部关系是和谐共处的；家庭中的行为规范是平等互利的。

（二）构建积极向上的家庭文化

构建积极向上的家庭文化，首先要构建乐观、向上，营造一个学习型的家庭。

当前，中国的现代化进程日新月异。社会在转型中急剧地变革，在变化中的家庭显露出一系列新的特质，这些新的特质对家庭教育产生着深刻的影响。社会变迁带来家庭的变革，这种变革已不再是普遍意义上的变化，而是结构式的改变，结构上的重组与功能变迁相辅相成。

1）家庭成员观念的更新，不断增长的学习需求，是建设学习型家庭的根本动力。社会通过各种方式让人们接受终生教育的观念，使每个人都知道学习不仅仅局限于学校教育阶段、人生的每个阶段都有不同的学习任务，不断充实知识追求知识是现代人生活不可缺少的内容，也是个人生命的基本条件。

2）学校实施素质教育，培养学生终生学习的动机及能力，是学习型家庭形成的战略措施。家庭成员学习动机与学习能力是创建学习型家庭的两个重要因素，其中家长的学习动机、能力，则是重中之重。

3）家庭教育资源的充分开发是学习型家庭的物质保证。围绕创建"学习型家庭"，组织开展"家庭－爱心"读书活动、"创建学习型家庭，科普知识进我家"家庭读书知识竞赛、"绿色家庭"读书活动、"做学习型家长"家庭读书活动等。向广大家庭推荐《写给年轻妈妈》《家庭美德格言》《孩子我们一路同行》等优秀书籍。通过征文比赛、专家报告、知识竞答等主题鲜明、生动活泼的创建学习型家庭系列活动，鼓励广大家庭适应时代新要求，促进家庭成员学有所获、学以致用。

4）建立新型家庭关系是学习型家庭的生命力。现代社会，家庭应建立一种新型人际关系，家庭成员在人格上是独立平等的，家庭关系是亲密、相爱、接纳、宽容，家庭成员间容易使子女建立自信心，获得良好的自我概念，为自身的发展奠定良好的基础。

要构建和平共处的家庭文化，需要营造一个其乐融融的家庭环境。家庭不仅是休息、吃饭的场所，更重要的职能是回到家中有一种归属感，在这个场所里面可以吸收自由的空气，可以随意地放松自己。就如同进入大自然，这里没有别人，只有自己，在这里，你可以随心所欲地"为所欲为"。

要构建和平共处的家庭文化，也要构建平等互重的家庭文化。家庭文化中的平等不是打破家庭中的血缘关系，否定家庭内部正常的关系，造就绝对的平等，这就走向了另一个极端，对和谐家庭文化的建设是没有好处的。要知道，世界上并不存在绝对的平等，绝对的平等就容易造成不平等。这里所说的平等，是指在人格上是平等的，上一代人应该充分尊重下一代人，同时，下一代人也应该理所当然地给予上一代人以尊敬。尤其上一代人不能过分地按照自己的意志来教育孩子，给予他们以充分的自由权利，这对于孩子人性的发展与完善有着重要作用。而实际中根据自己的意志来教育孩子的占据不少。

一个和谐的家庭文化不是一朝一夕就可以建成的，它就像建设和谐社会一样，也是一个长期的过程。并且家庭文化需要一个不断积淀的过程，一代人构建的家庭文化不一定就是完美的，它需要不断地改进，只要可以让生活变得更好的因素（当然是积极方面的），都可以吸收，正所谓"择其善者而从之，择其不善者而改之"。和谐家庭文化没有最好的，只有最适合的，只有找到一种适合自己的文化模式才可以真正构建和谐的家庭。而以上的建议则是所有和谐家庭文化都应具备的要素，它就好比一个基础，只有在这个基础上才可以建造大厦；只有在这个基础上，和谐家庭文化的大厦才可能完工。

（三）社区、妇联等组织要加强对家庭文化建设的指导和引导

良好的家庭文化犹如随风潜入夜的细雨，无声地滋润着孩子的身心，对孩子的思想品质、情感意志、行为习惯的形成产生重大的影响，为孩子学业成绩的上进，健全人格的形成创设了良好的外部环境。由此给了人们一个很大的启示，这就是：加强家庭文化建设是搞好教育工作，培养合格人才，提高全民素质的一个重要方面，也是家庭教育的重要内容。那怎样搞好家庭文化建设呢？

（1）深化活动主题　在家庭文化建设工作中，社区、妇联等组织要贴近党和政府中心工作，突出家庭美德建设，每年设立一个主题作为建设的主要内容，并随着工作的不断深入，主题也日益深化，以有力促进文明家风的形成，使创建活动成为推动社会发展的强大动力。在创建和谐社会的大背景下，和谐家庭创建应成为今后创建工作的主要方向，妇联组织还可以开展以创建"和谐家庭"为主要内容的各种精彩纷呈建设活动。

（2）创新活动载体　为把家庭文化建设工作引向深入，社区和妇联组织要在家庭美

德建设中直面婚姻家庭、尊老敬老、家庭教育等方面存在的问题，从强化婚姻道德约束力和立足家庭奉献为重点策划系列活动，将"特色家庭"创建作为家庭文明建设工作的有力抓手，精心设计载体，开展丰富多彩的群众性活动，如家庭成员健身赛、楼栋文化活动、社区文化活动、广场文化活动、邻里亲情互帮活动、家庭读书活动等，使创建工作可操作性更强，更具吸引力，有效解决家庭多元化趋势对家庭美德建设多样性要求这一难题。

（3）拓展活动领域　为形成一点多面的创建格局，社区和妇联等组织要重点抓好四个方面的结合：一是把家庭文化建设工作与加强未成年人思想道德建设结合起来，进行科学的家庭教育，开展关爱孩子健康上网系列活动，促进文明育儿家风的形成；二是把家庭文化建设工作与创建学习型家庭结合起来，妇联组织要鼓励广大家庭成员根据自己的社会角色积极参与"学习型社区、市场、企业、机关、班子"的活动，使广大家庭成员从关心自我到关心社会，拓展家庭文明建设工作的空间；三是把家庭文化建设工作与思想政治工作相结合，进行社会主义荣辱观教育，开展家庭助廉活动，发出"从自己做起从家庭做起，做当荣之事拒为辱之行"的倡议，举办家庭助廉文艺晚会，推进家庭文化工程的深入实施；四是把家庭文化建设工作与加强理论研究结合起来，通过召开研讨会、经验交流会，为家庭文化建设提供理论指导和实践经验，使家庭文化建设向广度和深度拓展。

（4）健全活动机制　在家庭文化建设中，要不断创新活动机制，形成现代家庭文化建设的可持续发展和长效机制。

一是完善领导机制，妇联组织应努力发挥自身优势，做好牵头工作的大文章，在家庭文化建设手段上要突破妇联独家经营的思维定势，在工作中要积极争取领导重视，争取部门支持、配合，发挥好整体运作效益，形成社区牵头、妇联主管、多方配合、齐抓共管的工作格局。

二是完善创评机制，打破整体划一的评选模式，设立多种更符合不同家庭特点的单项五好文明家庭的评选内容，如艺术之家、武术之家、环保之家、敬老之家、教子有方之家、热心公益之家、自立自强之家、互敬互爱之家等，发现、培植一批具有特色的先进家庭，这样激发了不同特点的家庭成员文明素质的不断提高，也吸引带动了更多的家庭走向文明，增强了"文明家庭"的光荣感。

三是健全激励机制，加大对优秀的"文明家庭"宣传力度，同时要对这些家庭给予社会的认可，并给予精神和物质的奖励，进一步激发他们争做"文明家庭"的积极性，感染更多家庭树立家庭美德，共同参与和谐社会建设。

 思考与练习

1．什么是家庭文化？

2．如何构建和谐型家庭？

3．围绕"家庭、家教、家风"，通过社区和妇联组织等，策划讲、演、唱等群众喜闻乐见、便于参与的家庭文化活动，深入挖掘、宣传展示"最美家庭"故事，让群众在传播过程中当主人、唱主角儿，以身边人、身边事，可亲可学的方式带动更多家庭在学习感悟中付诸行动，在全社会广泛传播家庭文明正能量。

4. 选择以下活动完成：

（1）探一探家谱源。全家通过拜访长辈或查找文献或网上收集资料，了解家谱文化起源、家族姓氏来源、发展历史、中国姓氏的有趣故事等，探寻家族源头。

（2）读一读百家姓。邀请父母长辈开展一次家庭读书活动，一起了解《百家姓》的成书背景，知晓《百家姓》姓氏排序的原因。

（3）画一画家谱树。了解家谱的基本含义、基本记述格式，清楚自家史、家族亲戚后，手绘或电子制作家族近五代家谱树。

（4）晒一晒家族事。在认真寻根问祖、家谱探源过程中找出家族中你认为最典型的一位名人，撰写一篇家族名人故事，并主动向家长征询意见，一起修改完善。

第 9 章　现代家庭教育

---本章学习目标---

理解家庭、社会和学校的协作教育。

掌握现代家庭教育的原则和方法。

掌握现代家庭教育的内容。

【案例导入】

梁启超对子女的爱国主义教育

梁启超的九个子女中，先后有七个曾到外国求学或工作，他们在国外都接受了高等教育，学贯中西，成为各行各业的专家学者，完全有条件进入西方上流社会，享受优厚物质待遇。但是，他们中却无一人留居国外，都是学成后即刻回国，与祖国共忧患，与民族同呼吸。抗日战争期间，梁启超的长子、著名古建筑专家梁思成和夫人林徽因在四川过着清贫的生活且都疾病缠身，却仍然顽强地坚持在自己的工作岗位上。当时美国一些大学和博物馆都想聘请他们到美国工作，这对他们夫妇治病也大有好处。但是，他们却一一拒绝了。梁思成说："我的祖国正在苦难中，我不能离开她，哪怕仅仅是暂时的。"

新中国成立后，梁启超的家人以极大的政治热情投身于新中国的建设事业，虽历尽磨难而无怨，以一腔热血报效祖国。他们全家人在梁启超夫人王桂荃和长女、时任中央文史研究馆馆员梁思顺的主持下，将梁启超遗留下来的全部手稿都捐赠给北京图书馆，并把北戴河一座别墅献给了国家。1978年，梁启超的次女、著名的图书馆学专家梁思庄又代表全家将梁启超坐落在北京卧佛寺的陵园和几百株树木献给了国家。1981年，梁思庄组织在京的弟、妹集体自费回广东新会探望乡亲父老。他们带去了梁启超的亲笔字卷和战国编钟，赠送给广州和新会博物馆。至此，梁启超和他的子女们将他们所能献出的一切全部奉献给了祖国。

第一节　现代家庭教育概述

人这一生当中要接受三种教育，即家庭教育、学校教育和社会教育。而对一个孩子最重要的便是人生开始阶段的家庭教育。家庭教育是在与孩子的朝夕相处中，成人处处以身作则，以自己榜样的力量去影响诱导孩子的发展，而不是以说教的方式来教育孩子。这种无声的潜意识教育方法，在孩子的幼小心灵中可以起到"随风潜入夜，润物细无声"的作用，往往比有声的教育作用更大。

一、现代家庭教育的概念

《中华人民共和国家庭教育促进法》第二条指出：家庭教育是父母或者其他监护人为促进未成年人健康成长，对其实施的道德品质、身体素质、生活技能、文化修养、行为习惯等方面的培育、引导和影响。

家庭教育与学校教育、社会教育是教育的三种基本形式，是人在社会化过程中必须接受的三种各具特点的教育，而家庭教育则是最基础性的教育，它对儿童德智体美劳全面发展起着奠基性的作用，对儿童的思想品德、个性特征及健全人格的形成与发展起着决定性的作用。

家庭教育在概念上有广义和狭义两种界定。广义的家庭教育是家庭成员之间互相施加影响的一种教育；狭义的家庭教育则是指家长对子女有目的地施加影响的一种教育，这里所说的家庭教育是指狭义的家庭教育。

人从出生到故去的一生，经历一个终身性的社会化教育过程，即人从个体的自然人走向社会，承担一定的社会角色与社会责任的社会人的过程。在此过程中，教育和学习是转化的手段和方法，其中家庭教育又是人的社会化教育过程中最根本的教育。

二、家庭教育的意义

家庭教育是三大教育的组成部分之一，是学校教育与社会教育的基础。家庭教育是终身教育，它开始于孩子出生之日（甚至可上溯到胎儿期），婴幼儿时期的家庭教育是"人之初"的教育，在人的一生中起着奠基的作用。孩子上了小学、中学后，家庭教育既是学校教育的基础，又是学校教育的补充和延伸。

首先，家庭教育是人生的第一篇章，是个体社会化的最初摇篮。人一出生接触的第一个环境是家庭，第一位老师是父母。孩子都是在双亲直接影响下长大的，他们都是首先通过家庭和父母来认识世界，了解人与人的关系。家长的言行对孩子具有潜移默化的作用。家庭教育对儿童成长具有奠基作用，对人的社会化有着十分重要的意义。

其次，家庭教育也是学校教育的重要补充。家庭教育不仅在儿童入学以前，即使儿童进入学校之后，也有重要的意义。由于家长的权威性，家庭教育对学校教育和社会教育都有积极或消极的作用。家庭教育与学校教育一致，儿童社会化发展就会顺利；家庭教育与学校教育矛盾，就会极大地减弱学校教育的影响力。

因此，家庭教育的意义不仅对婴幼儿学前期，在青少年成长期，其作用同样也不可低估。家庭教育应是学校教育的重要补充。

再次，家庭教育更能适应个体发展。幼儿园、学校教育都是面向全体学生，是集体化的教育。尽管学校教育也强调了解每个学生特点，因材施教，但在这方面总不及家庭父母对自己孩子的了解。家庭教育具有个别性特点，使教育更有针对性，更有利于因材施教。

三、家庭教育的特点

随着社会经济的发展，家庭教育的性质、形式和特征也在不断变化，当前，家庭教育主要呈现出五大特点。

1. 奠基性

家庭是人生的第一所学校，父母是子女的第一任教师。家庭教育是人生的启始教育。常言说得好，从小看大，三岁看老。一个人小的时候的思想、心态、行为、习惯，基本上可决定他大的时候的思想和精神面貌。三岁幼儿的为人基本上可确定他老年时的基本精神状态。总而言之，一个人的童年教育即家庭教育可以定夺他的一生。

家庭教育奠基性特定的心理和思想依据是：人的童年时代，是一张白纸，"染苍则苍，染黄则黄"，人性的善恶、德行的好坏、行为习惯的优劣，全是家庭教育或者说是家庭"染色"的结果。为什么有的孩子成为品学兼优的学生，有的成为勇于献身的少年英雄，而有的孩子则变成小偷、小流氓或者少年犯，这不都是家庭教育生产出来的优质产品或劣质产品吗？"昔孟母，择邻处。子不学，断机杼。"孟母为什么三迁其家呢？为什么折断机杼呢？不就是为了让孟子一心向善，做好人，做贤人吗？

我们所说的家庭教育对人的成长具有奠基性的作用，主要是从做人的方面来说的，所谓"先做人，后做事"，就是说，对做人和做事来说，第一位是做人，人做不好，事也就做不好，甚至会做出坏事。

2. 关键性

所谓关键性是指家庭教育对人生的成长与发展起着至关重要的作用。心理学家研究家庭教育以及实践都证明。孩子的学前期是孩子学习和形成人生基本智能的关键期。

科学家曾经用猫做过实验，即把刚生下来的幼猫的眼睑缝上，然后分别打开，发现出生后第四、五天打开眼睑的猫变成了盲猫，其他天数打开眼睑的猫视力正常。这说明，猫出生后的第四、五天是猫仔视力发展和形成的关键期。

人和动物一样，他们的智力、能力和习惯的形成与发展也有关键期。1919 年，在印度一个狼窝里发现了两个人形动物，经鉴定，确定是两个小女孩。小的约 2 岁，大的约 8 岁。人们把她们救回村子，小的不久就死了，大的活了下来，人们给它取名叫卡玛拉。卡玛拉像狼那样用四肢爬行，舔食流质的东西，吃扔在地上的肉。她怕光、怕火、怕水，从不让别人给她洗澡。天冷也不盖被，却喜欢和狗偎在一起，蜷缩在角落里。给她穿衣，她就把衣服撕破。如果有人碰了她，她的眼睛就会发出狼眼一样的寒光，抓人，咬人。她白天睡觉，夜间活动，晚上异常敏锐，夜深时经常发出狼一样的嚎叫。第二年，人们把卡玛拉送进孤儿院。但是，改变她像狼一样的生活习惯是很难的。教了她两年，她才学会两腿站立，又经过四年，才学会独立行走，而快跑时仍要用四肢。经过人们近 10 年的抚养教育，到了 17 岁，她虽然学会了晚上躺着睡觉，用手拿东西吃，用杯子喝水等，但她的智力只相当于 4 岁小孩的水平，而且始终没有学会成人说话，只能听懂几句简单的问话，勉强学会了 40 多个单词。由于她终究适应不了人类的生活方式，17 岁时病死了。卡玛拉为什么会出现这种丧失人性特点的情况呢？就是因为她错过了人成长发育过程中吃饭、说话、走路等智力和技能形成的最重要的关键时期。

婴幼儿生长、发育和学习期间均有各种功能上生长发育的关键期。这个学说最初是由意大利的儿童教育专家蒙台梭利和德国儿童教育专家卡尔·威特提出来的。后来的研究表明：6 个月是婴儿学习咀嚼的关键期，8 ～ 9 个月是辨别大小和多少的关键期，2 ～ 3 岁是学习语言的关键期，2 岁半左右是计算能力开始萌发的关键期，3 岁左右是学习秩序、建立规则意识的关键期，3 岁半左右是动手能力开始发展成熟的关键期，3 ～ 5 岁是音乐能力开始萌发的关键期，4 岁左右是学习外语的关键期，4 岁半左右是对知识学习产生直接兴趣的关键期，5 岁左右是开始掌握学习与生活观念的关键期，5 岁半左右是抽象逻辑思维能力开始萌芽的关键期，6 岁左右是观察能力开始成熟的关键期，6 ～ 8 岁则是学习书面语言的关键期，如此等等。总而言之，幼儿在 0 ～ 6 岁的学前教育期间，经历了诸多功能的关键发展时期，若失去或错过某个关键期，那么其相应的功能要恢复则是很困难的。

3. 亲情性

亲情性就是由血缘关系而产生的一种"舔犊"之情。

胎儿在母腹中，就是一个灵魂支配着两个躯体，母亲的意志愿望直接影响着孩子的生长，所谓"母慈子善，母康子健"，就是这个原因。孩子出生后，仍然受着母亲深深的影响，孩子的一举一动都会牵挂着母亲的心。在生活和学习中，因亲情关系，母亲对孩子的教育和影响更是直接的，作用也是巨大的。孩子对父母，特别是对母亲，任何信息都是吸纳不拒的。

美国早期教育家斯特娜说："古罗马之所以灭亡，是因为罗马的母亲们把教育孩子的重任委托给了别人。"这句话说得有点严重，但不无道理。教育学家福禄贝尔说："国民的命运，与其说握在掌权者的手中，倒不如说握在母亲的手中。"母亲是人类的教育者，靠的就是这特有的亲情性。我国历史上曾经有过"易子而教"的主张。说的是自己的亲生孩子，不能下狠心去管教，交给别人去管教会好一些。这种学说并未普遍被人接受，原因就是亲情的关系，亲生父母舍不得，也不忍心，更重要的原因是，没有亲情的教育，结果也是很不好的。心理学家研究证实，如婴儿受到的温情程度越低，其暴力行为也越多，相反亦然。因此，父母应从小对孩子提供必要的温情和亲情刺激，使孩子从小养成择善而从的脾性。

亲情虽有不可替代性，但也有可弥补性。如果家政服务员能更加接近母亲的角色，能像母亲那样对待婴幼儿，那么家政服务员也是可以给予孩子健康的亲情教育的。

4. 互补性

互补性指的是家庭教育与学校教育之间具有互补性的特点。

一般说来，家庭教育的主要内容是按照人的社会化的要求，教孩子学会玩耍、学会认知、学会思维、学会劳动、学会社会礼仪道德规范，为社会角色的转变，即从家庭的孩子转变为学校的学生做好准备。

学校教育则是有计划、有目的的系统教育和正规教育，按照培养目标的要求，对学生进行德智体美劳全面的教育，把孩子培养成"四有"新人。两者的教育内容和教育方式不尽相同，但教育目标和教育目的却是一致的。所以，家庭教育和学校教育之间具有很大的互补作用。

但是，目前的家庭教育和学校教育在不少方面是不能令人满意的。就家庭教育来说，由于家长望子成龙心切和对子女过分溺爱，常常出现重智轻德和为孩子护短的毛病。而学校由于受升学率指标的影响，也常常出现注重应试教育而忽视素质教育的不良倾向。此外，有些教师由于对家长溺爱孩子和为孩子护短的毛病很反感，在教室与家长之间常常出现不良的交际行为，从而恶化了教师和家长的关系，影响了对孩子的正常教育。

在幼儿园经常有这样的现象：幼儿在用餐时拿勺的方式不正确导致吃饭时桌子上弄得很脏，老师教了幼儿正确的握勺姿势，但是幼儿总做不到。于是老师向家长反映此情况，希望家长在家配合，但家长却说："我们是出了钱的，就是要让你们老师教。"

其实家长是孩子的第一位老师，要做好幼儿的培养和训练，离不开家长的配合。老师教授幼儿正确的用餐方式，但是一个好习惯的养成必须通过长时间的练习。幼儿在幼儿园的时间每天是八小时，其余时间都是在家度过，试想一下，如果在幼儿园掌握了正确的用餐方法后而回到家又不能做到，这样的好习惯能否养成呢？所以幼儿自理能力的培养是需要家园共同来完成的。培养孩子的良好习惯绝不应只是要求，而应该按"解释—示范—在大人指导下完成—独立完成—评价"这样的顺序进行。有些家长也不了解四五岁的孩子能乱扔几十件东西，但不会把它们收起来；需要逐步培养孩子自己做；但也不能包办代替。

家庭教育与学校教育的互补，主要是通过家长与老师、家长与孩子、老师与学生之间教与学信息传递来实现的。两种教育的互补，既有教育观念、教育目标上的互补，也有教育内容、教育功能和教育方法上的互补。这种互补做得好，可以促进家庭教育与学校教育的健康发展，也可以促进把孩子培养成四有新人这个教育目标的实现。

5. 终身性

家庭是人生的第一课堂，但也是人生的最终课堂。这是因为，人不能离开家庭、父母和长辈，家庭是人一生第一课堂的性质是永远也不会改变的。在人的一生中，享受最长的教育，就是家庭教育，家庭教育具有终身性。而学校教育和社会教育无论时间长短，都只是一种阶段性和间断性的教育。家庭教育则不然，它不仅使人在未成年时获益匪浅，而且在他长大成人，成家立业以后，由于父母与子女之间所具有的血缘关系，家庭教育依然在发生作用，父母永远是子女的"老师"，家庭教育的这种终身性特点，有利于家长对孩子进行长期的、连续的观察和教育，有利于孩子形成比较稳定的人格特征。

家庭教育的上述特点，使得它与其他形式的教育相比较，具有很多优势，有其有利的条件。但是还应看到，家庭教育也有局限性。主要表现是家庭教育内容的零散性，任何家庭都不可能像学校那样有计划地、系统地对受教育者施加影响；其次是家庭教育方式的随意性，一些自身素质较差的父母缺乏自觉教育子女的意识，或随意打骂，或娇宠无度，或放任自流，由此给子女的健康成长带来种种不良的影响，这是家庭教育要注意和克服的。

四、家庭、学校和社会的教育协作

家庭、学校和社会教育三者之间，在教育内容方面虽然有环环相扣的关系，但要明确的是各有侧重。按照孩子的成长规律，他们接受教育的顺序应该先是家庭的、再是学校的、再后是社会的，当然三者之间的界限并不是泾渭分明。在孩子未上学前，家庭教育是相对独立的，就是说它和学校教育与社会教育的关系不甚紧密。而孩子进入学校后，家庭、学校和社会教育三者之间的关系就十分紧密起来。事实证明：家庭教育是一切教育的基础。所以，要做好家庭教育，就应该正确处理家庭教育与学校和社会教育之间的关系。

（一）家庭教育

家庭教育有着三个显著的特点：一是它在学校和社会教育之先。人们有一个共识："家长是孩子的第一任老师。"为此，要明确家庭教育是学校和社会教育的基础。所以，做好家庭教育，意味着为孩子接受学校和社会教育在夯实基础。二是它的教育内容包罗万象。孩子要成才，必要的条件是应该具备积极的、向上的、坚韧的做人做事的好习惯，同时要有一种较强独立生活能力。家庭教育就是通过大量的生活实践，培养孩子懂得生活、学会生活的种种好习惯。只有家庭教育的点点滴滴，才能汇成促进孩子健康成长的溪流，集成孩子提高生活能力的江河。三是它贯穿于人的教育的自始至终。所以家庭教育是一项长期性的工作。

家庭教育要处理好与学校和社会教育之间的关系，方法是要根据家庭教育的特点，首先打好家庭教育的基础，就是家长要高度重视家庭教育。其次要通过家庭教育把孩子学到的知识融化在实践中，把做祖国建设合格人才的愿望作为孩子人生的总目标。第三要打好家庭教育的"持久战"，改变"依赖"学校和社会教育的被动状态。家庭教育有长计划和短安排，要结合各个家庭的实际，积极主动地、经常地配合学校和社会教育，要不断总结经验，从而指导家庭教育的实践。

（二）学校教育

学校教育要密切配合家庭教育，应该解决好以下问题：一是学校和家庭教育的"配合"在很多情况下只是流于形式的问题。家长会是学校配合家庭教育的好方法，但当前的很多家长会不是"总结会"，就是"批评会"。而这些"总结"和"批评"，在很大程度上是班主任和任课教师的主观看法，甚至在很大程度上与客观相脱离。二是学校有些教师的继续教育滞后于家庭教育的需要和社会教育的发展，导致很多教师不能较好地指导家长如何配合学校教育。

（三）社会教育

一般说，社会教育是一个比较抽象的概念。如果从家庭和学校教育的范畴去理解，可以说它是家庭和学校教育外的教育。这个解释是从教育的环境而言的。因为家庭、学校和社会教育，抛开教育内容不同，实质上是在三种不同环境中的教育。那么，社会教育如何配合家庭教育呢？当务之急是应该解决好以下问题：一是全社会都应该关心家庭教育。因为在社会上很多人认为家庭教育是"私"事，所以得出社会教育管不了"私"事的结论。必须清楚家庭是社会的细胞这个道理，如果说，家庭这个细胞出了问题，社会这个肌体不就是唇亡齿寒吗？二是社会教育配合家庭教育不能是盲目的。社会支持家庭教育是一种责任，因为家庭是社会的细胞。保护家庭这个细胞，就等于社会在保护自己的健康肌体。

因此，学校、家庭和社会要紧密配合，形成教育合力。无论学校、家庭还是社会，对学生提出的要求、教育，在方向上要保持一致和统一，共同的教育和要求使学生努力方向更明确，有动力，避免了不知所措和犹豫徘徊。三方面的教育都要按照教育目的提出的要求，作为教育的统一目标和要求，家庭教育要配合学校教育，家长要和教师沟通配合好，不能各行其是；社会教育也要根据当地的实际情况，与学校携起手来，使学生无论在家庭、学校，还是走上社会，都感受到共同的期望和要求，目标一致，使他们更加坚定信心。

在学生的成长过程中，家庭、学校、社会都各自发挥着作用，不管其作用大小，毋庸置疑，对学生都会有影响。那么，要使家庭、社会、学校的教育形成合力，除了统一要求外，还要充分发挥好各自的作用，各有侧重，形成互补。家庭教育应该侧重于为学生提供良好的家庭学习环境，创造和谐的家庭成员之间的关系，培养良好的道德品质和生活习惯，使他们心情舒畅地投入到学习生活中，健康成长。社会应该通过各种活动和宣传，使学生树立远大理想和抱负，培养学生奋发向上的竞争意识，提供各种追求和选择的目标及达到目标的条件，创造成功的机会，使学生感受到生活的意义和奋斗的乐趣。学校则应该按照教育目标，从德智体几方面培养学生，为他们的全面发展打下良好的文化知识基础，根据个人的特点，还要因材施教，使他们各自的才能、特长都能得到培养和发挥，自我价值得到体现。

在家庭、社会、学校三方面的教育中，学校教育更自觉，目的性更强一些，并且是有计划、有组织、有系统的进行，因此，要充分发挥学校教育的优势。学校要对家庭教育进行指导与配合，向家庭宣传教育方针、政策，介绍正确的教育方法，以推动家长和学校教师共同研究教育经验和规律，普及科学教育知识、提高全民族家庭教育水平。另外，还可以采取与家长书面联系、对话或召开家长会等形式与家长沟通，互通情况，共同制订教育计划、采取有效的措施，保证家庭教育在学校的指导与配合下取得良好的效果。学校也要同社会教育取得联系和密切配合，学校和社会各方面相互联系、支持，可以扬长避短、校内外结合，以发挥学校教育的主导作用，控制学生所处环境，减少消极影响。

第二节　家庭教育的原则和方法

许多家庭都为孩子的成长而精心苦想，家长们无不盼望子女成才。望子成龙是每一个父母的心愿，所以家长们无不费尽心机寻找教育孩子的正确答案。家庭教育的原则和方法能给家长们在具体的家庭教育中提供借鉴的思路。

一、家庭教育的原则

所谓家庭教育的原则是指家长在实施家庭教育时必须遵循的基本要求和基本准则。

(一)沟通和民主协商的原则

父母应该成为孩子的朋友,学会做孩子的心理医生。也就是说,家长要了解自己的孩子,要主动并经常地与孩子进行心理上的沟通。如果父母能够成为孩子的朋友,孩子就会把自己的心里话告诉父母,使父母对孩子能够保持经常的理解。父母如果能够经常与子女进行沟通,就会获得孩子的充分信任,使父母的教育要求被孩子自觉地接受,从而达到最佳的教育效果。家庭中的民主氛围对子女的成长是十分有利的。而一些家长却不能注意这些,他们往往认为自己是家庭的主人,是高高在上的教育者。孩子应该绝对地服从父母,应该无条件地接受父母的教育要求。这种教育关系往往使孩子没有平等感,因此被动地接受教育影响,其教育效果也是有限的。而民主协商教育原则的主要内容是父母应该与子女之间保持一种人格上的平等关系,要把子女看成是独立个体。遇事应该虚心或耐心听取孩子的意见,然后再对孩子提出自己的指导性意见。只要不是原则性问题,应该让孩子自己拿主意,或者与孩子共同讨论解决问题的办法,这样孩子的身心就会获得健康发展。

9-1 家庭教育沟通的艺术

(二)因材施教,全面发展的原则

家长对孩子进行教育时,要注意孩子的兴趣和爱好,善于发现和发展孩子的特长,充分发挥其潜在能力,同时也要注意让孩子在德、智、体等方面得到全面发展。

有的孩子很自信,认为什么事情都会干,不妨给他布置一件对他来说比较难的事情,让他去做,他做完后,可适当地指出他的不足之处,使他体会到自己还有些事情做得不好,逐步培养孩子谦虚谨慎的美德。相反,有的孩子缺乏自信心,什么都不敢做。这时就可以给他布置一些简单的事让他做,在做的过程中给予指导帮助,完成后做对了要给予充分肯定,让他认识到通过自己的努力是可以做些事情的,逐渐建立起自信心。

在现实生活中,有些家长不注意培养孩子的劳动观念,什么劳动都不让孩子参加。甚至有的家长连吃饭、穿衣都不让孩子学着做,其结果必然养成孩子好逸恶劳的不良习惯。应该让孩子懂得懒惰是万恶之源,劳动可以促进孩子的智力发展和身心健康,家长要注意给孩子创造适当的劳动锻炼机会,从小养成孩子热爱劳动和爱护劳动成果的优良品质,同时也培养了孩子独立生活的能力,这是家长对孩子进行早期家庭教育中不可忽视的。

(三)要求一致,教育统一的原则

孩子的思想品德和行为习惯的形成既是一个长期发展的过程,又是一个连续完整的过程。因此,在早期教育中,应遵循教育统一的原则。只有家庭成员对孩子的教育互相配合协调一致，有统一的认识和要求，就能取得良好的效果。家庭成员在认识和要求上的不一致，必然会以不同的情绪、不同的态度、不同的做法暴露在孩子面前，孩子必然会喜欢袒护自己的一方，会气恼批评自己的一方。这样不仅影响了家庭和睦，而且不利于教育孩子，以致使孩子养成任性，是非不清，听不进正确批评，常常无理取闹等不良品德和行为。

孩子良好品德和行为习惯的养成不是讲一次道理或做一两次练习就可以办到的，而是要经过多次练习不断强化和巩固而成的。家庭成员对孩子教育的态度和要求一致，就会促使孩子对某些品德和行为进行多次练习，不断强化和巩固，从而形成良好品德和习惯。

（四）寓教于实践活动的原则

有人比喻说：家庭是第一个染缸，学校是第二个染缸，社会是第三个染缸，第一个染缸是人生的第一道着色，都是在底色的基础上着色的，会影响一个人的一生。因此，家长要特别注意把对孩子的早期教育和家庭生活的实践活动结合起来，为孩子创造一个良好的家庭教育环境，让孩子在一个和睦、文明的家庭环境中接受教育，健康成长。

孩子有很强的好奇心，总想向大人学习他想做的事，因此，通过实践活动教育孩子是取得良好教育效果的重要途径。比如，通过教育孩子穿衣、吃饭，培养孩子的独立生活能力，要求孩子爱护花木，不浪费食物，学着做些轻微的家务劳动等，培养孩子珍惜劳动成果，增强劳动观念的优良品质。通过实践活动教育孩子，就能有效地达到家庭教育的目的。孩子在家庭生活中的一项重要实践活动是游戏、玩耍和娱乐，孩子在游戏、玩耍和娱乐中认识环境，适应生活，学习知识，增长才干，促进孩子智力和体力的发育成长。家长在条件允许的情况下，尽量给孩子创造开展游戏和娱乐活动的环境。让孩子玩得高兴快乐，好奇心得到满足，想象得到实现，从而训练孩子的思维，培养孩子动手技能。比如，让孩子自己推动玩具汽车在地上跑，或自己骑小自行车，或把小木板、铁片、塑料瓶、玻璃瓶等放在水中，让孩子仔细观察，哪些浮在水面，哪些沉入水底，引导孩子自己做事，启发孩子进行思维，通过玩耍游戏等实践活动进行教育，对增强孩子体质，培养孩子的智力和能力都是极为有益的。

（五）关心爱护与严格要求相结合的原则

父母关心爱护自己的孩子是人之天性。这种爱是培养孩子良好品德和行为的感情基础，没有这种爱，就谈不上教育，就难以达到好的教育效果，但爱而不教，管而不严，自然也达不到教育的目的。因此，家长在教育孩子时，要注意把关心爱护和严格要求结合起来，做到爱而不溺，严而不厉。

1. 爱而不溺

家长要有理智、有分寸地关心爱护孩子，既要让孩子感到父母真挚的爱，使其感受到家庭的温暖，能激发其积极向上的愿望，又要让孩子关心父母和其他家庭成员，并逐步要求孩子做一些力所能及的自我服务性劳动和家务劳动，这不仅有利于培养孩子热爱劳动，关心集体的好品德，而且也能培养孩子的智力和自理能力。

家长要正确对待孩子的要求。对孩子的要求要具体分析，要以家庭的实际经济状况和有利于孩子的身心健康为前提，不能百依百顺，有求必应。过分地满足孩子的要求容易引发孩子过高的欲望，养成越来越贪婪的恶习。一旦父母无力满足其要求时，势必引起孩子的不满，致使难以管教。当其欲望强烈而又得不到满足时，就容易走上邪门歪道，这是每位家长需要注意的。对孩子的合理要求，尽量给予满足。如孩子要求给买一些儿童书画及必要的生活、娱乐用品，若家长一时难以办到时，应向孩子说明理由。在教育孩子时，家长既要积极为促进孩子的身心健康创造条件，也要教育孩子注意节约俭朴，防止养成挥霍浪费的不良习惯。

2. 严而不厉

严格要求是根据孩子的发展水平和年龄特点，以取得良好教育效果为前提的。如果"严"得出了格，就会走向反面。为此，要做到严而不厉，应做到以下几点：

1）父母提出的要求是合理的，是符合孩子实际情况又有利于孩子身心健康的。比如，要求一个四岁的孩子跟在父母身后走力所能及的路是可能的，但要求孩子与父母走得一样快一样远就不合理了。

2）父母提出的要求必须是适当的，是孩子经过努力可以做到的，若要求过高，孩子即使经过努力也无法达到，就会使孩子丧失信心，也就起不到教育效果。

3）对孩子的要求必须明确具体，让孩子明白应该干什么，怎么干，不能模棱两可，让孩子无所适从。

4）父母对孩子的要求一经提出，就要督促孩子认真做到，不能说了不算数，或者干也行，不干也行，而是一定要让孩子做到，否则就起不到教育效果。

（六）身教与言教统一的原则

身教与言教统一的原则也就是既重视言教，又要注意身教，把二者统一起来，使教育取得良好的效果。应该给孩子讲清道理，告诉孩子怎样做不对，应该做什么，不应该做什么。更要在思想品德和行为习惯方面都要为孩子做出表率，做到言行一致，以身作则，为孩子树立榜样。

孩子往往喜欢模仿成人，父母的思想品德和行为习惯，对孩子起着潜移默化的作用，孩子不仅听父母的说理教育，而更注意父母的一言一行，一举一动。如果父母给孩子讲得头头是道，而实际行动却是另一回事，自然孩子就不会信服。

二、现代家庭教育的方法

（一）以语言传递为主的方法

1. 谈话法

在家庭教育中，最常用的方式是交谈。交谈的质量与交谈的艺术有密切关系。

交谈就是在民主和谐的气氛中，家长与孩子之间的娓娓谈心。交谈的时机应该是恰当的，交谈的话题应该是有益的、孩子感兴趣的。交谈之前，家长应该诱导孩子无拘无束地把心里话倾吐出来，然后，再把自己高于孩子的见解作为一份礼物回赠给孩子。

交谈的艺术主要体现在交谈时机的捕捉和交谈方式的运用上。一般地说，家长和孩子双方在情绪不佳时，特别是在气头上，不要交谈；在事情的原委还没有搞清楚时，不要交谈；有局外人特别是有客人在场时，请不要做批评性的交谈；在饭桌上，在孩子睡觉前，也不宜做批评性的交谈。家庭教育的特点是"遇物则诲"，所以教育的时机要灵活掌握，一切从教育的需要，特别是教育的效果出发，以孩子能接受为准则。交谈的方式可以多种多样，如漫谈式、调查式、激励式、严肃批评教育式等都可采用。其中的漫谈式，即不拘时间、地点、内容，海阔天空、轻松愉快地交谈，常常是孩子欢迎的交谈方式。

2. 讨论法

讨论是家长与孩子共同探讨一个问题，经过讨论甚至辩论，得出正确结论，使孩子明辨是非，提高认识的一种方法。这种方法充分体现了家长对孩子的信任、尊重。讨论法的优点是可以充分发挥孩子的主体作用，通过互相的探讨、研究和争论，使孩子明辨是非，加深理解，提高认识，并留下深刻印象。讨论法是一种民主的方法，经常运用它可以培养孩子的民主精神，加深了孩子与家长的亲密关系。

（二）以情感培养为主的方法

1. 家庭环境熏陶法

家庭环境包括物质环境和精神环境两个方面。

物质环境方面，如果经济条件许可，居室宽大、明亮、整洁，是最好的。但是，"室雅何须大，花香不在多"，山不在高，水不在深，居室打扫得干干净净，布置得体，也同样可以形成浓厚的文化教育氛围，比如墙壁上悬挂着字画（或者是名人的、或者是朋友赠送的、或者是自己创作的字画）、地图、照片等，书架上放一些古今中外名著和当前的畅销书刊等。只要有可能，一定要给孩子安排一间光线充足、安静而不受干扰的学习室，至少也要在房间一角给孩子摆一张书桌和一个小书架。应该认识到家庭物质环境对孩子的熏陶作用是不可估量的，而现在有些家庭拼命追求居室装修的富丽堂皇，高档家具和家用电器应有尽有，家里一天到晚是打牌声、喝酒猜拳声和吵吵骂骂声，却没有读书声，似乎是不可取的。

精神环境方面，一要建立文明、科学的现代家规，形成文明民主家风。家规不是单纯约束孩子，而要全家共同遵守。父母要以身作则，率先垂范。要明确规定家庭成员各自的权利和义务，对传统的家规要批判地继承。良好的家风是一种无声的命令，有着巨大的力量。二要形成民主、和谐的家庭氛围。家庭成员要互相尊重、互相爱护、互相关心，讲文明礼貌，讲理解宽容，无论何时不说过头话，不采取过激行动。处理家庭事务，家庭成员要民主协商，不搞一言堂。家长要尊重孩子的人格，鼓励孩子关心、参与家庭事务的处理，要经常与孩子沟通，不仅要做他们的老师，而且要做他们的知心朋友，使家庭关系更加亲密融洽。如有矛盾，妥善解决，切忌无原则的争吵，甚至酿成纠纷，不可收拾。须知父母的专制只能使孩子变得懦弱无能或蛮不讲理。三要形成愉快的氛围。家庭成员在工作和学习之余，不妨在一起讲讲见闻、故事、笑话，语言风趣幽默些；可养成一些良好的兴趣爱好，如读书看报，写字画画，种花种草，打球，郊游，下棋，欣赏音乐，收藏，等等，都可以陶冶性情，有益身心健康。但不可沾染不良嗜好，如赌博、嗜烟、酗酒等。四要爱科学，家庭要有尊重文化知识和科学的氛围。要有科学精神，不要相信封建迷信。家庭要有浓厚的爱科学、学科学、用科学的氛围，这样的家庭才能造就适应知识经济时代挑战的有用之材。

2. 陪伴孩子一同活动的方法

父母陪伴孩子成长的好处就是让孩子体会到亲情，也会让孩子感受到父母之间的爱，从而搭建起更现代的亲子关系，对家庭教育水平的提高具有重要的意义。

父母陪伴孩子的方式多种多样，比如：

（1）跟孩子一起去野外游玩　大自然是美的：春天的百花，夏日的蝉鸣，秋季的落叶，寒冬的白雪，对孩子都会有无穷的吸引力。家长掐着时令带孩子郊游，赏心悦目的自然景色会带给孩子美好的遐想和憧憬，唤回家长对童年趣事的回忆。共同的心境和语言，使长幼之间的距离一下子消失了，多少教育内容都可以在此时此刻进行。

（2）跟孩子一起去参观游览　假期若能带孩子到外地旅游，孩子是最开心的。那些名胜古迹和各种展览都值得去看一看。游览时，若家长能做精辟的讲解，孩子是最为佩服的；如显知识不足，则会迫使家长去翻书查资料，这更能赢得孩子的心。

（3）跟孩子一起上街购物　孩子小的时候喜欢跟家长逛商店，顺便要点喜爱之物，家长可乘机介绍商品知识，灌输勤俭持家的道理。孩子长大一点了，可以为家、为自己购物，家长陪着当参谋，边买边谈，边看边谈，边走边谈，两代人相互没有戒备，是教育的好机会。

（4）跟孩子一起娱乐　晚饭后，节假日，一家人各展特长，谈天说地，让家庭充满欢乐的气氛，增强了家庭的凝聚力和生活的情趣。

家长和孩子共同活动的内容很多，共同活动目的是要消除代沟，寓教于活动之中，让家庭教育在欢乐、无拘无束的活动中进行。

（三）以训练行为为主的方法

1. 生活实际锻炼法

生活实际锻炼法也称生活实践锻炼法，它是指家长根据孩子身心发展和社会的需要，让孩子在日常生活和社会活动中亲自参加实践，从中受到教育和锻炼，以形成良好思想品德和能力的方法。

劳动对于孩子的成长具有多方面的利益：第一，劳动锻炼了孩子的意志，使孩子变得更加坚强；第二，劳动使孩子更珍惜物质的拥有和生活的幸福；第三，劳动使孩子体悟到父母的辛苦与伟大，学会尊重父母和孝敬师长；第四，劳动培养了孩子自强自立的品质，使他们能够顺利成为一个合格乃至出色的社会人；第五，劳动使孩子耻于不劳而获，懂得自己的劳作也能为他人带来些许幸福；第六，劳动使孩子的双手更灵活，大脑更聪慧，知识更丰富。家长自觉地培养孩子的劳动习惯，不仅仅可以使孩子获得一种生存的能力，更重要的是可以完成人格的锻造，何乐而不为呢？

生活实际锻炼法的方法，可以根据家庭的实际情况采用多种多样的方式。

一是参与劳动活动，让孩子学做家务，所以家长平时在家里随着孩子年龄的生长，让孩子参与家务，鼓励孩子学着做，比如捏面团，包饺子，拖地，抹桌子，浇花，喂鱼等。

二是自我管理劳动，让孩子学会自我服务性劳动，学习料理自己的生活，自己的学习。如学会自己穿衣，刷牙，铺床，叠被，购物，等等，掌握基本的生活技能，教会孩子"自己的事情自己做，别人的事情帮着做，不会的事情学着做"。

三是参与交往活动，家长可以采用"请进来，走出去，一起玩"的方式，让孩子学会和增进与人交往的意识和能力。

四是鼓励帮助他人，积极鼓励孩子用自己的所长去帮助他人，从而增进和他人的友谊，提升学习的动力，提高自信心。

五是赋予责任，培养孩子的责任心、毅力和意志力，家长有意识地教给孩子一些具体任务，让孩子去完成，为孩子创造实践机会，年龄小的孩子指派简单的任务让他们去做，年龄大的孩子则可以布置复杂的任务。

2. 奖励和惩罚法

（1）表扬、奖励的艺术　表扬、奖励孩子可以鼓励孩子重复良好习惯形成；在表扬和奖励中可以激发孩子的上进心，有利于培养孩子的自尊心和荣誉感，培养孩子自我约束的能力，还可以增强孩子的是非感，有助于父母与子女之间的情感的加深。

表扬、奖励孩子的方式很多，应以精神奖励为主。比如：夸奖、赞许、点头、微笑、亲昵等，都能达到激励孩子上进的目的。物质奖励也要有，对年纪小的孩子，必要的物质奖励也是很好的教育手段。可以赠送书籍、衣物、玩具、学习用品等，但要慎用金钱，更不能让孩子小小的年纪，纯净的心灵过早地染上铜臭气。

家长要把握住表扬、奖励的时机。孩子兴奋起来，来得快，去得也快，家长要把握孩子的心理脉搏，该表扬、奖励的时候要及时，使他们良好的表现得以强化，得以巩固。如果是马后炮，就会削弱激励作用。

再有，表扬也好，奖励也好，都要实事求是，因为这是对孩子的一种评价，要让孩子在表扬和奖励中去认识自己。过高，容易让孩子盲目满足；过低，又不容易达到激励的目的。另外，表扬、奖励时，家长的态度要真诚，最好不要事先许诺，一旦许诺就要守信；绝不能在奖励的程度上与孩子讨价还价。

9-2 家庭教育中表扬孩子的艺术

（2）惩罚的做法　当孩子犯了错误时，家长就要对孩子进行教育。说起教育的方式，一般总是强调孩子年幼无知、情感脆弱、身体稚嫩，应当从正面引导教育，讲道理说服。这当然是对的。但是，这只是教育的一种方式，合理的惩罚也是一种必不可少的教育手段。讲道理与惩罚是教育孩子的两种互相对立，而又相辅相成的教育方法。只用其中一种，教育孩子的效果是不会太好的。两种方法结合使用，会收到更为理想的教育效果。

心理学的研究表明，在阻止儿童不正确的行为方面，惩罚能起到一定的积极作用。

在心理学上，把奖赏和惩罚分别称之为正强化和负强化。所谓正强化就是指利用某种刺激来增加在此刺激之前的行为的反应频率。而负强化则相反，即利用某种刺激来减少在此刺激之前的行为的反应频率。惩罚作为一种负强化，它的作用和意义在于可以抑制某种行为的反应频率。

儿童由于受心理发展水平的限制，学习、判断是非、记忆等能力较差，在犯了错误之后，虽经家长指出和教育，还有可能重犯。这种现象并不表明儿童不知道自己行为的错误，而是由于他的自制力不强或已经形成了习惯和这种行为的结果多数能给孩子带来好处或满足。因此，为了教育孩子，家长有必要利用惩罚来改正他的行为。但是，需要特别指出的是，在对孩子的多种教育手段中，惩罚只不过是其中之一，而且要运用适当，要与其他教育手段配合使用，不能滥用。

那么，怎样正确运用惩罚手段来教育孩子呢？

一是要及时惩罚。惩罚按孩子产生错误行为到得到惩罚所间隔的时间的长短，可分为及时惩罚和滞后惩罚。在产生错误的同时或刚结束时就给予惩罚为及时惩罚。而隔了一段时间后的惩罚为滞后惩罚。一般说来，及时惩罚容易获得最大惩罚效果。原因是：①通常，儿童的错误行为能给自己带来某种好处。例如，说谎可以达到自己的目的，偷吃东西能带来口福等，这些好处就是对孩子行为的强化物。他拥有和品尝这些好处的时间越长，就越能抵消受惩罚的体验。②迟到的惩罚会把惩罚的目的弄混。如果一个孩子早上有了错误行为到晚上才惩罚，那就有可能会使孩子以为惩罚是由晚上的某个行为引起的。所以，家长如果要惩罚孩子一定要及时，最好不要"等你爸爸回来再说""你妈回来后让她管教你"。如果不能及时惩罚，一般就不要再惩罚了。

二是要运用适合的惩罚方式。对孩子进行惩罚，并不是指打骂孩子、棍棒教育，而是指用适当的方法使孩子体验他的行为给他带来的消极后果。例如，有位家长屡次教育孩子玩完玩具后要收拾好，可是孩子总是做不到。于是，有一次家长就挑出孩子最心爱的玩具当着孩子的面扔掉，并且告诉他：既然你不收拾玩具，乱放碍事，就得扔掉。从此孩子记住了这个教训，玩完玩具就自觉整理了。

家长对孩子的处罚方式可以是多种多样的。比如，可以暂时禁止孩子看电影或电视，取消带他出去玩的计划，在一定时间不许他玩心爱的玩具，限制他的活动范围，在一定时间内冷落孩子，等等。家长可以根据情况选用一种或几种。并且，家长在实施惩罚时，一定要让孩子明白，惩罚是因为什么而引起的，惩罚是他的错误行为带来的后果。惩罚使他能够改正错误或保证不再重犯错误。

三是运用"自然后果惩罚"，通俗地讲，就是让孩子自作自受。这种办法最早是由18世纪法国大思想家卢梭提出来的。他主张因孩子犯错误造成的后果要让孩子自作自受，从中体验不快，迫使其改正错误。

这种做法有几个好处：第一，能使孩子发现自己行为的错误，比家长的教育印象更深；第二，孩子体验到的痛苦和不快是他自己造成的，可以避免由家长实施惩罚带来的对抗心理；第三，心甘情愿地接受惩罚，更愿意改正错误。例如，孩子故意把衣服撕破，家长不要给他缝补、更换，继续让他穿撕坏的衣服，让孩子自己体验穿破衣服的不便和不快，从而懂得撕衣服是错误行为。

四是家长在对孩子进行惩罚时，还应掌握一些惩罚的技巧。第一，同样的惩罚由一个经常奖励和正面教育的家长实施，比一个习惯于对孩子冷淡和疏远的家长实施更为有效。第二，讲清惩罚的理由，会增加惩罚的效果。第三，家长平日在对待孩子时要言行一致，说话兑现。第四，家长在惩罚孩子后，不要马上对他过于爱抚，否则会抵消惩罚的效果，也许还会使孩子得出父母对惩罚后悔了的错误印象，甚至还会增加孩子的错误行为。

9-3 家庭教育中惩罚孩子的艺术

第三节　家庭教育的内容

家庭教育是整个教育体系的重要组成部分，具有重要的地位和作用，是一个人成长发展无法离开又不可缺少的。"家庭是孩子的永远眷恋且永不停课的学校，父母是孩子第一任且永不卸任的教师。"正是通过家庭教育，家长把自己崇高的品德、渊博的知识、丰富的生活经验，潜移默化地传授给下一代，并将伴随孩子们走完全部人生旅途。而且家庭教育又与学校教育、社会教育紧密结合，培育孩子按照国家和社会规定的目标成长。

（一）良好的家庭情感与家庭品质教育

家庭情感教育是指通过家庭教育，促使家庭成员特别是子女养成高尚的道德情感、美感、理智感和实践感，成为品德高尚、情感丰富、乐于交往、为社会所接纳的人。

情感是一个人的灵魂所在，一个人没有情感，就会失去活力，不能成就任何事业；家庭成员缺乏情感，一个家庭就会处在人情冷淡、互不相关的状态，失去温馨与和睦，就谈不上幸福。

1. 国情教育

"有国才有家""忘记历史就意味着背叛"。首先，家长要教育孩子认清国家的历史，知道今天的幸福生活是千千万万革命烈士用鲜血和生命换来的，来之不易，从而更加珍惜今天的幸福生活。父母可以带孩子去历史博物馆参观，感受无数仁人志士为了革命成功"抛头颅，洒热血"的场景，这对他们一定会有很大的震撼作用，从而会更加热爱自己的祖先，热爱我们伟大的祖国。教育未成年人爱党、爱国、爱人民、爱集体、爱社会主义，树立维护国家统一的观念，铸牢中华民族共同体意识，培养家国情怀。

2. 亲情教育

亲情中最本质的成分是真挚无私的爱。亲情教育就是爱的教育，目的是让孩子珍视爱，懂得怎样去爱。

小时候就学过朱自清先生的散文《背影》，讲的就是对父亲深沉的爱。而从古到今，歌颂母爱体裁的诗歌散文就不胜枚举了。那首耳熟能详的《游子吟》颇能反映出家庭亲情教育的意境。母爱的实质是自觉自愿、无怨无悔地付出。应该让每一个孩子真切地体会母亲在孕育生命的过程中的付出，体会母亲对所孕育的生命的真挚无私的情感。

在亲情教育的过程中，应该把亲情教育与做人的品行自然结合来，让孩子感受亲情，珍视亲情，尊老爱幼，善待他人。所谓"老吾老，以及人之老；幼吾幼，以及人之幼"。这样一定会让孩子养成大爱的品德，受益终身。

3. 生命教育

生命赋予我们的只有一次，要教育孩子学会尊重、珍爱、欣赏、敬畏生命，强化生命意识、珍视生命价值和发展生命潜能，这是生命教育的基本要义，它包括建立生命意识、培养生存能力和提升生命价值三个层次。

澳大利亚励志演讲家尼克·胡哲天生没有四肢，但勇于面对身体残障，用他的感恩、智慧以及仅有的"小鸡腿"（左脚掌及相连的两个趾头），活出了生命的奇迹。自从尼克19岁进行了第一次充满动力的演讲之后，他的足迹开始遍布全世界，与数千万人分享他的故事和经历，为各行各业的人做演讲，听众中有学生、教师、商界人士、专家、市民等。他也在世界各大电视节目中讲述他的故事。尼克与他的听众分享远见与远大梦想的重要性，把他在世界各地的经历作为例子，鼓励人们要思索今后的前景并且要跳出现有的环境去展望未来。

他的名言是"我告诉人们跌倒了要学会爬起来，并始终爱自己""像雕塑一样活着"。

情感教育的过程就是生命唤醒的过程，它旨在强化个体的生命意识，挖掘其生命潜能，彰显其生命价值。

4. 友情教育

人一从母体里分娩出来，就被置身于复杂的社会环境之中受到种种社会关系对他施加的影响，"一个人的发展，取决于和他直接或间接进行交往的其他一些人的发展。"这"其他一些人"是谁？不是别人，正是朋友。处在社会竞争和个人竞争的环境中，需要同某个人分享自己的感受，需要寻找一个知心的人。友情就显得至关重要。

真挚友情是温暖心灵的阳光，是促人向上的力量。应该让孩子懂得什么才是真正值得看重和珍视的友情。友情教育的目的是教孩子学会善待他人，真诚付出。

5. 爱情教育

爱情是人类情感领域里极为重要的组成部分，能否妥善处理，关乎一个人情感生活的质量，也会影响相关社会成员的利益。

（1）什么是爱情　给爱一个定义，让我们清清楚楚地在爱中沦陷。爱情是性爱和情爱的完美结合，包含着关心、责任、尊重、认识。斯腾伯格的爱情三角形理论诠释了爱情有三种成分：亲密、激情和承诺。亲密可以看作是大部分而非全部地来自关系中的情感性投入；激情可以看作是大部分而非全部地来自关系中的动机性卷入；承诺则是大部分而非全部地来自关系中的认识性（认知性）的决定与忠守。所以爱情关系的形成是复杂的，是存在诸多因素影响的。作为父母，要教育孩子理性对待，妥善处理自己未来的爱情。

（2）恋爱的心理过程　理性的爱情是受到诸多因素影响的，它受到身体的吸引力、激发、临近性、互惠性、相似性、阻碍等因素的影响。实际上爱情的形成也是经由好感到爱慕再到相爱这样的过程。

同时，父母在教育孩子认识"性"和懂得"爱"上，精神领域的内容要比生理范畴的知识更为迫切和重要。应注重传授正确的性价值观和行为规范，教孩子学会自爱、自尊和自重。

情感教育是一种潜移默化的教育，是全面的教育，它在人一生的成长与发展中是不可或缺的，起着非常重要的作用。

（二）基本社会伦理与行为规范教育

1. 社会伦理教育

从微观角度看，伦理教育是人的心灵、意志、情感、人格、精神的健康成长教育，因而伦理教育始终是个体化和个性人格化的生活过程、成长过程及其人生的敞开与创建过程。从宏观层面审视，伦理教育是社会的存在与发展教育，它是为社会及其政治、经济、文化、精神等的健康发展奠定人性基石、提供价值导向和行为规范体系的教育。伦理教育是使人成为大人的生活过程教育，它不仅需要通过学校来展开，更需要突破学校的局限获得家庭和社会的互动。因而，构建家庭、学校、社会互为响应的互动平台，这是当代伦理教育得以全面实施并产生高效的根本保证。

教育始于家庭，家庭教育始于伦理。家庭是人生伦理教育的真正的和终身化的堡垒。人作为个体，始终是孤独、弱小、卑微的，但人又呈现出强健而伟大，其秘密在于他是爱的生物，并以有限的生命发挥出无限的爱的光辉。爱之于每个人，有小爱，比如两性之爱、血缘之爱、亲属之爱、友朋之爱等，即是小爱；也有超越小爱的大爱，比如社会之爱、民族之爱、国家之爱等，即是大爱。小爱是人生爱的出发点，大爱是社会的基础，但若仅停留于小爱和大爱，会滋生出许多爱的偏执或狭隘。人的伟大在于他会博爱和拥有博爱，即不仅爱亲人，爱民族和国家，而且超越自我而爱人类，爱地球生命，爱整个自然和宇宙，爱永恒与伟岸。爱家庭与亲人，讲孝敬；爱友邻与亲朋，讲亲爱；爱民族和国家，讲诚爱；爱人类与自然及其万物生命，讲广阔博爱。在家庭教育中实施伦理教育，就应该遵循广阔博爱原则，从完全平等的爱人出发，由家庭到社会、再指向人类、地球、自然宇宙和万物生命，培养人其爱无疆。当整个世界充满了如此博远的爱，人类存在才有根本的希望，人类的生存才有健康的发展。

2. 社会法规制度教育

在家庭教育中，对孩子进行有效的法制教育，让孩子学会遵守人生路上的"红绿灯"，对于孩子的健康成长，不仅是重要的，而且是必需的。每一位家长都应当转变教育观念，充分认识法制教育在孩子成材中的重要作用。家庭教育作为一种特殊的教育形式，能够发挥学校教育和社会教育所难以替代的作用。在目前家庭教育中，法制教育往往是一个被"遗忘的角落"。据一项调查表明，有80%的少年犯的家长从来没有考虑过自己的孩子会走上违法犯罪的道路。因此，每一个家长都应当切实转变观念，牢固确立依法育人的思想，本着对后代、对社会高度负责的态度，积极开展家庭法制教育，促使子女成为学法、懂法、守法、护法的新一代合格人才。

法制教育要从孩子抓起。首先家长要以身作则，给孩子树立良好榜样。孩子生活在法律意识浓厚的氛围中，就会潜移默化地接受法制教育；如果家长自身法制观念淡薄，常常打一些法律、法规的"擦边球"，或者还有一些轻微的违规违法行为，那么孩子的法律意识也不可能增强，时间一长，法律、法规对其约束力在其观念中就会淡化。所以，做父母的应该懂得既要言传，更要身教，一言一行都要严格要求自己，使孩子在任何时候任何地点观察父母的言行时，都不会产生不良印象。

家长要善于将社会法规制度教育融入到日常生活中，将家庭法制教育与培养良好习惯相结合起来。家庭法制教育要从小抓起，从一点一滴的日常小事抓起；这对孩子的健康成长是非常重要的。作为家长一定要细心观察，小心呵护，培养孩子良好的日常习惯。另外，家庭教育也应与学校教育形成互补，只有家庭与学校相互配合，对孩子的教育才会产生一加一大于二的效果。家长应与学校保持经常联系，了解孩子在校情况，从而配合学校抓好对子女的法制教育。

思考与练习

1. 怎样在家庭教育中运用好奖励与惩罚的方法？

2. 生活实际锻炼法有哪些具体内容？

3. 儿童的天性是爱玩。游戏是一种符合幼儿身心发展要求的快乐而自主的活动，可以促进其智力、语言等各种能力的发展。为了提高帮助孩子在游戏中学习和玩乐，请为2岁左右的幼儿设计一个培养幼儿团结协作能力的游戏，游戏方案要求包括游戏的主题、游戏的目标、游戏的内容和流程、游戏的注意事项、游戏可预见的困难和对策等。

4. 案例分析：妈妈某天带了一盒带小包装的巧克力回家，晚饭后将巧克力递给在学龄左右的孩子，说只能吃一块，孩子也答应了，随后妈妈没有再管。可当最后妈妈临睡觉前，清点巧克力时突然发现竟然少了一块，对此，假如你是妈妈，会如何猜测和如何处理？

5. 案例分析：周末，几个朋友在饭店吃饭，旁边一桌坐着两个家庭聚餐，都有六七岁的孩子，一会拿筷子敲碗制造噪声，一会满店乱跑追逐打闹。周围的人因为被影响了进餐而纷纷侧目，他们的父母都忙着聊家长里短，并不在意。服务员上菜时，其中一个孩子将菜汤泼到服务员身上，事后坦白就是为了好玩，服务员对此非常生气。这时孩子的母亲不仅没有歉意反而埋怨道："哎呦，你下班洗洗不就行了么，这么大人了怎么还跟孩子一般见识。"转头对孩子说："你不好好学习将来就像她一样，当个服务员。"请根据以上叙述，分析孩子的父母在家庭教育的哪些方面存在缺失。

家政管理篇

第10章 现代家政企业管理

┌─ 本章学习目标 ─────────────────────────────────

　　掌握家政企业的类型。

　　理解家政行业的发展趋势。

　　掌握家政企业发展的产业化和智能化。

└──

【案例导入】

家政 APP 预约家政服务

　　最近，家住和平小区的李妈妈逢人就说，这回她也可以享受到科技带来的方便了。详聊之下才了解，原来是她学会了用智能手机上网"淘"钟点工的事。所谓的"淘"，其实就是通过手机下载家政 APP 预约家政服务，这种新兴方式比传统的家政服务更快捷便宜。

　　继打车软件疯狂走红后，家政 APP 的出现再次引起火爆关注。巨大的市场潜力，导致一时间大批的家政服务 APP 扎堆涌现，让人眼花缭乱，究竟它将是行业未来又或只是昙花一现呢？记者就现下几个热门的家政 APP 的用户体验，剖析了家政 O2O 模式发展的颠覆力度。

　　目前，家政 APP 比较主流的发展模式都是通过与各地的服务商合作，整合储备了大量家政工资源，最大程度上满足了市场需求量。据了解，目前"阿姨帮"在北京地区已经收录阿姨三千多个；而"e 家洁"在上海、北京两地也签约了六千多位阿姨；广州地区的"家政无忧"则整合的阿姨资源超过一万个。但是他们该如何将整合资源、专业培训、服务跟踪等各个环节实现标准化、有效输出都是非常具有挑战的。

　　此外，为了吸引更多的雇主，价格战也成为了各路家政 APP 重要的探路战略。传统线下市场的钟点工都是每小时 35 元起价，但是家政 APP，如"阿姨帮"和"e 家洁"则是每小时 25 元起，比市价低 10 元左右。对于新上线的，如"家政无忧"为了应对先行者的压力，更是把价格定在每小时只需 15 元起。家政 APP 以低价优势直接威胁了线下家政的发展，不过"鹬蚌相争，渔翁得利"，这也是雇主喜闻乐见的。

但是家政 APP 光靠庞大的阿姨资源和低价优势就能完全取悦雇主了吗？对此，"阿姨帮"为了保证服务质量，对于服务不满的雇主，可再安排一次免费服务；"e 家洁"在雇主预约成功后均可获赠家政保险，投诉阿姨磨工怠工还可获得补偿；而"家政无忧"更是成为了全国首个"服务担保"的家政平台，通过"不满即赔"与"财务担保"两大即时赔偿途径，直接保障了雇主的根本利益。

虽然目前大部分家政 APP 正处于发展初期，服务系统还没有完善到一定的高度，难免存在漏洞，但观望长远的发展道路，家政 O2O 模式以互联网信息技术优势提升和改造传统家政行业的产业结构及信息渠道，使分散的资源得到整合，发挥了社会效益的最大化，因此，家政 APP 在日后必定能颠覆传统家政市场，成为家政服务的主流。

第一节　家政企业概述

一、家政企业概念与特征

家政企业是以家政服务业为主要经营项目的实体，是服务业的重要组成部分。家政企业的发展水平标志着一个国家人民生活水平的高低。

（一）家政企业的概念

家政企业是通过向社会提供家庭服务获取利润而从事经营活动的独立的经济组织。家政企业的主要目的是取得利润，盈利是它的基本特征，是其产生和发展的动力；提供服务仅是它实现盈利目的的手段；独立性作为企业的基本条件则要求企业必须以自主经营、自负盈亏的方式完成上述活动。家政企业的服务项目几乎涵盖人们日常生活的全部，包括家居保洁及美化、家庭烹饪、服装洗烫、医院陪护、儿童陪护、儿童教育、老年人保健服务、陪读、家庭秘书、管家、送货服务等。

（二）家政企业的特征

1. 家政企业具有经济性

家政企业是经济组织，经济性是其基本性质，家政企业的经营目标是在为社会提供满意服务的基础上获得最大利润。

2. 家政企业具有服务性

家政企业是具有高接触性服务行业，即消费者必须参与服务的全部或绝大部分过程。因此服务性是家政企业的一个显著特征。

3. 家政企业属于微利行业，适合连锁经营

家政企业一般规模较小，所需投入少，设备简单，总成本较其他服务业低，与低成本相对应的是低收入。家政企业的服务对象主要是组成社会的最小单元——家庭，家庭的经济能力是有限的，因此家政企业从每个家庭获得的显性利润就很低，但从事连锁经

营则可以扩大服务范围，形成规模效应。

4. 家政企业科技含量较低，强调可操作性

家政企业的从业人员以向消费者提供体力劳动为主，可以不具备较高的学历和技能，但要求具备全面的家庭服务技能，服务的技术含量较低。

5. 家政企业竞争激烈

家政行业几乎没有什么行业壁垒，可进入性高，因此家政企业之间的竞争激烈，竞争的中心是服务的质量和服务员的供应渠道。因此，专一化传略和差别化战略是两个首选的竞争战略。

二、家政企业的种类

从我国目前家政服务组织的运营模式方面分析，家政企业主要以下述三类为主。

(一) 中介型家政服务组织

中介型家政服务组织是新中国成立后出现最早的家政服务组织运作模式，产生于20世纪80年代初期，始创者为北京妇联所属的北京市三八家务服务中心，它开创了新中国成立以来家政服务组织化运作的先河。在此若干年后劳动力成为商品，获得了社会的认可，进入了市场化道路，一些地方政府部门才开始制定有关行业法规，使它的存在和发展在理论上得到认可，在政策上有了逐步健全的法律。

中介型家政服务组织具有规模大、场地大、投入大的特点，其运营和发展是民营机构和社会团体难以实现的，该组织运营模式能够获得较丰富的社会效益，但在经济收益方面却见效甚微。此组织运营模式较为适合以政府为投资背景的公益性项目，百姓的认同度比较高。

(二) 会员制家政服务组织

会员制家政服务组织运营模式既不同于纯粹的中介型家政服务组织，又不同于全面管理的员工制家政服务组织，随着社会竞争的加剧、工作节奏的加快，家务劳动社会化的步伐也日益提速，社会对家政服务的需求日渐趋升。然而，一些家政服务员素质的低劣和非法中介的横行，使得不少亟待服务的家庭因缺乏安全感和辨别能力而不知如何选择家政中介机构，一些正规的家政服务机构则因非法中介的大量存在而举步维艰、叫苦不迭，引发了许多的社会问题，这些问题必须引起重视。会员制家政服务组织是中介型家政服务组织和员工制家政服务组织两种模式的综合运作方式，是一个介于两者之间的一种经营模式。

会员制家政服务组织运作模式是一种根据不同经济收入的雇主对家政服务员的需求，利用市场经济手段对雇主的不同服务需求采取不同的服务和管理方法的一种运营管理方式，经济收益方面与中介型家政服务组织基本相同。

(三) 员工制家政服务组织

员工制家政服务组织实行招生、培训、考核、派遣与后期管理一体化作业模式。家

政服务员要经过统一培训、统一考核、考核合格后统一由家政服务企业负责安排工作。即家政服务员是作为家政服务企业的员工派遣到雇主家庭从事家政服务，家政服务企业对家政服务员和雇主实施全面、全程管理；家政服务员与雇主之间只存在服务与被服务的关系，两者之间不直接发生经济来往关系，且合作双方均是面对家政服务企业。即由家政服务企业来保障两者的安全、服务质量、平衡两者的权益。

员工制家政服务企业属于精品型家政服务组织运作模式，该企业的结构管理较为规范，在团队建设方面少而精良；企业组建投入少、风险小，无须大规模、大设施即可获得高收益。员工制家政服务组织实行"六统一"的基准服务模式：即统一招生、统一培训、统一考核、统一持证、统一安排工作、统一后期管理。家政服务员均要经过统一培训、统一考核，考核合格后统一持证上岗，由家政服务企业统一负责为家政服务员安排工作，且由家政服务企业对家政服务员和其雇主实施全程的后期规范管理。企业获得的收益是每月的管理费而非一次性的中介费或年度性会费。

员工制家政服务企业日渐成为一种主要的家政企业模式，在探索如何对员工进行更好的管理中，必须保证员工的合法权益，要求家政服务员具备良好的法律素养。法律是拥有立法权的国家机关依照法律程序制定的规范性文件。家政服务员具备法律知识的重要性，有利于正确履行自己应尽的义务，有利于正确维护自己和用户的合法权益，有利于正确约束自己依法办事，避免违法。

1. 家政服务员应该掌握的基本法律法规类型

（1）《宪法》《宪法》是国家的根本大法，被称为法律的法律，是制定其他法律法规的基础。《宪法》规定了国家最根本的制度、原则等内容，规定了公民的基本权利和基本义务。家政服务员学习《宪法》应重点掌握：尊重用户的宗教信仰自由；尊重用户的民族传统和风俗习惯；尊重用户的婚姻家庭；尊重用户的财产权；尊重用户家庭成员的人身权利。

（2）《劳动法》《劳动法》是调整劳动关系以及与劳动关系密切联系的其他社会关系的法律，是以劳动者权益保护为宗旨，规定了用人单位和劳动者各自的权利、义务和责任，单位和个人都要严格遵守，坚决执行。

（3）《妇女权益保障法》《妇女权益保障法》是尊重和保障妇女权益的法律。该法规定男女平等，妇女享有同男子一样平等的权益。妇女的政治权利、受教育的权利、劳动的权利、婚姻家庭的权利、人身自由的权利等受法律保护。

（4）《未成年人保护法》 未成年人是指未满18周岁的自然人。未成年人由于身体、智力还没有发育成熟，社会阅历少，在社会生活中处于弱势地位，《未成年人保护法》及有关法律规定了对未成年人特殊的保护措施。

（5）《消费者权益保护法》《消费者权益保护法》详细规定了消费者的权利和义务。主要权利有：人身财产安全权、知悉真情权、自主选择权、公平交易权、损害求偿权、受尊重权、结社权、获得有关知识权和监督权。家政服务员在用户家会代替用户采购和消费，要特别注意守法和依法维护权益。

（6）《食品卫生法》《食品卫生法》是保证食品卫生，保障人民身体健康，增强人民体质的法律。该法主要是针对从事食品卫生经营的单位和个人。家政服务员在为用户准备饭菜、购买日常消费品时，应参照有关规定指导工作。家政服务员学习《食品卫生法》应重点掌握：家政服务员必须身体健康；家政服务员必须保持个人卫生；不用变质原料和过期食品做饭菜；餐具要保持清洁。

家政服务员要认真学习、严格遵守有关法律，做好家政服务工作，要积极、勇敢地维护自己的合法权益，与违法的人和事做斗争，同时注意掌握证据（证人、证言、证物），及时投诉、报案。

10-1 家庭服务法律常识

2. 对员工进行统一管理

员工制家政企业中，员工受雇于公司，由公司统一进行培训、考核、定级并确定工资标准，使员工从自由职业者变为"职业服务工人"，以此获得归属感和职业认同感；公司与客户（雇主）签订服务合同，员工作为公司服务派遣进入客户家庭提供服务。公司建立服务跟踪机制，通过家访、电话回访等方式实施"三点二线"互动跟踪，以此达到监督服务质量、管理和教育员工、协调雇佣关系的效果。

3. 制订公司的培训方案

员工制家政企业要建立"培、考、定"训练机制，从心态教育入手，抓好岗前职业素质教育和思想引导工作。对所有的服务员工在上岗前都进行分类培训，考核定级，达标上岗；类别分为高、中、低端"三位一体"，在基础家务方面，如家庭烹饪、婴幼儿护理、老人护理、衣物洗烫、家居清洁等服务技能突出实操训练，使之进入家庭后能够体现良好的服务效果；在服务员工的职业教育方面，心态教育尤为关键，服务员工具备良好的从业心态，会在从事服务的过程中达到事半功倍的效果。

4. 引进成熟的家政管理技术

加强公司内部管理人员培训，不断完善管理体制，实施"流程化"管理，充分发挥团队的作用，建立市场、职培、人力资源输送等较完善的管理架构，以科学管理理念提升公司的管理水平。公司在管理过程中管理好自己的家政员工的同时，如何留住好的家政员工，也是很重要的。

当前，我国正处在家政服务业的快速发展时期，虽然目前我国家政服务业的现状不容乐观，仍然处在起步阶段。但是，从发展趋势看，作为 21 世纪的十大朝阳产业之一，作为第三产业的生力军，家政服务业具有发展快、后劲足的特点，拥有巨大的发展空间和市场潜力。毋庸置疑，在不久的将来，家政服务业必将对城镇经济的发展发挥重要作用，成为我国经济发展的一个新亮点。

第二节　现代家政行业概述

随着社会经济的不断发展，社会分工的逐渐细化，涌现出大量新兴服务行业，家政服务就是其中之一，并且其市场需求无论从数量和服务内容均呈逐年增长的态势。国家高度重视家政服务业，采取了一系列的规范措施，并颁布了职业标准，以促进其健康发展。现代家政服务员与传统意义上的"保姆"发生了根本的变化，他们的职业标准更高，专业知识和技能更加丰富、全面，文化程度越来越高。相应地，出现了如管家、家庭文秘、家教姐姐等新的家政服务形式，涉及家庭事务的方方面面，满足不同家庭的需求。

一、发展现代家政行业的意义

（一）发展家政服务业将充分满足目前社会老龄化和现代化家庭的现实生活需要

我国市场经济的发展促使人们的工作方式和生活方式发生着前所未有的深刻变化，这些变化集中地表征为"四化"，即家庭小型化、人口老龄化、生活现代化、服务社会化。这种社会现象同时也反映出了相应的社会需求。随着社会经济的持续增长，人们生活水平和生活质量的要求也不断提高，越来越多的人希望从家庭的日常事务中摆脱出来，使自己在紧张、繁重的工作之余能享受更多的生活乐趣和更高的生活品质，这为家庭服务社会化提供了必要的社会条件。目前，全国已有近 3000 个家政服务企业，还不包括如搬家公司、保洁公司、家教中心等这一类型的主要为家庭提供服务的服务实体，以及大量的"钟点工"。据国家劳动就业部门统计，全国家庭需要近 2000 万社区就业岗位，其中三分之一是家政服务员。我国服务业的就业潜力非常大，而家政服务业潜力更为突出，它为人们提供了大量的就业机会，家政服务的市场需求是巨大的，前景是光明的。

（二）发展家政服务业能为再就业工程创造新的就业岗位

就业问题是一个世界性的难题，也是摆在人们面前必须解决的重要问题。随着经济结构调整力度的加大，而经济发展所能容纳的就业机会却相对不足，就业形势相当严峻。寻求新的就业生长点，拓宽就业渠道，将日益提上议事日程。同时，伴随经济发展和人民生活水平的进一步显著提高，人们对家政服务的需求将逐渐增加，必然要求社会提供形式多样、质量可靠的家政服务，家政服务业就成为实现就业的新领域。据统计，家政服务业是目前剩下的为数不多的没有被内资和外资整合过的行业之一，而且从事这一行业的人数还不到需求人数的 30%，还有很大的发展空间。发展家政服务业至少可以为国家提供上千万的就业岗位，因此，家政服务业将成为促进就业、发展经济的一个新的重要增长点。

调动一切积极因素，促进家政服务业健康、快速发展。当前，要解决更多的劳动力就业，使更多的农村贫困人群摆脱贫困，大力发展家政服务业也是一条重要的途径。首先，各级政府坚持不懈地下大力气抓劳动力转移就业这项重要工作，加大工作力度，加强宣传教育，特别是针对人们头脑中固有的陈旧观念的教育和宣传，加大资金投入，使更多的人能够参加家政服务岗位培训，培养职业意识和职业技能。政府有关职能部门应加强行业监督管理和指导，维护良好的市场秩序。其次，各种培训机构与家政服务企业结合，形成职业培训和就业安排一条龙组织，提高家政服务人员的素质和就业信心。目前从事家政服务的人员素质普遍偏低，开展家政教育培训成为必经之路，根据当前形势，

应以实用型为主，以农村为生源地，以大中城市为就业市场，开展教育培训，一定要
"先培训、后上岗"。

（三）发展家政服务业将有效提高人们的生活质量

家政服务业经过多年的发展，市场规模不断扩大，居民对家政服务的消费能力逐渐
提升，消费需求持续扩大，家政服务的需求差异性也较明显，服务的精细化、专业化、
高层次要求显著增强，尤其在养老服务、母婴护理、育儿托管等方面，需求量最为巨
大。家政服务根据人们的生活质量要求，其内容可以分成初、中、高三种层次类型。一
是初级的"劳务型"，即常见的家务劳动服务，包括煮饭洗衣、清洁卫生等；二是"技能
型"服务，如护理、营养、育儿、家教、陪聊；三是高级的"管理型"服务，如家务管
理、社交娱乐安排、家庭理财、家庭消费等咨询服务等。不同层次服务的多元化、专职
化，给知识型家政服务业带来广阔的发展空间。数据显示，传统家居保洁服务是家政使
用最高的场景，占比54.9%。此外，母婴护理、养老服务伴随人口结构变化也逐渐兴起，
成为家政服务行业近年来新兴的使用场景。

（四）家政服务业有着巨大的市场空间有待开发，有利于培养新的经济增长点

近年出现的一些新职业，如育婴师（月嫂、育儿嫂）、养老护理员、公共营养师、营
养配餐员、婚姻咨询师、心理咨询师、高级管家等，都属于家政服务的范畴。家政服务
已经具有相对独立成熟的职业技能，有专业的培训、升级、上岗、签约机制。伴随着大
数据、"互联网＋"等新技术出现，家政企业融合发展趋势也越发明显。目前，家政服
务和社区零售、在线服务等业态充分融合，智慧程度在疫情冲击下进一步提升，一大批
"互联网＋"家政企业在现代社会中充分发挥了信息化作用。另外，家政企业也形成了多
种经营管理形式并存的发展格局。

互联网的运用使如今的家政业更精准、透明、便捷。当前，新模式、新技术加速涌
入传统家政业，新工具的使用正在减轻家政人员的工作强度，改进工作方式，推动传统
家政向智慧服务转变。

二、现代家政服务行业发展现状

2009 年，国务院同意建立由人力资源和社会保障部牵头，国家发展改革委、民政
部、财政部、商务部等 8 个部委共同参与的发展家庭服务业促进就业部际联席会议制度。
2010 年，国务院办公厅印发《关于发展家庭服务业的指导意见》（国办发〔2010〕43 号）
文件。2019 年，国务院批准建立了由发展改革委、商务部牵头，人力资源和社会保障部、
财政部等 18 个部委参与的发展家政服务业提质扩容联席会议制度。国务院办公厅出台了
《关于促进家政服务业提质扩容的意见》（国办发〔2019〕30 号）文件。后续 15 个部委又
推出提质扩容"领跑者"三年行动方案。国家对家政服务高度重视、高度支持家政服务
业的发展。

国家的重视、社会的需求让家政服务工作者"有底气，也有信心"，家政企业如雨后春

笋般涌现。目前，相关家政企业总数达到了 200 万家，从业人数也由十几年前的 2000 多万人增加到现在 3000 多万人，且仍然面临 2000 多万人的需求缺口。家政服务业也从过去社会认知中的"小保姆进城"，逐步发展为城市群众的生活刚需，成为政府治理逐步倚重的重要业态。伴随着中国社会老龄化加剧，家政服务业的发展在政府的支持下必然是蒸蒸日上的，未来是大有希望的。

家政服务在多个方面都迎来了新发展，呈现出新面貌。从需求端来看，家政服务覆盖了各类群体，从新生儿、幼儿、青少年、中年、老年到残疾人等，不一而足。另外，随着家务劳动的社会化，不同收入层次、不同类型家庭都有需求。需求端的变化也催动了供给端的调整，带来了整个家政服务市场的多元化。目前，家政服务业从过去简单的洗衣做饭升级为现在涵盖家庭教育、家务管理、营养配餐、婴幼儿智力开发等多业态多元化的行业，行业发展活力进一步增强。

从业人员也呈现新特点，一方面年轻结构不断优化，越来越多的年轻从业人员进入，传统的 40 岁、50 岁女性劳动者占比下降；另一方面，行业整体文化知识水平也在逐步升高，高中以上学历从业人员逐步增加。在政府加大投入、高校纷纷设立家政服务相关学科大背景下，专科本科从业人员、硕士博士创业者开始打破传统观念束缚，从业者整体素质素养得到了提升。

三、现代家政行业发展存在的问题

（一）家政企业员工的权益保护问题

权益保护问题是阻碍家政服务"提质扩容"的老大难问题。目前，整个家政服务行业在权益保护上确实存在不少问题，主要包括保险、体检、法律保护三个方面。

首先是社会保险缴纳方面。由于家政企业基本都是微利运营，大部分企业管理人员实行员工制，一线服务人员实行中介制，只有一小部分企业实行全员员工制。企业因负担较重，往往无力为一线员工购买社会保险。商业保险价格又偏高，也不适应当前群体的收入水平。

其次是体检制度方面，也面临着一定的体制机制障碍。体检项目往往不规范、不标准，价格偏高。目前，大部分从业人员都是自费体检，客观上影响了群体健康的保障。

第三是法律保护方面，从业者容易陷入多重弱势局面。由于入户、住家劳动的特殊性，家庭服务从业人员与雇主纠纷通常发生在私密环境中，法律取证难度较大。另外，从业人员法治维权意识不高，维权成本过大，通常相关纠纷和事故无法得到法律的及时保护。

（二）企业品牌建立及内部管理需进一步加强

我国家政企业创立时间比较短，整个家政行业仍然面临小、散、弱的局面，规模化、产业化、品牌化发展有待进一步加快。当前家政企业多为中介制管理，受管理体制影响，存在客户资源易流失、员工队伍不稳定的问题，行业信誉需进一步加强。目前，家政服务员基本上是各公司鉴定自己的员工级别，没有统一的服务和收费标准，这成为雇佣纠纷频发和行业恶性竞争的原因之一。调研得知，大部分家政职业经理没有受过专门培训，品牌意识差，有小富则安的心理。这些小企业在管理上属于经验管理，缺乏绩效管理、目标管理、薪酬管理、股份管理及激励机制等现代管理模式与方法。

（三）市场监管力度不够，行业环境需要加强

家政市场缺口大，企业门槛低，难免导致一批未注册、不规范、不诚信的企业产生。当前家政服务业总体处于起步阶段，缺乏有效规范，常有"一张桌子、一条凳子、一块牌子"就能开张的现象。这些企业存在合同不规范、乱收费、缺乏员工培训与鉴定等不良行为，违规操作和短期行为严重，极大扰乱了家政市场秩序。

10-2 家庭服务业面临的问题

四、发展现代家政行业的建议

正确分析和认识家政服务行业的发展环境，增强家政企业的危机感和紧迫感，抓住机遇，开展对家政服务业的研究，找到发展家政服务业新的出路和相应的对策，是目前亟待解决的一项重要课题。

（一）进行引导教育，转变人们的思想和观念，为家政服务从业人员创造良好环境

通过舆论宣传教育，使人们认识到，家政服务业作为一个新兴产业，不仅为下岗失业人员、进城务工人员提供就业机会和工作的平台，也是投资者创业的用武之地，任何有志于从事家政服务业的人士都是可以大有作为的。同时，通过宣传和培训，转变人们的就业观念，树立正确的择业观，使人们认识到劳动只有分工不同，没有高低贵贱之分，家政服务工作是直接造福于人的劳动，家政服务员和其他职业一样都是受人尊重的职业，人的社会价值的体现不在于你从事什么样的工作，而在于你的工作是否有成就，是否得到他人的承认。整个社会都为家政从业人员创造良好的就业空间和环境，使他们得到应有的尊重和理解，为他们提供一个强大的社会支持系统。使家政服务从业人员拥有一个理性的从业心态，怀着愉快的心情努力工作，在工作岗位上充分发挥自己的潜能和作用，实现自己的人生价值。这里，媒体的舆论支持和引导不可忽视。

（二）加强政府组织领导，建立良好企业发展平台

发展环境的优化将为家政业发展搭建坚实的行业平台。家政服务业的规范成熟离不开政府的推动，这就需要充分发挥政府的职能，加大政策扶持和工作支持力度，为家政服务业提供坚实的后盾。由于家政服务业尚处在初始发展阶段，许多方面有待于进一步改进和完善，政府有关部门要适当介入，加以引导、管理和规范，以保证家政服务业的健康发展。

各地方可由政府选派负责人牵头，成立固定的管理部门，定期研究制定家政业发展战略、规划和政策，统筹协调、解决发展中的问题。可由商务部门牵头成立家政服务业

协会，创办行业宣传期刊，制定、修正、普及行业服务标准，促进行业管理规范化和技术的开发，统一服务标准，统一培训与鉴定，统一收费。要加强行业规范体系的监管，规范市场主体行为和市场秩序。对行业不规范的现象，可强化依法监督，严禁乱收费、乱检查、乱设限，形成企业发展的良好外部环境。

（三）保障权益、加强管理，促进家政从业者职业化进程

加强宣传，改变观念，增加招工数量，扩充从业人员类型，鼓励年轻人进入家政行业。吸引家政学专业、护理学专业、早教专业、人力资源管理专业学生进入家政行业，建立大学生引进机制。加强立法研究，规范家庭服务机构与从业人员的关系，维护用工双方的合法权益，调整客户、家政公司及家政服务人员之间的利益关系。要用一定政策措施，维护家庭服务人员劳动报酬和休息休假权利。鼓励实行员工制管理，吸纳工作年限长、表现好的人成为正式员工，为其办理社会保险。通过各项措施保障员工权益，加强培训，稳定队伍，促进其职业化进程。

（四）成立统一培训机构，打造一流家政服务队伍

家政服务行业的迅猛发展对家政服务员的综合素质提出了更高的要求，也是雇主们最关心的问题。由于缺乏统一管理，一些未受培训不胜任工作或工作中有过不良行为的人可以通过跳槽来继续从业。因此，要加强管理，狠抓家政培训。这里既要有理论知识的培训，又要有实际操作技能的培训，更要有良好的职业道德培训，这些内容都应是家政服务从业人员的必修课程。

家政培训是提高劳动者素质，增强服务质量的关键。可以借鉴高校经验，成立统一的大型培训机构。可借鉴或编制教材，从培训目的、内容、方法、手段几个方面，对从业人员进行系统培训。要建立科学的课程体系，从职业观念、技能、交往能力等各方面，集中精力培训出具有现代理念与技能的高素质家政队伍。其培养途径包括三个方面：第一，职业性格培养。家政服务的工作环境在家庭，属于高接触性服务劳动职业，此职业有其独特的性格要求，如高尚的人品、较高的情商、得体的礼仪及一定的交往能力，要求自信、整洁、勤快、热心。第二，职业能力培养。除了性格外就是职业能力，职业技术与水平决定个人的服务能力和客户满意度。在教育过程中，可以采取理论加实践、以实际操作为主的培训方式。第三，职业规划制订。通过技能大赛、情景模拟、提供奖学金的方式，激励学员不断成长。帮助学员量身制订"初级家政员—中级家政员—高级家政员"的职业规划，不断督促实现，从而增强从业人员的服务意识，规范服务行为，提高服务质量。

（五）健全企业管理机制，培植品牌企业

扶持家政市场，打造龙头企业以带动市场，形成高中低档服务格局。家政行业应向酒店、银行等服务业看齐，建立服务理念，培养一流员工，塑造企业文化。首先，要选择恰当的运作模式，这直接关系到企业的生存发展。员工制家政服务模式是未来家政行业发展的趋势。目前，我国家政公司大都是中介制，由中介制管理转向员工制管理是必

然选择。其次，要科学管理，培养科学专业的管理人员。目前，家政行业的管理者大都是外行出身，专业管理能力不高。要提供机会加强经理人的培训，促进其成长与素质提高，以高质量服务为客户服务，以温馨和激励的氛围稳定员工，打造品牌企业。最后，要探索多样化的服务形式和工作机制，要积极引导家政企业转变经营理念，适应消费需求多样化、个性化的趋势，拓展服务内容，尽快形成一批有较强竞争力的品牌企业，提升家政服务行业的整体发展水平。

（六）构建制度化、规范化的家政服务公司管理体系

家政服务公司要想做大做强，必须要实行企业化的管理。既要建立安全可靠的输送体系，还要有高水平的管理人才队伍，更要有切实可行的规章制度。其中，安全可靠的输送体系的建立尤为重要。因为对用户而言，家庭安全是最重要的。可以考虑以行政区划为单位，建立起不同层次的家政服务员培训输送基地，这些基地要与家政服务公司对接，建立稳定的合作关系。做到输送基地的初步培训与家政公司的专业培训相结合，对经过培训和技能鉴定，获得上岗资格的人员，建立相关的信息档案，做到统一联系、统一安排、统一管理，向用户家庭输送合格的高素质的家政服务人员。

 思考与练习

1. 什么是现代家政企业？现代家政企业的特征是什么？

2. 现代家政企业管理有哪些类型？

3. 村民王某是某家政服务公司的家政服务员。受家政服务公司安排，到李某家打扫卫生。在工作中，王某不慎从楼梯上滑倒，导致腿部骨折。李某虽将其送往医院治疗，但提出王某是接受家政服务公司安排而受伤的，应由家政服务公司支付医疗费用。而家政服务公司则认为，王某是为李某服务才受伤的，应由李某支付医疗费用。请分析该案例应如何处理及其法律依据。

参 考 文 献

[1] 李福芝，李慧. 现代家政学概论 [M]. 北京：机械工业出版社，2004.

[2] 郑杭生. 社会学概论新修 [M]. 4 版. 北京：中国人民大学出版社，2013.

[3] 波普诺. 社会学：第 11 版 [M]. 李强，等译. 北京：中国人民大学出版社，2007.

[4] 费孝通. 乡土中国　生育制度　乡土重建 [M]. 北京：商务印书馆，2011.

[5] 金双秋. 现代家政学 [M]. 北京：北京大学出版社，2009.

[6] 易银珍. 现代家政实用教程 [M]. 长沙：湖南人民出版社，2006.

[7] 付红梅，徐保风. 和谐社会视野的家庭礼仪教育 [J]. 中南林业科技大学学报：社会科学版，2012
（2）：85-88.

[8] 朱胜进. 现代家政服务的理念创新及其专业应用 [M]. 杭州：浙江工商大学出版社，2011.

[9] 杨遂全，何霞，王蓓，等. 劳动法与社会保障法新论 [M]. 成都：四川大学出版社，2015.

[10] 曹秀海，周传运. 职业院校协同社区教育发展的模式选择和机制构建 [J]. 中国成人教育，2023（5）：
38-41.

[11] 赖力静，苏日娜. 家政工职业培训权的实现困境与立法路径研究 [J]. 职教论坛，2023，39（7）：
102-110.

[12] 肖强，展慧，魏薇，等. 我国家政学专业人才培养方案优化研究——基于七所高校方案的文本分析 [J].
高等继续教育学报，2023，36（03）：74-80.

[13] 沈婕. 新时代家政服务质量评价指标体系构建研究 [J]. 湖南行政学院学报，2023（4）：110-116.

[14] 赵彬，吴慧，赵敏，等. 高职家政专业开设家庭合理用药必要性探析 [J]. 辽宁高职学报，2023，
25（5）：69-73.

[15] 李磊. 家政职业教育发展内在逻辑、困境与路径——以吉林省为例 [J]. 中国培训，2023（5）：
94-97.

[16] 程媚. 强化品牌建设 助推海南家政服务高质量发展——对海南家庭服务行业快速规范发展工作的再
思考 [J]. 今日海南，2023（5）：34-36.

[17] 吴利蕊，陈晨. 天津市家政服务业服务质量提升研究——基于消费者及从业者的调研 [J]. 中国质量
万里行，2023（5）：66-69.

[18] 吴燕妮，王红，冯海荣，等. 职业启蒙教育课程资源开发研究——以菏泽家政职业学院为例 [J]. 产
业与科技论坛，2023，22（10）：109-110.

[19] 黄铁牛，郭广军，瞿彭亚男. 英国职业资格证书制度对我国家政专业 1+X 书证融通的启示 [J]. 职
教通讯，2023（5）：94-98.

[20] 邓晓，邱莎莎. 赣州市家政服务市场护工规范化管理对策研究 [J]. 现代商贸工业，2023，44（12）：
128-130.

[21] 王永颜. 中国家政学科的发展基础与未来期待 [J]. 河北学刊，2023，43（3）：15-21.

[22] 孙冬梅. 我国家政职业教育高质量发展路径研究 [J]. 中国发展观察，2023（4）：108-110.

[23] 孙洁. 家政工权益保障与提升家政服务质量的关系研究——以呼和浩特市为例 [J]. 中国市场，2023
（11）：80-83.

[24] 李勇. 跨国家政女工：父权制、资本主义和性别阶级的"共谋"[J]. 深圳大学学报（人文社会科学版），2023，40（2）：101-111.

[25] 阮成，刘开宇，朱晓岚. 家政职业培训助力农村劳动力就业的实践探索——以清远"南粤家政"公益训练营为例 [J]. 清远职业技术学院学报，2023，16（2）：17-24.

[26] 厉国刚. 社会学视角的微新闻生产研究 [M]. 杭州：浙江工商大学出版社，2021.

[27] 雷通群. 教育社会学 [M]. 厦门：厦门大学出版社，2021.

[28] 刘少杰. 经典马克思主义社会学理论史 [M]. 北京：中国人民大学出版社，2020.

[29] 韦伯. 社会学的基本概念 [M]. 上海：上海人民出版社，2020.

[30] 戚耀琪. 家政服务亦将有法可依 [J]. 人民之声，2022（11）：61.

[31] 张程. 家政服务业发展提速 [J]. 检察风云，2022（21）：72-73.

[32] 王天祥. 家政服务企业标准体系构建研究 [J]. 大众标准化，2022（20）：13-15.

[33] 苏国明，王超超，徐红，等. 多元需求背景下家政服务业人才队伍建设探究 [J]. 职业技术，2022，21（10）：53-59.

[34] 宋小舟，张雪，吴莹. 家政发展与应用的社会意义 [J]. 中国管理信息化，2022，25（17）：221-224.

[35] 阮成. 坚守与流动：家政行业人才流失的影响因素与对策 [J]. 清远职业技术学院学报，2022，15（4）：9-15.

[36] 白雪玮. 家政学学科的内容、性质和任务探究 [J]. 石家庄职业技术学院学报，2022，34（3）：27-30.

[37] 赵梦圆. 家政兴农视域下农村家政推广的问题及对策研究 [J]. 山西农经，2022（11）：166-168.

[38] 郑晓华. 日本中小学家政课中的劳动教育及启示 [J]. 基础教育课程，2022（11）：73-80.

[39] 人力资源和社会保障部农民工工作司，人力资源和社会保障部社会保障能力建设中心. 家政服务员（高级）国家职业资格培训教程　家政服务员 [M]. 3 版. 北京：中国劳动社会保障出版社，2016.